博
U0086550

博碩文化

iThome
鐵人賽

NestJS 基礎必學實務指南

使用強大且易擴展的Node.js框架打造網頁應用程式

謝浩哲（HAO）著

2021 iThome鐵人賽 佳作 iT邦幫忙

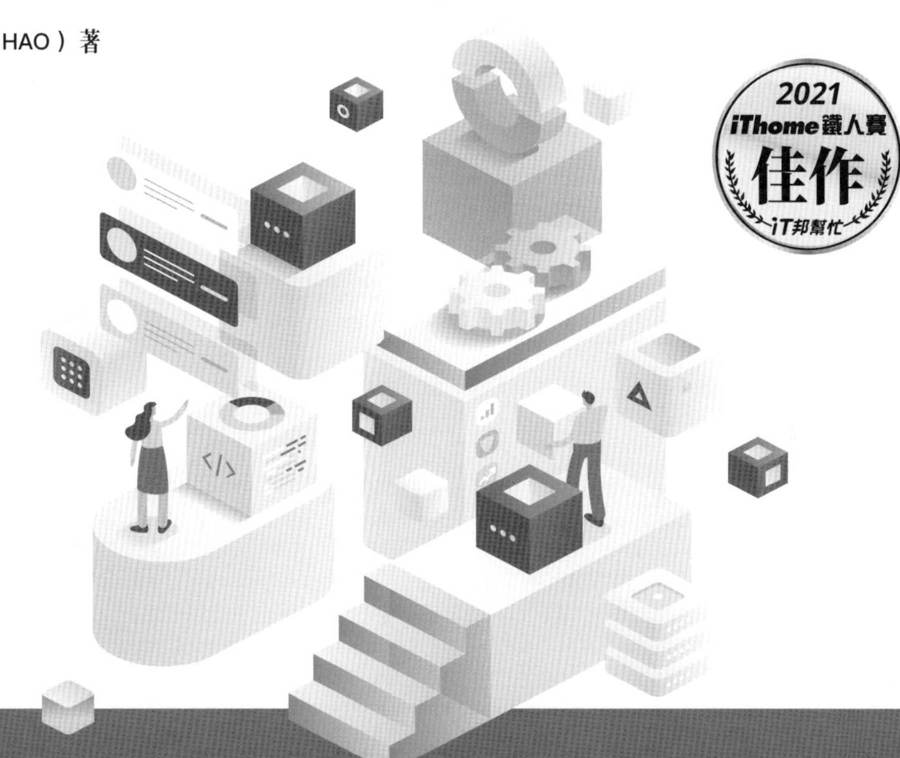

第一本完整介紹 NestJS 的繁體中文實戰指南

由淺入深介紹
搭配實作範例
循序漸進學習

文字搭配圖解
圖文並茂
不再憑空想像

內容完整豐富
涵蓋基礎用法
與各種多樣化的功能

提供範例資源
提供線上資源
不怕學習方向錯誤

NestJS 基礎必學實務指南

使用強大且易擴展的Node.js框架打造網頁應用程式

作　　者：謝浩哲（HAO）
責任編輯：曾婉玲

董 事 長：陳來勝
總 編 輯：陳錦輝

出　　版：博碩文化股份有限公司
地　　址：221 新北市汐止區新台五路一段 112 號 10 樓 A 棟
電話 (02) 2696-2869 傳真 (02) 2696-2867

郵撥帳號：17484299　戶名：博碩文化股份有限公司
博碩網站：http://www.drmaster.com.tw
讀者服務信箱：dr26962869@gmail.com
讀者服務專線：(02) 2696-2869 分機 238、519
（週一至週五 09:30 ～ 12:00；13:30 ～ 17:00）

版　　次：2022 年 10 月初版

建議零售價：新台幣 620 元
I S B N：978-626-333-293-5（平裝）
律師顧問：鳴權法律事務所 陳曉鳴 律師

本書如有破損或裝訂錯誤，請寄回本公司更換

國家圖書館出版品預行編目資料

NestJS 基礎必學實務指南：使用強大且易擴展的 Node.js 框架打造網頁應用程式 / 謝浩哲 (HAO) 著 . -- 初版 . -- 新北市：博碩文化股份有限公司 , 2022.10
面；　公分
ISBN 978-626-333-293-5(平裝)

1.CST: 網頁設計 2.CST: 電腦程式設計 3.CST: TypeScript(電腦程式語言)

312.1695　　111016584

Printed in Taiwan

序言

首先，我想感謝我的好友 Leo，在幾年前邀請我一起參加第 11 屆 iT 邦幫忙鐵人賽，開啓了寫文章的旅程，也因爲這樣，開始體會到分享技術的快樂，並抱持「取之於社群，回饋於社群」的態度，希望我所分享的內容可以幫助需要的人。

近年來 Node.js 非常熱門，不論是前端還是後端，它都有舉足輕重的地位，也因爲社群十分活躍，有非常多的框架與函式庫讓開發者加速開發，以前端來說，最廣爲人知的就是 React、Angular 與 Vue，而後端則是 Express 與 Koa。

Express 與 Koa 經常作爲 Node.js 後端開發者第一個接觸的框架，因爲它們非常**輕量**、**自由**且**容易上手**，深受開發者喜愛，但這些框架並**沒有嚴謹的架構規範**，如果沒有良好的架構規劃與規範的話，很容易寫出**高耦合**、**低內聚**的程式碼，甚至檔案結構非常鬆散。

有一個新崛起的框架叫 NestJS，它採用 TypeScript 作爲主要開發語言，解決了過去使用 JavaScript 帶來的**型別問題**，還設計了許多不同職責的元件，提供開發者一個**易擴展**的開發環境與架構，解決了主流框架經常遇到的問題。根據 NestJS 官方的資料顯示（URL https://enterprise.nestjs.com/），目前有多個知名品牌導入了 NestJS，例如：adidas、DECATHLON、Sanofi 等。

雖然 NestJS 很強大，但它的**學習曲線較陡**、**入門門檻較高**，因此熱度始終無法跟 Express 這種主流框架相提並論，這是我認爲非常可惜的地方，於是下定決心打造一本 NestJS 的入門書籍，讓新手或是老手都能夠快速上手，本書會運用淺顯易懂的方式來描述 NestJS 的各項概念，使 NestJS 的**入門門檻大幅降低**。

最後，在這裡向所有讀者致上最深的感謝，**你們的支持就是我最大的寫作動力**。

謝浩哲 謹識

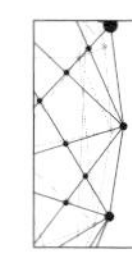

關於本書

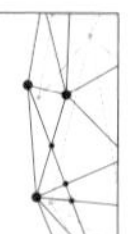

開始之前你需要知道的事

本書是一本 NestJS 的入門書籍，並不會收錄官方文件中的所有內容，主要是把 NestJS 的相關概念與使用方式整理出來，用更系統的方式讓讀者的入門門檻大幅降低。當然，還會提供許多範例程式碼供讀者們參考，讓讀者可以親自執行程式碼，以對內容會有更深的印象。

如果對於 NestJS 感興趣的話，不妨可以加入下列 NestJS 的社群，跟開發者們一起交流吧！

範例程式碼

NestJS 社群：https://www.facebook.com/groups/taiwan.nestjs/

另外，本書內容中有些名詞與規則是讀者需要知道的：

- **終端機（Terminal）**：在本書中會使用到終端機，在 Windows 作業系統裡面可以使用「命令提示字元」，在 MacOS 裡面則是使用「終端機」，後面統一叫「終端機」。
- **指令（Command Line）**：本書會在終端機下指令，有時指令會有命名的部分，這邊會用 <大寫英文> 當作占位，讀者們自行輸入欲命名之名稱。另外，所有的指令開頭都會有一個 $ 表示這是指令，無須輸入該符號。
- **獨立篇幅**：前面的章節大多是獨立篇幅，讓讀者在回頭查重點資訊的時候，可以針對想要了解的部分去閱讀，而不被前後文影響，不過後面的章節性質較接近開發功能，所以會有連貫性。

本書會使用到一些工具，需要讀者在閱讀前先進行安裝：

- **Node.js**：作者在撰寫本書時，使用的是 NestJS 第 7、8 版（以第 8 版為主），根據官方說明，Node.js 版本需大於 10.13，並排除 13 版。

- Postman：這是一個用來測試 API 的好用工具，對後端開發者來說，幾乎成為必備的輔助工具，本書會大量使用它來呈現結果。

我該具備什麼能力？

在學習 NestJS 之前，需要先具備下列的基礎知識，在學習上才不會太吃力：

- **JavaScript 的相關知識**：NestJS 是一套 Node.js 的後端框架，而 Node.js 是一套 JavaScript 的執行環境，所以在使用 NestJS 的時候，就必定需要具備 JavaScript 的相關知識。
- **後端的基礎知識**：既然 NestJS 是一套後端框架，那就表示需要具備後端基礎知識，例如：HTTP Method、HTTP Code、RESTful API 等。
- **物件導向程式設計的基礎知識**：在 NestJS 的世界裡，會使用到非常多種程式設計思維，包含：**物件導向程式設計**（Object Oriented Programming）、**函式程式設計**（Functional Programming）以及**函式反應式程式設計**（Functional Reactive Programming），其中又以物件導向程式設計作為核心概念，運用類別的方式來劃分各個元件。
- **有使用 Node.js 撰寫過後端應用程式**：就像前面所說，NestJS 是一套 Node.js 的後端框架，所以在使用 NestJS 的時候，就會需要 Node.js 的相關知識，包含：npm 指令、如何執行 Node.js 的應用程式等。
- **建議具備 TypeScript 的相關知識**：NestJS 採用 JavaScript 超集合、強型別語言 – TypeScript 作為預設語言，最主要是可以解決過去 JavaScript 所帶來的型別問題，雖然也可以使用 JavaScript 來開發 NestJS 的應用程式，但還是會建議大家使用 TypeScript。
- **Git 基本知識**：Git 是一套強大的版本控制工具，本書的範例程式碼會放在 GitHub 上，所以會需要一些 Git 的基本知識，以便 clone 範例程式碼到讀者的本機中。本書會依照章節與單元來切分支，這樣就可以透過切換至對應的分支來執行範例程式碼。

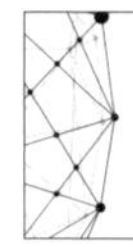

目 錄

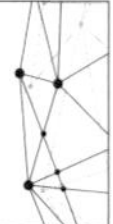

Chapter 01 初探 NestJS

Chapter 02 基本元件介紹

Chapter 03 進階功能與原理

Chapter 04 多元化功能

Chapter 05 MongoDB

Chapter 06 身分驗證 (Authentication)

Chapter 07 授權驗證（Authorization）

Chapter 08 Swagger

Chapter 09 測試（Testing）

CHAPTER **01**

初探 NestJS

1.1 什麼是 NestJS ?

1.2 NestJS 基本概念

1.3 安裝 NestCLI

1.4 基本專案結構

1.5 程式碼解析

1.1 什麼是 NestJS？

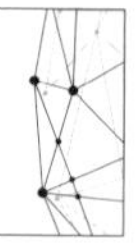

NestJS（圖 1-1）是一套 Node.js 的後端框架，它受到前端框架 Angular 的啓發，運用了大量的**設計模式**（Design Pattern）與架構規範，再加上使用強型別的 TypeScript 作爲主要開發語言，提供開發者一個**嚴謹**、**易擴展**的開發環境，也因爲風格和 Angular 非常像，故有後端 Angular 之稱。

↑圖 1-1　NestJS [*1]

NestJS 採用**模組化設計**的思維，將每種功能打包成獨立**模組**（Module），而且設計了許多的抽象層，來把各種不同職責的程式碼片段定位成**各式元件**，可有效降低程式的耦合度，更有極佳的擴展性。

事實上，NestJS 是建立在一些常見 Node.js 框架基礎之上，這是什麼意思呢？目前它可以讓開發者選擇使用 Express [*2] 或 Fastify [*3] 這兩套框架作爲底層基礎，預設情況是使用 Express，並且提供了底層框架的 API 讓開發者使用，這讓開發者可以自由使用底層框架的第三方套件。

我認爲 NestJS 最大的特點是它不僅可以架設 HTTP Server 來打造最常見的 RESTful API，更可以實作時下非常流行的微服務（Microservice）架構，而且還把很多 Node.js 生態圈裡的熱門套件進行整合，例如：TypeORM、mongoose、Passport 等，形成自給自足的強大生態系，是一套**整合度非常高**的框架。

說明　本書將會以 HTTP Server 作為教學方向，是入門的好選擇。

---

*1　圖片來源：URL https://nestjs.com/。

*2　Express 官方網站：URL https://expressjs.com/zh-tw/。

*3　Fastify 官方網站：URL https://www.fastify.io/。

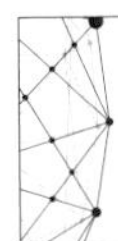

1.2 NestJS 基本概念

前面有提到，NestJS 採用了模組化設計的思維，將各種不同的功能打包成各個 Module，在整個 NestJS 的應用程式裡面，一定會有**一個以上**的 Module，並且會根據需求讓 Module 去引用其他 Module，進而使用其他 Module 所提供的功能，整個應用程式的架構就會形成樹狀結構，如圖 1-2 所示，而最頂部的 Module 稱爲**根模組**（Root Module），它就是建置整個應用程式的起點。

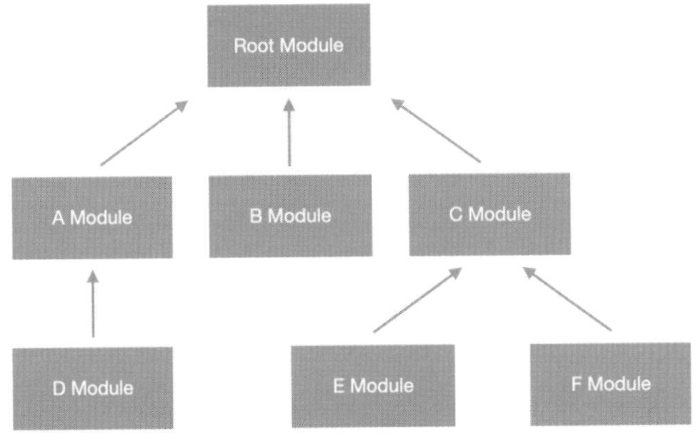

↑ 圖 1-2　**樹狀結構**

在 NestJS 裡，要如何去實現**路由**（Routing）功能，以接收來自客戶端發送的請求呢？通常會在 Module 裡面去添加**控制器**（Controller）與**服務**（Service）來處理客戶端的請求與回應，它們之間的關係如圖 1-3 所示。

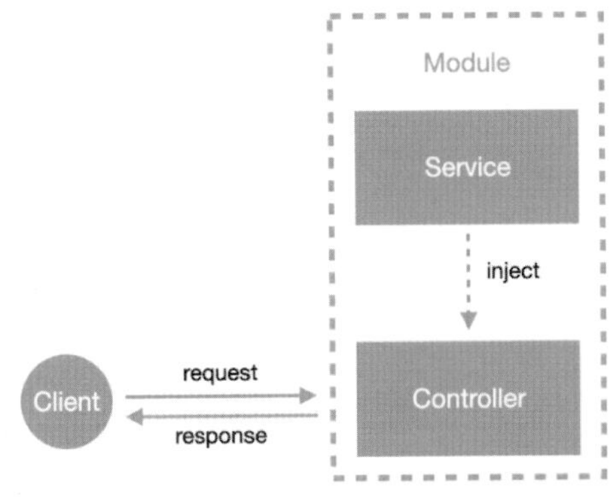

↑ 圖 1-3　Module、Controller 與 Service **之間的關係**

從圖 1-3 中可以看到 Controller 和 Service 透過 Module 包裝在一起後，就可以把 Service **注入（Inject）**到 Controller 裡面使用。Controller 的定位就是處理來自客戶端的請求，NestJS 會根據 Controller 來繪製出**路由表（Routing Table）**，當使用者向應用程式發送請求的時候，NestJS 會根據繪製出的路由表把請求交給對應的 Controller 做處理，而 Service 則是負責處理商業邏輯等事情，這樣就可以達到最簡單的職責劃分。下方是實際運作的流程，可清楚知道它們之間的關係：

1. 使用者（Client）向應用程式發出 HTTP 請求。

2. NestJS 根據路由表將請求交給對應的 Controller 做處理。

3. Controller 去使用 Service 提供的功能，進而處理商業邏輯。

4. 資料處理完畢，由 Controller 將結果回應給使用者。

用現實生活化的例子來說明的話，NestJS 應用程式就像一間有多國料理的餐廳，這個餐廳根據不同國家的料理來劃分區塊，如圖 1-4 所示，共分成臺灣美食區、日式料理區以及美式風味區，每個區塊都有負責的外場服務生，這個區塊就是 Module 的概念、Controller 就是外場服務生、Service 則是內場人員。

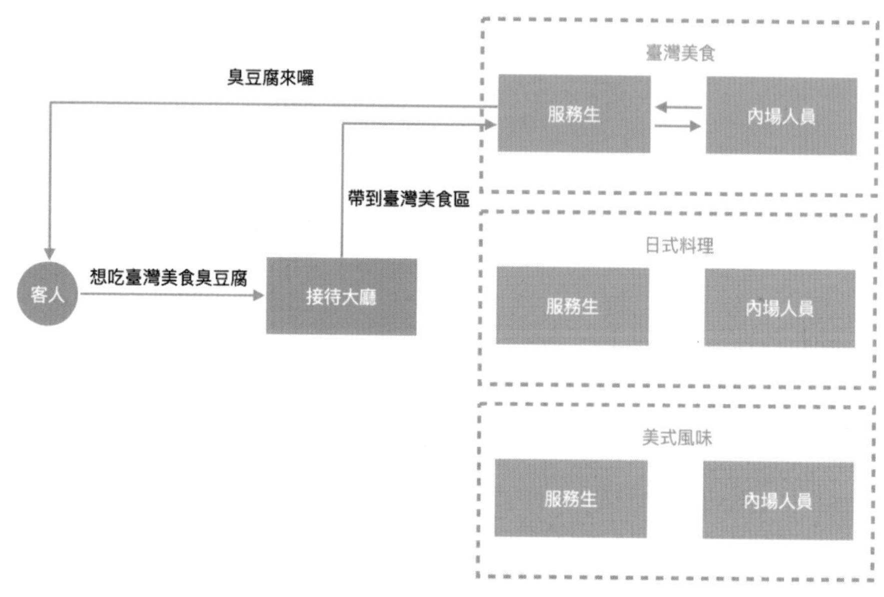

↑圖 1-4　用餐廳比喻 NestJS 的概念

當客人走進餐廳，會由接待大廳來招待客人，依照想要吃的料理種類來帶位，外場服務生會幫客人點餐，並把訂單送至內場，內場人員就會準備客人的餐點，餐點完成後，再由外場服務生送餐給客人。這就對應到使用者向應用程式發送請求，NestJS 根據路由表來把請求交給特定的 Controller 做處理，Controller 再將商業邏輯的部分交給 Service 去處理，等到 Service 處理完畢後，再由 Controller 將結果回應給客戶端。

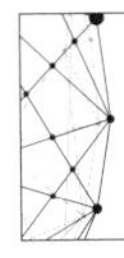

1.3 安裝 NestCLI

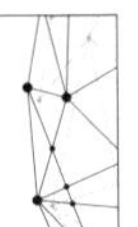

NestJS 官方設計了一套**命令列介面工具**（Command-Line Interface，CLI）來加速開發者們的開發效率，透過 NestCLI 可以自動產生程式碼骨架，這樣能夠大幅降低「相同操作重複做」的次數，非常貼心。那要如何安裝呢？只需要透過 npm 進行全域安裝即可，在終端機輸入下方指令：

```
$ npm install -g @nestjs/cli
```

安裝完以後，就可以在終端機使用 NestCLI 了，透過下方指令查看有哪些指令可以使用：

```
$ nest --help
```

輸入指令後，就會看到如圖 1-5 所示的結果，條列了許多的指令。

> **提示** 常用的指令會在後面的章節說明，此處僅確認是否有順利安裝 NestCLI。

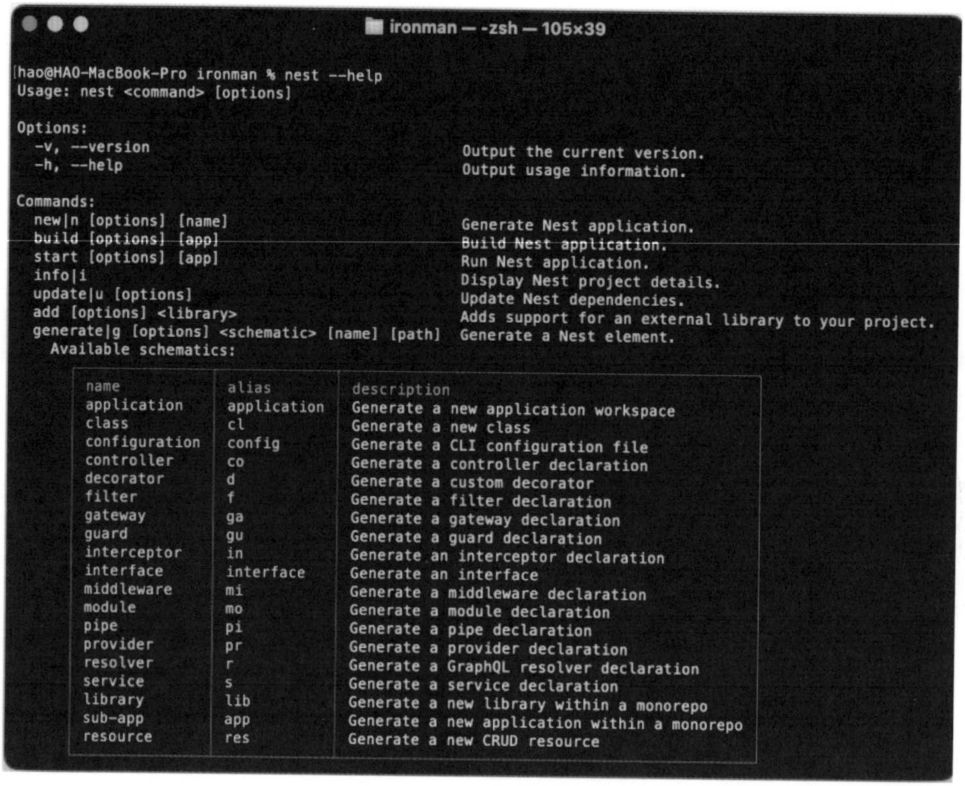

```
ironman — -zsh — 105×39

hao@HAO-MacBook-Pro ironman % nest --help
Usage: nest <command> [options]

Options:
  -v, --version                                   Output the current version.
  -h, --help                                      Output usage information.

Commands:
  new|n [options] [name]                          Generate Nest application.
  build [options] [app]                           Build Nest application.
  start [options] [app]                           Run Nest application.
  info|i                                          Display Nest project details.
  update|u [options]                              Update Nest dependencies.
  add [options] <library>                         Adds support for an external library to your project.
  generate|g [options] <schematic> [name] [path]  Generate a Nest element.
    Available schematics:
      ┌───────────────┬─────────────┬──────────────────────────────────────────────┐
      │ name          │ alias       │ description                                  │
      │ application   │ application │ Generate a new application workspace         │
      │ class         │ cl          │ Generate a new class                         │
      │ configuration │ config      │ Generate a CLI configuration file            │
      │ controller    │ co          │ Generate a controller declaration            │
      │ decorator     │ d           │ Generate a custom decorator                  │
      │ filter        │ f           │ Generate a filter declaration                │
      │ gateway       │ ga          │ Generate a gateway declaration               │
      │ guard         │ gu          │ Generate a guard declaration                 │
      │ interceptor   │ in          │ Generate an interceptor declaration          │
      │ interface     │ interface   │ Generate an interface                        │
      │ middleware    │ mi          │ Generate a middleware declaration            │
      │ module        │ mo          │ Generate a module declaration                │
      │ pipe          │ pi          │ Generate a pipe declaration                  │
      │ provider      │ pr          │ Generate a provider declaration              │
      │ resolver      │ r           │ Generate a GraphQL resolver declaration      │
      │ service       │ s           │ Generate a service declaration               │
      │ library       │ lib         │ Generate a new library within a monorepo     │
      │ sub-app       │ app         │ Generate a new application within a monorepo │
      │ resource      │ res         │ Generate a new CRUD resource                 │
      └───────────────┴─────────────┴──────────────────────────────────────────────┘
```

↑ 圖 1-5 NestCLI 指令列表

1.4 基本專案結構

NestJS 的專案通常會使用 NestCLI 來建置，透過下方指令就可以快速地把專案的基本架構建立起來，其中的 <PROJECT_NAME> 為專案名稱：

```
$ nest new <PROJECT_NAME>
```

提示 注意終端機當前位於資料夾何處，建議透過 cd 指令移動到想要的位置。

執行該指令後，會看到如圖 1-6 所示的畫面，此時已經將專案的基本結構建立起來了，這裡 NestJS 做了一個很貼心的設計，它可以讓開發者自己選擇想要使用哪個套件管理器。

```
ironman — node ~/.nvm/versions/node/v14.15.5/bin/nest new todolist — 105×39
hao@HAO-MacBook-Pro ironman % nest new todolist
⚡  We will scaffold your app in a few seconds..

CREATE todolist/.eslintrc.js (666 bytes)
CREATE todolist/.prettierrc (51 bytes)
CREATE todolist/README.md (3339 bytes)
CREATE todolist/nest-cli.json (64 bytes)
CREATE todolist/package.json (1960 bytes)
CREATE todolist/tsconfig.build.json (97 bytes)
CREATE todolist/tsconfig.json (339 bytes)
CREATE todolist/src/app.controller.spec.ts (617 bytes)
CREATE todolist/src/app.controller.ts (274 bytes)
CREATE todolist/src/app.module.ts (249 bytes)
CREATE todolist/src/app.service.ts (142 bytes)
CREATE todolist/src/main.ts (208 bytes)
CREATE todolist/test/app.e2e-spec.ts (630 bytes)
CREATE todolist/test/jest-e2e.json (183 bytes)

? Which package manager would you ❤️ to use? (Use arrow keys)
❯ npm
  yarn
```

↑ 圖 1-6 **建置專案**

我個人習慣使用 npm，這裡依照個人喜好選擇即可。

選好套件管理器之後，需要等待它安裝相關的依賴套件，安裝完畢以後，透過編輯器打開專案，會看到專案的資料夾內包含了許多檔案，如圖 1-7 所示。

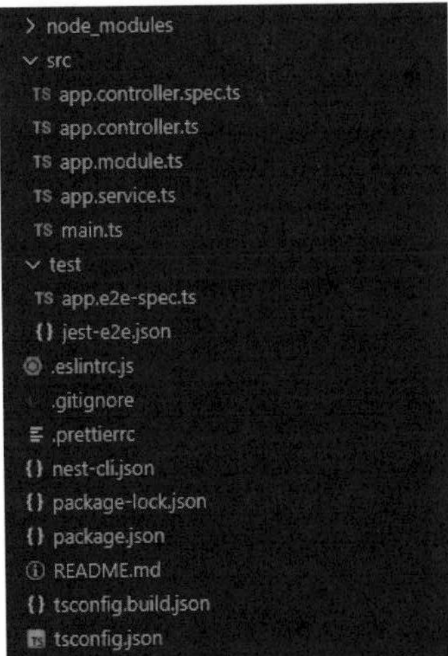

↑ 圖 1-7 **專案資料夾**

這裡簡單說明一下這個資料夾結構以及一些檔案是做什麼用的：

- node_modules：依賴套件放置的地方，也就是執行 npm install <PACKAGE> 所安裝的檔案。
- src：專案程式碼放置處，也是指定要編譯的資料夾。
- test：測試用的資料夾。
- .eslintrc.js：ESLint *4 的設定檔，主要是用來規範團隊的 coding style。
- .gitignore：用來避免將不必要或是敏感資訊寫入 git 中的設定檔。
- .prettierrc：Prettier *5 的設定檔，主要是用來格式化程式碼。
- nest-cli.json：NestCLI 的設定檔。
- package.json：記錄該專案的資訊，如：依賴的套件版本號、npm 腳本等。
- package-lock.json：記錄依賴套件的依賴套件版本號。
- tsconfig.json：TypeScript 設定檔。
- tsconfig.build.json：TypeScript 編譯設定檔，為 tsconfig.json 的延伸。
- dist：TypeScript 編譯完後會產生 JavaScript 檔案，而那些 JavaScript 檔就是放在這邊，這個資料夾會在編譯後自動產生。

可以在 package.json 中看到很多 npm 腳本可以使用，這些都是 NestJS 預先幫我們設定好的指令，讓我們可以快速啓動應用程式。透過下方指令，即可編譯與啓動應用程式：

```
$ npm run start
```

如果是開發模式的話，我建議改用下方指令，它可以讓開發者在不重新啓動應用程式的情況下，即時重新載入最新的程式碼：

*4 ESLint 官方網站：URL https://eslint.org/。

*5 Prettier 官方網站：URL https://prettier.io/。

```
$ npm run start:dev
```

啓動完畢後，在瀏覽器的網址列輸入「http://localhost:3000」，來查看預設的頁面，如圖 1-8 所示。

↑ 圖 1-8 **預設頁面**

1.5 程式碼解析

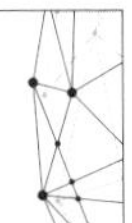

在 src 資料夾中，撇除測試用的 app.controller.spec.ts 外，會看到 main.ts、app.module.ts、app.controller.ts 以及 app.service.ts。其中，main.ts 爲執行應用程式的進入點，程式碼如下：

```
1  import { NestFactory } from '@nestjs/core';
2  import { AppModule } from './app.module';
3
4  async function bootstrap() {
5    const app = await NestFactory.create(AppModule);
6    await app.listen(3000);
7  }
8  bootstrap();
```

可以看到第 4 行定義了一個非同步的函式 bootstrap，透過 NestFactory 提供的 create 方法來產生一個 NestApplication 的實例（Instance），帶入的參數就是根模組 AppModule，取得實例後，呼叫該實例的 listen 方法，將應用程式架設起來，而帶入的「3000」即爲要使用的 port，預設就是 3000。在第 8 行的地方呼叫了 bootstrap，所以在啓動應用程式的時候，其實就是去執行 main.ts 這個檔案，進而呼叫 bootstrap。

接著，就來看一下根模組 AppModule 的程式碼，檔案名稱爲「app.module.ts」：

```
import { Module } from '@nestjs/common';
import { AppController } from './app.controller';
import { AppService } from './app.service';

@Module({
  imports: [],
  controllers: [AppController],
  providers: [AppService],
})
export class AppModule {}
```

在 NestJS 中，大部分的元件都是使用**裝飾器（Decorator）**的方式來提供**元數據（Metadata）**，可以看到定義了一個名爲「AppModule」的類別（Class），透過裝飾器 @Module 將其變成 NestJS 的 Module，並在這裡定義哪些 Controller 與 Service 屬於該 Module 的。

可以看到在 controllers 的地方註冊了 AppController，而 providers 的地方則是註冊了 AppService，這裡先來看一下 AppController 的程式碼，檔案名稱爲「app.controller.ts」：

```
import { Controller, Get } from '@nestjs/common';
import { AppService } from './app.service';

@Controller()
export class AppController {
  constructor(private readonly appService: AppService) {}

  @Get()
  getHello(): string {
    return this.appService.getHello();
  }
}
```

Controller 也是使用帶有裝飾器的類別，使用的裝飾器為 @Controller，比較特別的是裡面的方法（Method）也使用了裝飾器，透過這樣的方式可以告訴 NestJS，這個方法是用來處理指定請求的。另外，可以在 constructor 中看見 appService 的參數，這是使用**依賴注入（Dependency Injection）**的方式將 AppService 注入到 AppController 中。

最後，就來看 AppService 的程式碼，檔案名稱為「app.service.ts」：

```
import { Injectable } from '@nestjs/common';

@Injectable()
export class AppService {
  getHello(): string {
    return 'Hello World!';
  }
}
```

與 Module、Controller 有些不同，Service 使用的裝飾器為 @Injectable，原因是 Service 屬於功能的提供者，也就是 Provider，在 NestJS 中有許多抽象概念會被歸類為 Provider，通常這些 Provider 都會使用 @Injectable 來讓 NestJS 管理實例，並讓它變成一個可被注入的對象。

MEMO

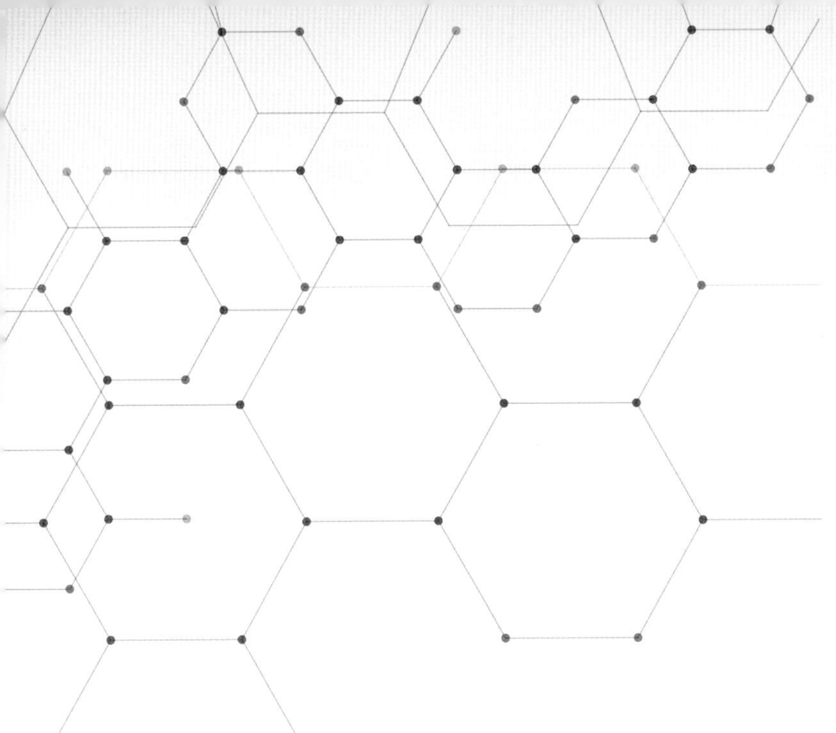

CHAPTER 02

基本元件介紹

2.1 控制器（Controller）

2.2 模組（Module）

2.3 提供者（Provider）

2.4 例外與例外處理（Exception & Exception filter）

2.5 管道（Pipe）

2.6 中介軟體（Middleware）

2.7 攔截器（Interceptor）

2.8 守衛（Guard）

2.9 自訂裝飾器（Custom decorator）

2.1 控制器（Controller）

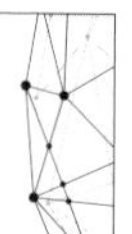

在 NestJS 的世界裡，Controller 負責路由的配置，並處理來自客戶端的請求，將相同性質的資源整合在一起，如圖 2-1 所示，就好像外場服務生負責帶位、協助客人點餐一樣，並根據客戶的需求做出相對應的回應。

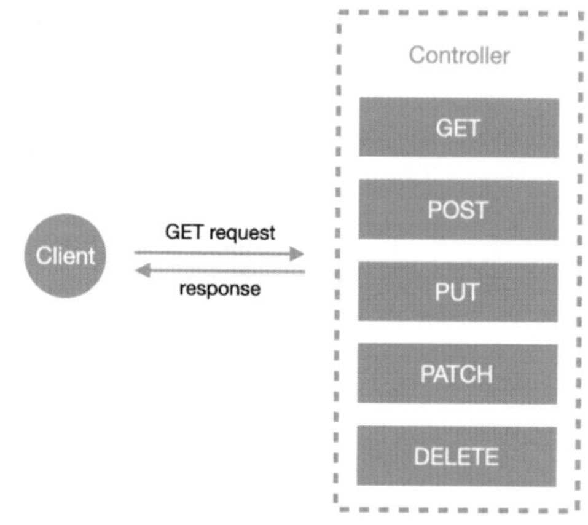

↑圖 2-1　Controller 概念

2.1.1 建置 Controller

可以透過 NestCLI 快速產生 Controller，指令為：

```
$ nest generate controller <CONTROLLER_NAME>
```

提示 <CONTROLLER_NAME> 可以含有路徑，如：features/todo，這樣就會在 src 資料夾下建立該路徑，並含有 Controller。

透過 NestCLI 產生一個 TodoController：

```
$ nest generate controller todo
```

在 src 底下會看見一個名為「todo」的資料夾，裡面有 todo.controller.ts 以及 todo.controller.spec.ts，如圖 2-2 所示。

↑ 圖 2-2　todo 資料夾下的 TodoController

由於只建立了 Controller，因此會自動將它註冊在根模組之下，也就是說，TodoController 會在 AppModule 的 controllers 裡面：

```
import { Module } from '@nestjs/common';
import { AppController } from './app.controller';
import { AppService } from './app.service';
import { TodoController } from './todo/todo.controller';

@Module({
  imports: [],
  controllers: [AppController, TodoController],
  providers: [AppService],
})
export class AppModule {}
```

2.1.2 路由

建置完 Controller 基本骨架後，會發現 TodoController 使用的 @Controller 裝飾器多帶了一個字串「todo」，這是路由的路徑前綴（Prefix），透過 NestCLI 產生的 Controller 預設會使用 Controller 的名稱當作前綴：

```
import { Controller } from '@nestjs/common';

@Controller('todo')
export class TodoController {}
```

說明 我習慣讓 Controller 的名稱為單數、前綴保持複數型態，例如：TodoController 前綴會手動改成「todos」。

使用路徑前綴的好處，就是可以讓相同前綴下的所有資源都歸納在同一個 Controller 裡面，如圖 2-3 所示。

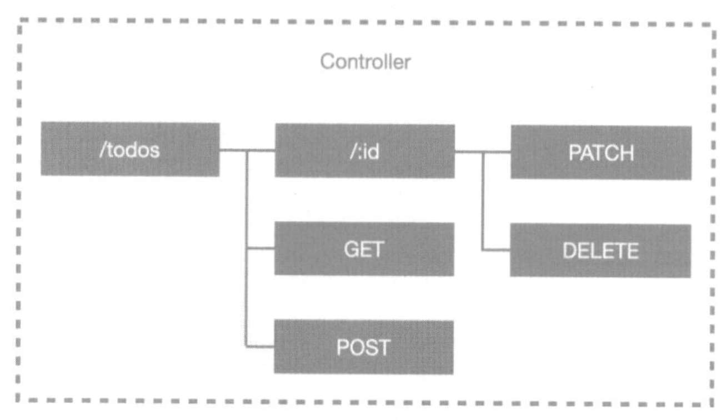

↑ 圖 2-3 Controller 歸納相同路徑前綴下的資源

前面有提到在 Controller 這個類別裡面的方法添加特定的裝飾器，就可以讓 NestJS 知道這是用來處理特定請求的，包含請求的 HTTP Method 與路徑，而這個加上裝飾器的方法有一個專有名詞就叫做「處理者」（Handler）。這個特定的裝飾器其實就是以 HTTP Method 爲基礎設計的裝飾器，從名稱上，我們就可以很直觀地看出這個裝飾器對應到的是哪個 HTTP Method，這裡我歸納成下表，供大家參考：

裝飾器名稱	描述
@Get	GET 請求且路徑相符時觸發。
@Post	POST 請求且路徑相符時觸發。
@Patch	PATCH 請求且路徑相符時觸發。
@Delete	DELETE 請求且路徑相符時觸發。
@Options	OPTIONS 請求且路徑相符時觸發。
@Head	HEAD 請求且路徑相符時觸發。
@All	路徑相符時，所有 HTTP Method 都可以觸發。

> **注意** 上述的裝飾器歸納於 @nestjs/common 底下，若是編輯器沒有自動引入功能，則需要特別留意，避免不知道從何引入它們。

假設在 TodoController 裡面設計路徑前綴爲 todos，並且有一個方法叫「getAll」，然後添加 @Get 的 HTTP Method 裝飾器，當有一個 GET 請求去存取 /todos，就會將請求交給 getAll 去處理：

```
1  import { Controller, Get } from '@nestjs/common';
2
3  @Controller('todos')
4  export class TodoController {
5    @Get()
6    getAll() {
7      return [];
8    }
9  }
```

上方的範例程式碼中，在第 7 行的地方回傳了一個空陣列，這表示客戶端收到的回應會是一個空陣列，因爲 Handler 回傳的值會由 NestJS 幫我們回應給客戶端，這裡可以透過 Postman 進行測試來查看結果，如圖 2-4 所示。

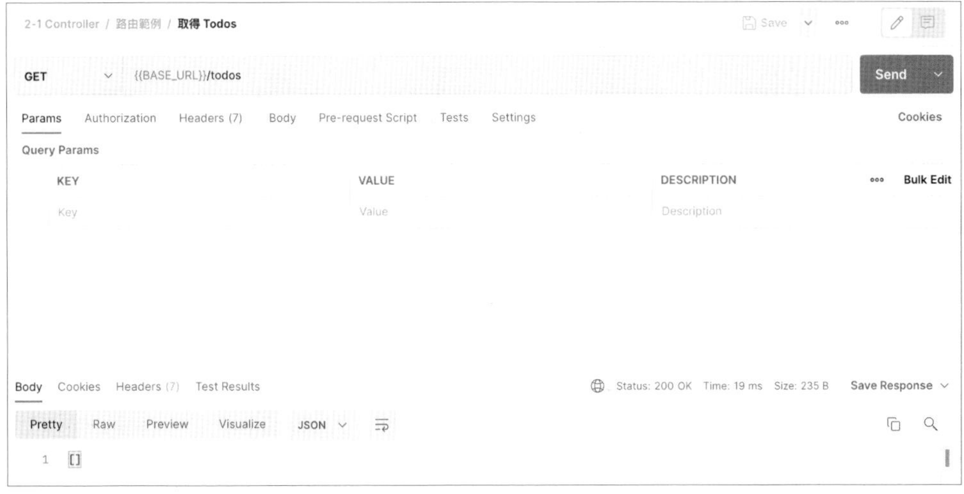

↑ 圖 2-4　收到空陣列

範例程式碼

https://github.com/hao0731/nestjs-book-examples/blob/controller/routing/src/todo/todo.controller.ts

2.1.3 子路由

在設計路由時，很有可能會有子路由的需求，比如說：/todos 底下還有一個取得範例的資源，它的路徑爲 /todos/examples，可以透過 GET 來存取，但不可能每次有子路由都建立一個新的 Controller，這時就可以在 HTTP Method 裝飾器帶入子路徑，會基於 Controller 設置的路徑前綴來建立子路由：

```
...
@Get('/examples')
getExamples() {
  return [
    {
      id: 1,
      title: 'Example 1',
      description: ''
    }
  ];
}
...
```

透過 Postman 進行測試，以 GET 方法去存取 /todos/examples，會得到下方結果，如圖 2-5 所示。

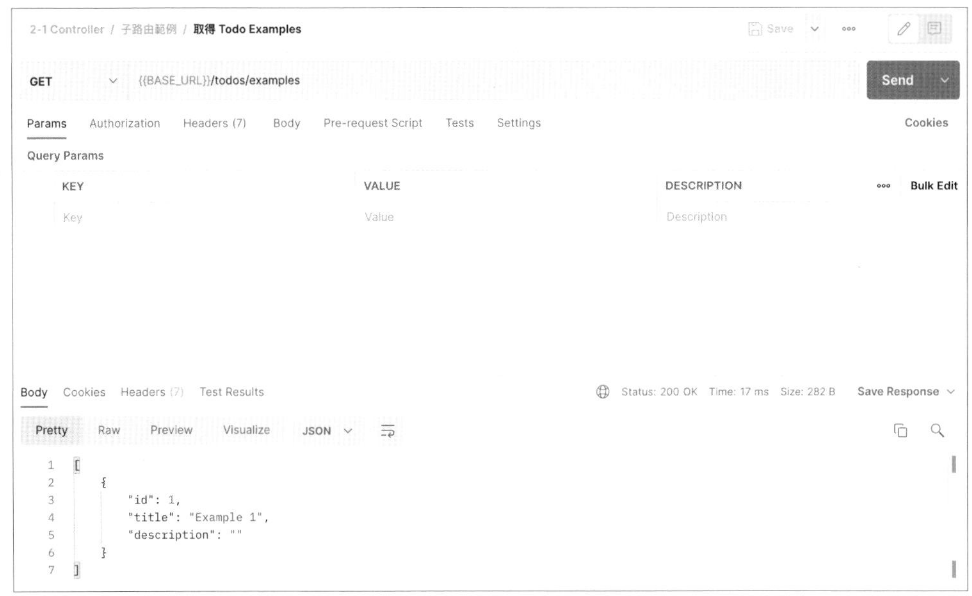

↑圖 2-5　子路由的測試回傳結果

範例程式碼

https://github.com/hao0731/nestjs-book-examples/blob/controller/child-route/src/todo/todo.controller.ts

2.1.4 通用路由符號

有時候設計路由時，可能會提供些許的容錯空間，比如說：原本是設計一個以 GET 方法存取 /todos/examples 的路由，但不管路徑是 /todos/exammmmmmmmples 還是 /todos/exam_ples，都可以得到 /todos/examples 的結果，主要是在指定路由時，使用了「*」這個符號。下方爲範例程式碼：

```
...
@Get('exam*ples')
getExamples() {
  return [
    {
      id: 1,
```

```
        title: 'Example 1',
        description: ''
      }
    ];
  }
  ...
```

透過Postman進行測試，以GET方法去存取/todos/exammmmmmmmples，會得到下方結果，如圖2-6所示。

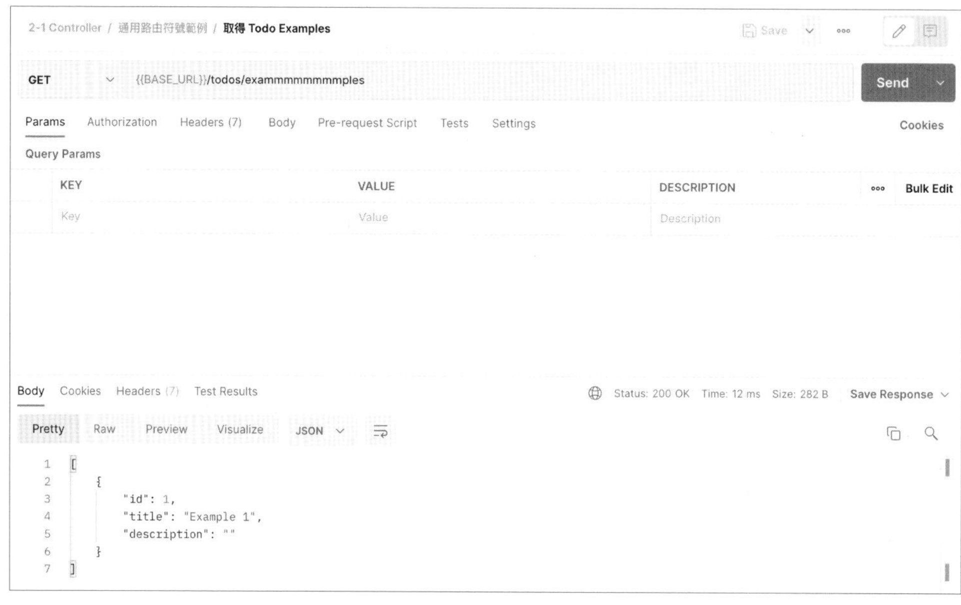

↑ 圖2-6 使用通用路由符號的測試回傳結果

範例程式碼

https://github.com/hao0731/nestjs-book-examples/blob/controller/route-wildcards/src/todo/todo.controller.ts

2.1.5 路由參數(Path Parameters)

在RESTful API的設計裡，經常會把部分參數放在路徑裡面，成爲路徑的一部分，最常見的就是某個資源的id，那這種放在路徑裡面的參數就叫做**路由參數**

（Path Parameters）。在 NestJS 中，要設計一個含有路由參數的 Handler 十分簡單，在 HTTP Method 裝飾器給定子路徑為 :<PARAMETER_NAME> 的格式，這樣就可以在 Handler 中添加帶有 @Param 裝飾器的參數，把路由參數解析出來。

> **注意** @Param 裝飾器歸納於 @nestjs/common 底下，若是編輯器沒有自動引入功能，則需要特別留意，避免不知道從何引入它。另外，透過 @Param 裝飾器解析出來的參數會是字串。

下方的範例程式碼可以看出，透過該裝飾器，可以解析出所有定義的路由參數：

```
...
@Get(':id')
getTodo(@Param() params: { id: string }) {
  const { id } = params;
  return {
    id,
    title: `Title ${id}`,
    description: ''
  };
}
...
```

如果只想要取出特定路由參數的話，可以在 @Param 裝飾器裡面帶入要取出的參數名稱即可：

```
...
@Get(':id')
getTodo(@Param('id') id: string) {
  return {
    id,
    title: `Title ${id}`,
    description: ''
  };
}
...
```

上方兩種取出路由參數的方式所得出的結果會是相同的，透過 Postman 進行測試，以 GET 方法去存取 /todos/1 會得到下方結果，如圖 2-7 所示。

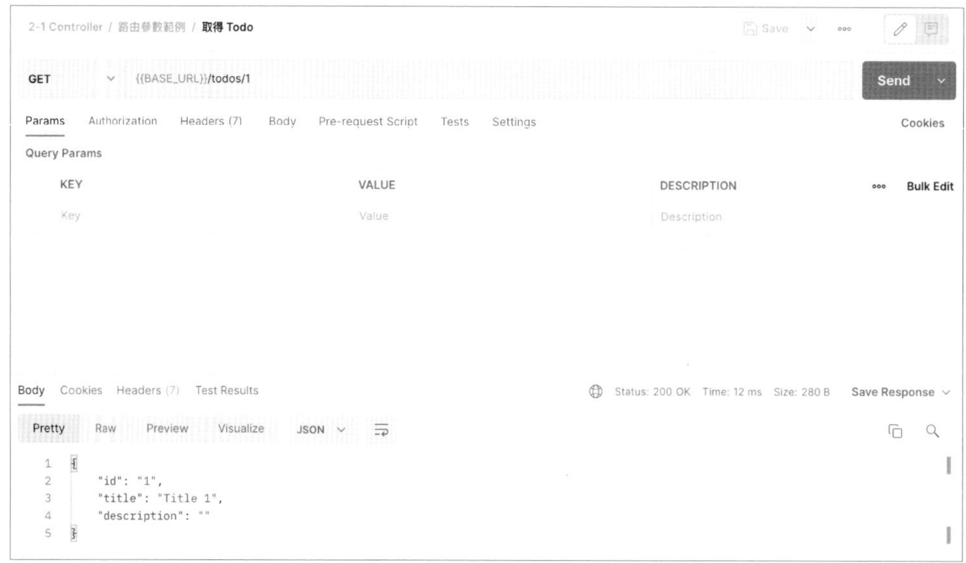

↑ 圖 2-7　路由參數的測試回傳結果

範例程式碼

https://github.com/hao0731/nestjs-book-examples/blob/controller/path-parameter/src/todo/todo.controller.ts

2.1.6 查詢參數（Query Parameters）

「查詢參數」也是一種很常見的參數格式，會以字串的形式出現在路徑最後方，它的名字叫**查詢字串**（Query String），一個帶有查詢字串的路徑會像這樣：/todos?limit=30，其查詢參數 limit 為「30」。在 NestJS 取得查詢參數的方式和路由參數很相似，在 Handler 中添加帶有 @Query 裝飾器的參數，就可以把查詢參數解析出來。

注意 @Query 裝飾器歸納於 @nestjs/common 底下，若是編輯器沒有自動引入功能，則需要特別留意，避免不知道從何引入它。另外，透過 @Query 裝飾器解析出來的參數會是字串。

下方的範例程式碼可以看出，透過該裝飾器，可以解析出所有的查詢參數：

```
...
@Get()
getQuery(@Query() query: { limit: string; skip: string }) {
  return query;
}
...
```

如果只想要取出特定查詢參數的話，可以在 @Query 裝飾器裡面帶入要取出的參數名稱即可：

```
...
@Get()
getQuery(
  @Query('limit') limit: string,
  @Query('skip') skip: string
) {
  return { limit, skip };
}
...
```

上方兩種取出查詢參數的方式得出的結果會是相同的，透過 Postman 進行測試，以 GET 方法去存取 /todos，並帶上查詢參數 limit 爲「30」、skip 爲「30」，會得到下方結果，如圖 2-8 所示。

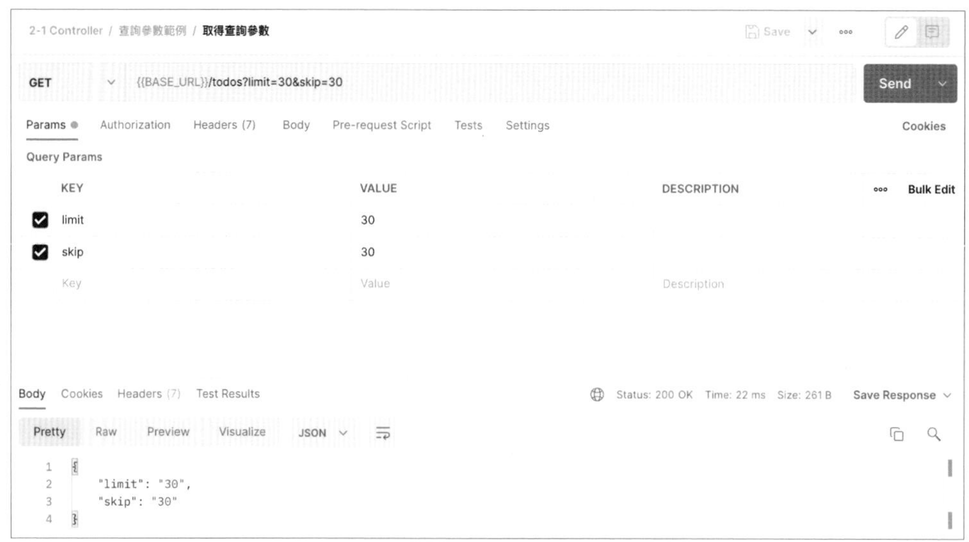

↑ 圖 2-8　查詢參數的測試回傳結果

範例程式碼

https://github.com/hao0731/nestjs-book-examples/blob/controller/query-parameter/src/todo/todo.controller.ts

2.1.7 主體資料（HTTP Body）

在傳輸資料的時候，經常會將部分資訊放在主體資料裡面，通常會在 POST、PUT、PATCH 等操作中使用到。在 NestJS 取得主體資料的方式和查詢參數很相似，在 Handler 中添加帶有 @Body 裝飾器的參數，就可以把主體資料解析出來。

注意 @Body 裝飾器歸納於 @nestjs/common 底下，若是編輯器沒有自動引入功能，則需要特別留意，避免不知道從何引入它。

下方的範例程式碼可以看出，透過該裝飾器可以解析出所有的主體資料的內容：

```
...
@Post()
createTodo(
```

```
  @Body() data: { title: string, description?: string }
) {
  return data;
}
...
```

如果只想要取出特定主體資料內容的話，可以在 @Body 裝飾器裡面帶入要取出的欄位即可：

```
...
@Post()
createTodo(
  @Body('title') title: string,
  @Body('description') description: string
) {
  return{ title, description };
}
...
```

上方兩種取出主體資料的方式得出的結果會是相同的，透過 Postman 進行測試，以 POST 方法去存取 /todos，並帶上 title 爲「Title」、description 爲「body example」的主體資料，會得到下方結果，如圖 2-9 所示。

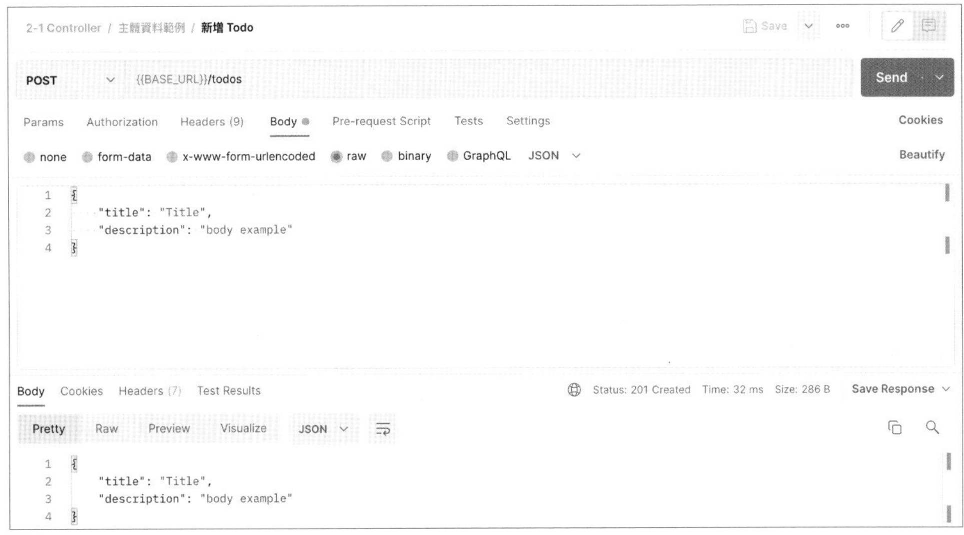

↑ 圖 2-9　主體資料的測試回傳結果

範例程式碼

https://github.com/hao0731/nestjs-book-examples/blob/controller/http-body/src/todo/todo.controller.ts

2.1.8 使用 DTO

前面提到的主體資料是一種在網路上傳輸的資料，這類型的資料又叫**資料傳輸物件（Data Transfer Object，DTO）**，對於 DTO 來說，它有很大的可能會和資料庫中的資料結構有些許不同。比如說：在建立一筆資料的時候，正常情況下客戶端是不需要提供 id 給後端存入資料庫裡面的，只需要提供必要的欄位即可，後端與資料庫會負責處理 id。

在 NestJS 裡，我們會運用 TypeScript 的型別系統，在使用 @Body 裝飾器的參數後方指定它的型別是什麼，讓我們清楚知道傳進來的資料型別爲何。通常在定義型別有三種選擇：

- 使用 TypeScript 的介面（Interface）。
- 使用 TypeScript 的型別別名（Type）。
- 使用標準 JavaScript 支援的類別（Class）。

基本上，定義 DTO 的型別建議使用類別的方式，原因是在 NestJS 裡我們可以基於 DTO 的格式來設置驗證器，進而檢查傳進來的資料是否有符合系統需求。如果使用介面或是型別別名的方式，在編譯成 JavaScript 的時候會被刪除，這樣就無法針對資料做驗證了，但如果是使用類別就會被保留，因爲類別是 JavaScript 的物件，所以官方也強烈建議大家使用類別。

提示 如何基於 DTO 來做驗證，這部分會在「2.5 管道（Pipe）」小節做進一步的說明。

通常，DTO 的檔案名稱會以該 DTO 的行爲做命名，比如說：要做一個新增 Todo 的 DTO，那這個 DTO 的檔案名稱就會叫「create-todo.dto.ts」，而類別名稱就是「CreateTodoDto」。下方是 DTO 的程式碼範例：

```
export class CreateTodoDto {
  public readonly title: string;
  public readonly description?: string;
}
```

使用上，就是透過 TypeScript 的型別系統來做型別指定即可：

```
...
@Post()
createTodo(@Body() dto: CreateTodoDto) {
  const id = 1;
  return { id, ...dto };
}
...
```

範例程式碼

https://github.com/hao0731/nestjs-book-examples/blob/controller/dto/src/todo/todo.controller.ts

2.1.9 狀態碼（HTTP Code）

在 NestJS 裡，預設情況下，除了 POST 會回傳狀態碼「201」外，大多數的 HTTP Method 都是回傳「200」，不過應該要以實際情況來回傳適當的狀態碼。NestJS 有內建狀態碼的列舉（Enum）HttpStatus 提供給我們使用，並透過 @HttpCode 裝飾器來設置回傳的狀態碼。

注意 @HttpCode 裝飾器與 HttpStatus 歸納於 @nestjs/common 底下，若是編輯器沒有自動引入功能，則需要特別留意，避免不知道從何引入它。

下方為範例程式碼，使用的是 HttpStatus 裡面的 NO_CONTENT，對應到的狀態碼為「204」：

```
...
@Patch()
@HttpCode(HttpStatus.NO_CONTENT)
updateTodo() {
  return [];
}
...
```

透過 Postman 進行測試，以 PATCH 的方法去存取 /todos，會收到狀態碼為「204」的回應，因為是 204，在回應裡的主體資料會沒有內容，如圖 2-10 所示。

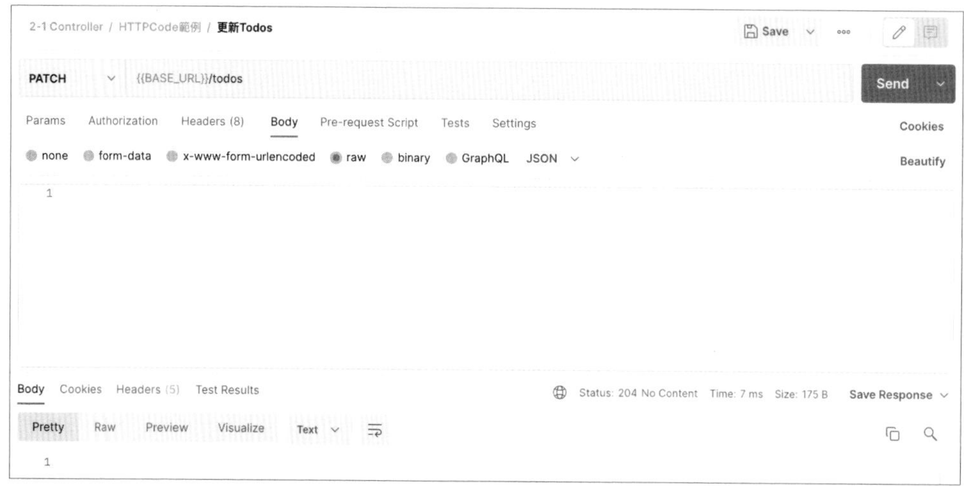

↑ 圖 2-10　狀態碼的測試回傳結果

範例程式碼

https://github.com/hao0731/nestjs-book-examples/blob/controller/http-code/src/todo/todo.controller.ts

2.1.10　標頭（HTTP Headers）

有些情況下，可能會需要回傳特定標頭資訊給客戶端，那要怎麼去設置回應的標頭呢？ NestJS 提供了 @Header 裝飾器讓我們設置相關資訊，這需要帶入兩個參數，第一個是標頭的名稱，第二個是標頭的值。

注意 @Header 裝飾器歸納於 @nestjs/common 底下，若是編輯器沒有自動引入功能，則需要特別留意，避免不知道從何引入它。

下方為範例程式碼，透過 @Header 裝飾器來設置回傳「X-Hao-headers」的標頭，它的值設定為「1」：

```
...
@Get()
@Header('X-Hao-headers', '1')
getTodos() {
  return [];
}
...
```

透過 Postman 進行測試，以 GET 的方法去存取 /todos，會在回應的標頭裡看到 X-Hao-headers 且值為「1」，如圖 2-11 所示。

↑圖 2-11　標頭的測試回傳結果

範例程式碼

https://github.com/hao0731/nestjs-book-examples/blob/controller/http-headers/src/todo/todo.controller.ts

2.1.11 參數裝飾器（Param Decorator）

前面有提到 NestJS 是以 Express 或 Fastify 作爲底層基礎的框架，在很多地方都是對底層平台進行包裝的。其中，內建參數裝飾器取得的參數正是包裝出來的，透過特定的參數裝飾器來取得各種不同的資訊，除了前面提及的幾項，還有提供許多其他的參數裝飾器來取得更多資訊。下方是我整理出來的內建參數裝飾器列表，條列了一些開發上可能會用上的內建參數裝飾器：

裝飾器名稱	描述
@Request	取得請求物件（Request Object）的裝飾器。帶有此裝飾器的參數會賦予底層框架的請求物件，該裝飾器有別稱 @Req，通常將參數名稱取為「req」。
@Response	取得回應物件（Response Object）的裝飾器。帶有此裝飾器的參數會賦予底層框架的回應物件，該裝飾器有別稱 @Res，通常將參數名稱取為「res」。
@Next	取得 Next 函式的裝飾器。帶有此裝飾器的參數會賦予底層框架的 Next 函式，它的用途為呼叫下一個中介軟體（Middleware）。詳細資訊可以參考 Express 官方的說明[*1]。
@Param	取得路由參數的裝飾器。相當於 req.params，如果在裝飾器裡面帶入特定欄位名稱的話，可以針對該欄位取出值，相當於 req.params[key]。
@Query	取得查詢參數的裝飾器。相當於 req.query，如果在裝飾器裡面帶入特定欄位名稱的話，可以針對該欄位取出值，相當於 req.query[key]。
@Body	取得主體資料的裝飾器。相當於 req.body，如果在裝飾器裡面帶入特定欄位名稱的話，可以針對該欄位取出值，相當於 req.body[key]。
@Headers	取得請求標頭的裝飾器。相當於 req.headers，如果在裝飾器裡面帶入特定欄位名稱的話，可以針對該欄位取出值，相當於 req.headers[key]。

*1 Express 官方中介軟體說明：URL https://expressjs.com/zh-tw/guide/using-middleware.html。

裝飾器名稱	描述
@Session	取得 Session 的裝飾器。相當於 req.session，如果在應用程式中有使用 Session 的話，就可以透過它來取得 Session 資訊。
@Ip	取得請求 IP 的裝飾器。相當於 req.ip。
@HostParam	取得 Host 的裝飾器。相當於 req.hosts。

2.1.12 回應處理的方式

前面我們所有的範例都是透過 return 的方式來將資料回傳給 NestJS，再由 NestJS 幫我們回傳給客戶端，這種回應處理的方式即爲**標準模式**，官方較推薦這種作法。

在實務上，我們經常會需要以非同步的方式來處理資料，比如說：從資料庫提取資料等。NestJS 針對非同步的部分有做一項貼心的設計，在標準模式下是可以直接回傳 Promise 的，NestJS 會去處理它，並將 resolve 的資料回傳。下方爲範例程式碼：

```
...
@Get()
getTodos() {
  return new Promise((resolve, reject) => {
    setTimeout(() => resolve([]), 1000);
  });
}
...
```

當然，也支援 ES7 的 async/await：

```
...
@Get()
async getTodos() {
  const todos = await new Promise((resolve, reject) => {
    setTimeout(() => resolve([]), 1000);
  });
  return todos;
}
...
```

NestJS 不只支援原生的非同步技巧，它跟進了前端框架 Angular 的腳步，內建並支援近年來十分熱門的函式庫 ：RxJS，如圖 2-12 所示。

↑圖 2-12　RxJS *2

> 提示 在 NestJS 裡面，有些地方會使用 RxJS 來做處理，建議大家可以參考 Mike 出版的《打通 RxJS 任督二脈：從菜雞前進老鳥必學的關鍵知識》，或是線上找相關的教學文章補足知識。

我們可以直接回傳一個 RxJS 的 Observable 物件，NestJS 會自動訂閱及取消訂閱，並將訂閱收到的值回傳給客戶端。下方為範例程式碼，運用 RxJS 的 of 函數產生一個發出空陣列的 Observable，並將它回傳：

```
import { Controller, Get } from '@nestjs/common';
import { of } from 'rxjs';

@Controller('todos')
export class TodoController {
  @Get()
  getTodos() {
    return of([]);
  }
}
```

以上是標準模式的介紹，那還有一種回應處理的方式叫**函式庫模式**，它不是透過 return 的方式將資料回傳給 NestJS 去回應給客戶端的，而是直接透過回應物件將資料回傳給客戶端，也就是說，這個 Handler 會是 void，並且會透過 @Response 或 @Res 取得回應物件。下方為範例程式碼：

*2　圖片來源：URL https://rxjs.dev/。

```
import { Controller, Get, Res } from '@nestjs/common';
import { Response } from 'express';

@Controller('todos')
export class TodoController {
  @Get()
  getTodos(@Res() res: Response) {
    res.send([]);
  }
}
```

注意 須依照使用的底層框架來決定回應物件的型別，範例中使用 Express 作為底層，故用其 Response 型別。

這裡需要特別留意，NestJS 會去偵測這個 Handler 是否有使用 @Res、@Response、@Next 裝飾器的參數。如果有使用的話，預設情況下，該 Handler 就會啓用函式庫模式，並且會**關閉標準模式**的支援，簡單來說，return 值的方式會失去作用。下方爲範例程式碼：

```
...
@Get()
getTodos(@Res() res: Response) {
  return [];
}
...
```

透過 Postman 進行測試，以 GET 的方法去存取 /todos，會發現遲遲等不到回應，如圖 2-13 所示。

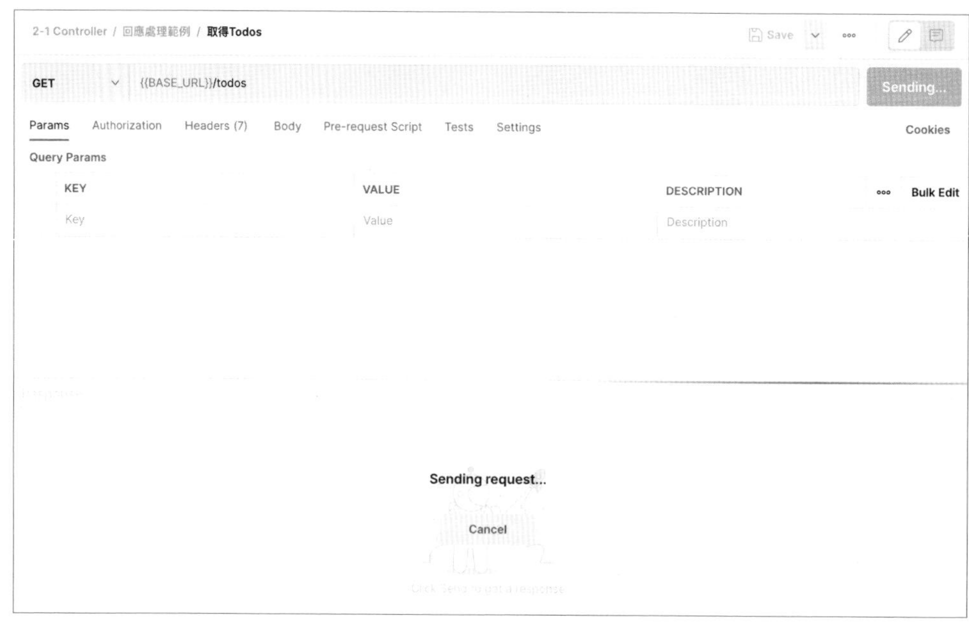

↑ 圖 2-13 **函式庫模式測試無效的結果**

既然我們只要使用上述的那些裝飾器就會關閉標準模式，那如果真的要在標準模式中使用它們的話，有什麼方法可以達成呢？只要在裝飾器裡面添加參數 passthrough 為 true 即可。下方為範例程式碼：

```
...
@Get()
getTodos(@Res({ passthrough: true }) res: Response) {
  return [];
}
...
```

透過 Postman 進行測試，以 GET 的方法去存取 /todos，此時就可以順利取得資料了，如圖 2-14 所示。

↑ 圖 2-14　標準模式使用回應物件的測試結果

範例程式碼

https://github.com/hao0731/nestjs-book-examples/blob/controller/response/src/todo/todo.controller.ts

2.2　模組（Module）

Module 主要的職責是把相同性質的功能包裝在一起，若需要使用到其他 Module 提供的功能，則會去引用該 Module，NestJS 正是透過這種組合的方式來建置出一個完整的應用程式。Module 對於採用模組化設計的 NestJS 來說，是不可或缺的角色，前面也有提到，必定會有一個根模組作爲建置應用程式的起點。

而爲什麼需要把相同的功能包裝在一起呢？以第一章餐廳的例子來說，我們將餐廳分成了臺灣美食、日式料理與美式風味等三個區塊，每個區塊都有他們負責的範圍，不會有在臺灣美食區點日式豚骨拉麵的情況，因爲臺灣美食區只提供臺灣道地的美食；換成 NestJS 的角度來思考，假設有三個 Module，分別是：TodoModule、UserModule 與 AuthModule，正常來說，我們不會希望在 UserModule 裡面設計可以拿到 Todo 資訊的功能，UserModule 就應該只提供與 User 最相關的資源，以達到各司其職的功效。

雖然說 Controller 會被註冊在 Module 底下，但其實 Module 不一定要有 Controller，它可以是一個提供特定功能的 Module，比如說：MongooseModule。以餐廳的例子來說，我們希望在臺灣美食區可以使用「筷子」這個餐具，而日式料理區同樣也會使用「筷子」，但在美式風味區就不太適合了，所以把「筷子」視爲一個共享的 Module，在臺灣美食區與日式料理區共用。

2.2.1 建置 Module

可以透過 NestCLI 快速產生 Module，指令爲：

```
$ nest generate module <MODULE_NAME>
```

> 提示 <MODULE_NAME> 可以含有路徑，如：features/todo，這樣就會在 src 資料夾下建立該路徑並含有 Module。

透過 NestCLI 產生一個 TodoModule：

```
$ nest generate module features/todo
```

在 src 底下，會看見一個名爲「features」的資料夾，裡面還有一個「todo」的資料夾，在該資料夾下有 todo.module.ts，如圖 2-15 所示。

↑圖 2-15　features/todo 資料夾下的 TodoModule

2.2.2 Module 的 metadata

建置完 Module 的骨架後，會發現 TodoModule 使用的 @Module 裝飾器裡面只帶了一個空物件，原因是 NestCLI 不知道我們產生的 Module 具體需要涵蓋哪些東西，所以產生出來的骨架自然就不會有任何的 metadata：

```
import { Module } from '@nestjs/common';

@Module({})
export class TodoModule {}
```

而具體有哪些 metadata 可以使用呢？這裡將它們歸納成下表，供大家參考：

metadata	描述
controllers	將要註冊在該 Module 下的 Controller 放在這裡，會在載入該 Module 時實例化它們。
providers	將會使用到的 Provider 放在這裡，比如說：Service。會在載入該 Module 時實例化它們。
exports	在這個 Module 下的部分 Provider 可能會在其他 Module 中使用，此時就可以把這些 Provider 放在這裡進行匯出。
imports	匯入其他 Module，進而使用它們匯出的 Provider。

Provider 會在後面的小節中做更詳細的說明。

2.2.3 功能模組（Feature Module）

大多數的 Module 都屬於功能模組，它的概念就是前面提到的「把相同性質的功能包裝在一起」。這裡透過 NestCLI 產生 TodoController，並註冊於 TodoModule：

```
$ nest generate controller features/todo
```

將 TodoController 產生的位置指定為 features/todo，會發現 TodoController 自動註冊在 TodoModule 底下，@Module 裝飾器裡面會多一個 controllers 的 metadata：

```
import { Module } from '@nestjs/common';
import { TodoController } from './todo.controller';

@Module({
  controllers: [TodoController]
})
export class TodoModule {}
```

前面有提到，一個有路由功能的 Module 通常會有 Controller 與 Service，所以要先了解一下如何透過 NestCLI 產生 Service，本小節主要是針對 Module 做介紹，所以現在就不針對 Service 的部分做進一步的說明：

```
$ nest generate service <SERVICE_NAME>
```

注意 <SERVICE_NAME> 可以含有路徑，如：features/todo，這樣就會在 src 資料夾下建立該路徑，並含有 Service。

透過 NestCLI 產生 TodoService，並註冊於 TodoModule：

```
$ nest generate service features/todo
```

執行完畢後，會和 TodoController 一樣自動註冊於 TodoModule 底下：

```
...

@Module({
  controllers: [TodoController],
  providers: [TodoService]
})
export class TodoModule {}
```

調整一下 TodoService 的內容，新增一個 getTodos 的方法，回傳屬性 todos 的資料：

```
...
@Injectable()
export class TodoService {
  private todos: ITodo[] = [
    {
      id: 1,
      title: 'Title 1',
      description: ''
    }
  ];

  getTodos() {
    return this.todos;
  }
}
```

接著，修改 TodoController 的內容，在 constructor 注入 TodoService：

```
...
@Controller('todos')
export class TodoController {
  constructor(
    private readonly todoService: TodoService
  ) {}

  @Get()
  getTodos() {
    return this.todoService.getTodos();
  }
}
```

這樣就完成了一個含有路由功能的功能模組了，那要如何使用它呢？只要在根模組匯入它即可。

提示 透過 NestCLI 產生 Module 的時候，就自動在根模組中匯入，不需要手動去新增，是十分貼心的設計。

透過 Postman 進行測試，以 GET 的方法去存取 /todos，會順利取得在 TodoService 設計的假資料，如圖 2-16 所示。

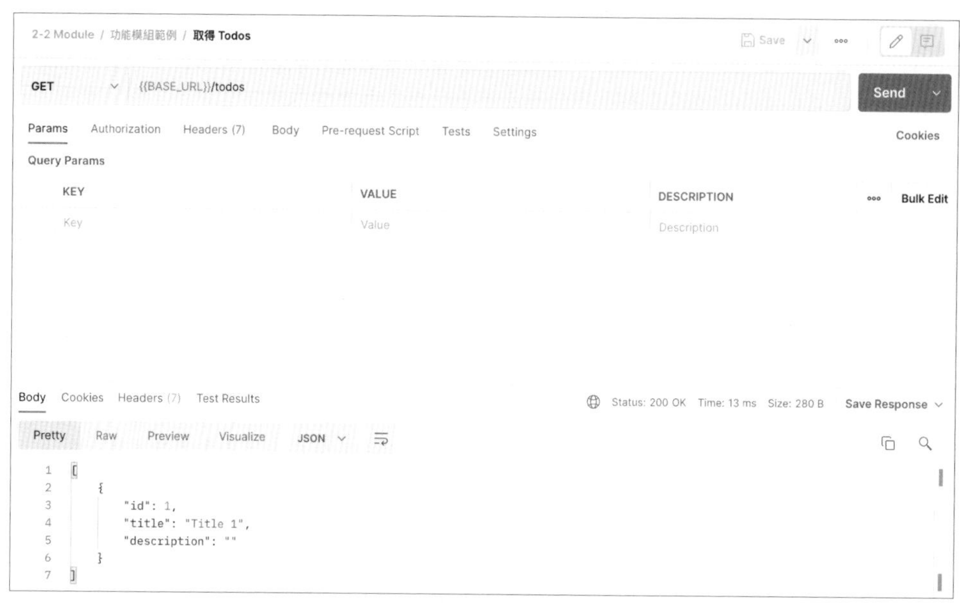

↑ 圖 2-16 功能模組測試結果

範例程式碼

https://github.com/hao0731/nestjs-book-examples/tree/module/feature-module/src/features/todo

2.2.4 共享模組（Shared Module）

在 NestJS 的世界裡，預設情況下 Module 是**單例**（Singleton）的，可以在各個 Module 之間共享同一個實例。事實上，每一個 Module 都算是共享模組，只要遵照設計原則來使用，每個 Module 都具有高度的重用性。這裡可以做個簡單的驗證，把 TodoService 從 TodoModule 做匯出：

```
...
@Module({
  controllers: [TodoController],
  providers: [TodoService],
  exports: [TodoService]
})
export class TodoModule {}
```

這時候透過 NestCLI 去建立 CopyTodoModule 與 CopyTodoController，並要讓 CopyTodoModule 去引入 TodoModule，進而取得 TodoService 的實例，如果在 CopyTodoController 對 TodoService 裡面的 todos 新增資料的話，那在 TodoController 取出 todos 就會有新增後的結果，因爲它們存取的是同一個 TodoService：

```
$ nest generate module features/copy-todo
$ nest generate controller features/copy-todo
```

在引入 TodoModule 之前，先去修改 TodoService 的部分，在裡面添加一個 createTodo 的方法，讓我們可以在 CopyTodoController 中呼叫該方法：

```
...
createTodo(todo: ITodo) {
  this.todos.push(todo);
}
...
```

現在將 TodoModule 引入到 CopyTodoModule 裡：

```
...
@Module({
  controllers: [CopyTodoController],
  imports: [TodoModule]
})
export class CopyTodoModule {}
```

最後就是在 CopyTodoController 的 constructor 中注入 TodoService，並且建立一個 Handler 來呼叫 TodoService 的 createTodo：

```
...
@Controller('copy-todos')
export class CopyTodoController {

  constructor(
    private readonly todoService: TodoService
  ) {}

  @Post()
  create(@Body() body: ITodo) {
    this.todoService.createTodo(body);
    return body;
  }
}
```

透過 Postman 進行測試，以 POST 的方法去存取 /copy-todos，會收到傳入的資料，如圖 2-17 所示，表示有添加資料到 TodoService 的 todos 裡。

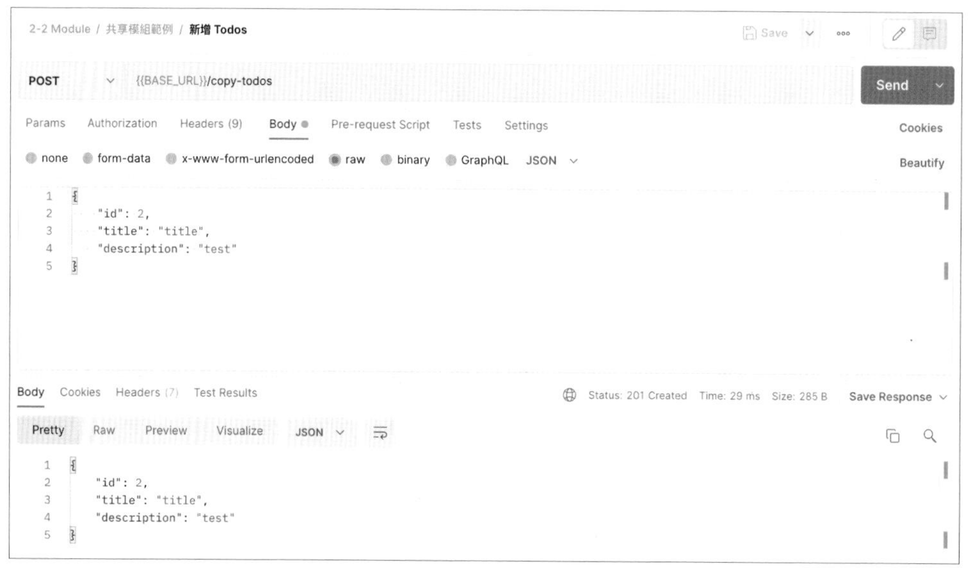

↑圖 2-17　新增 Todo

接著，一樣透過 Postman 來進行測試，以 GET 的方法去存取 /todos，會發現回傳的陣列裡面，多了剛剛新增的那筆資料，如圖 2-18 所示。

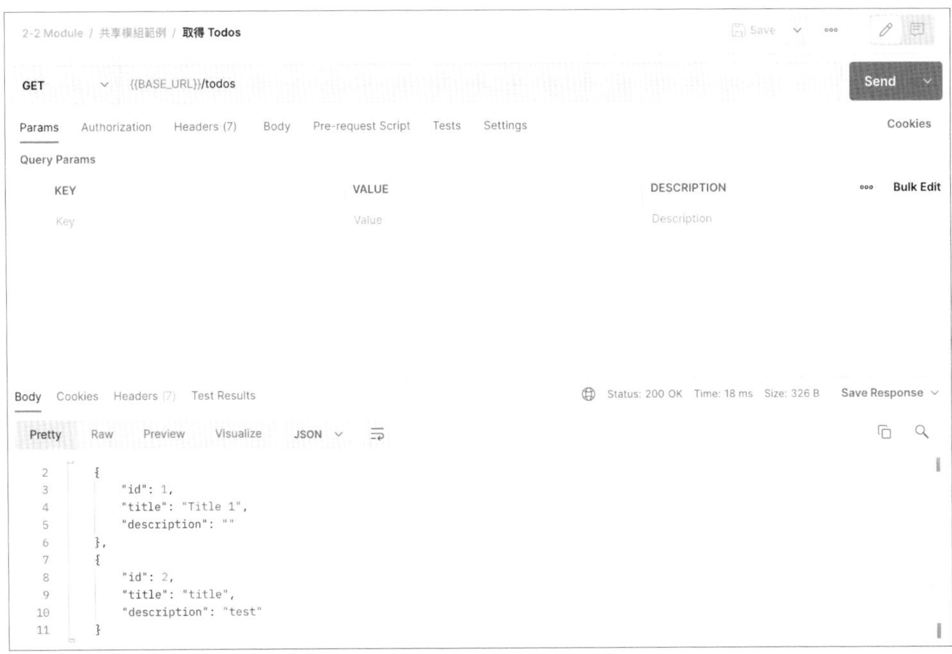

↑圖 2-18　取得 Todos

這裡我們可以得出一個結論，像 Service 這種 Provider 會在 Module 中建立一個實例，當其他 Module 需要使用時，就可以透過匯出的方式與其他 Module 共享，圖 2-19 是簡單的概念圖。

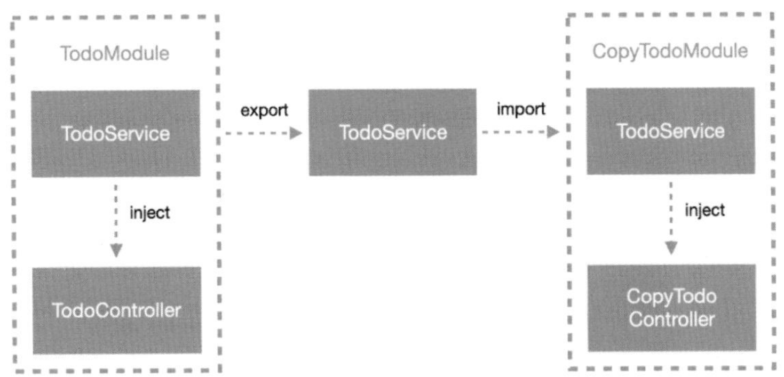

↑圖 2-19　共享模組運作概念

範例程式碼

https://github.com/hao0731/nestjs-book-examples/tree/module/shared-module/src/features

2.2.5 全域模組（Global Module）

當 Module 要與大多數 Module 共用時，會一直在各 Module 匯入，開發上就顯得有些繁瑣，這時候可以透過提升 Module 爲全域模組，讓其他 Module 不需要匯入也能夠使用，只需要在 Module 上再添加一個 @Global 的裝飾器，並在根模組匯入即可。

注意 @Global 裝飾器歸納於 @nestjs/common 底下，若是編輯器沒有自動引入功能，則需要特別留意，避免不知道從何引入它。雖然可以透過提升為全域模組來減少匯入的次數，但非必要情況應少用，這樣才是好的設計準則。

以 TodoModule 爲例：

```
...
@Global()
@Module({
  controllers: [TodoController],
  providers: [TodoService],
  exports: [TodoService]
})
export class TodoModule {}
```

範例程式碼

https://github.com/hao0731/nestjs-book-examples/blob/module/global-module/src/features/todo/todo.module.ts

2.2.6 常用模組（Common Module）

在開發的時候，常常會有一些 Module 它們是會在各個 Module 中去使用到的，或是說有一些 Module 它們是需要互相搭配使用的，那就可以運用常用模組的設計技巧來簡化開發。簡單來說，這個技巧就是將多個 Module 引入到單一個 Module，並且直接將這些引入的 Module 做匯出，這樣其他 Module 只需要引入這個常用模組，就可以使用那些被匯出的 Module 提供的功能了。下方是範例程式碼：

```
...
@Module({
  imports: [TodoModule],
  exports: [TodoModule],
})
export class CommonModule {}
```

範例程式碼

https://github.com/hao0731/nestjs-book-examples/blob/module/common-module/src/modules/common/common.module.ts

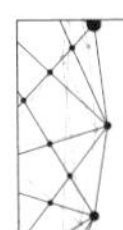

2.3 提供者（Provider）

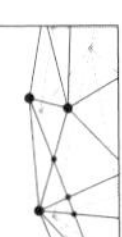

Provider 是功能的提供者，最典型的應用就是 Service 元件。當然，Provider 不一定要是 Service，它可以是其他類型的物件，比如說：Repository、Factory、Helper 等，甚至可以是一個值（Value），關鍵在於有沒有透過 NestJS 的依賴注入機制進行管理。

2.3.1 依賴注入（Dependency Injection）

在 Controller、Service 等元件類別的 constructor 裡，添加參數並指定類別爲該參數的型別，就可以將對應的實例注入到該類別中做使用，這是 NetsJS 設計的依賴注入機制。那到底什麼是依賴注入呢？事實上，依賴注入是一種設計方法，透過此方式可以大幅降低耦合度。這裡舉一個簡單的例子，假設有兩個類別，分別是 Computer 與 CPU：

```
class CPU {
  name: string;
  constructor(name: string) {
    this.name = name;
  }
}

class Computer {
  cpu: CPU;
  constructor(cpu: CPU) {
    this.cpu = cpu;
  }
}
```

從上方程式碼可以看到 Computer 在建構的時候，需要帶入類別爲 CPU 的實例，這樣的好處是把 CPU 的功能都歸在 CPU 裡、Computer 不需要實作 CPU 的功能，讓 Computer 依賴於注入進來的 CPU 實例。這種設計方法就是依賴注入，抽換不同 CPU 都十分方便：

```
const i7 = new CPU('i7-11375H');
const i9 = new CPU('i9-10885H');
const PC1 = new Computer(i7);
const PC2 = new Computer(i9);
```

2.3.2 NestJS 的依賴注入機制

講解完依賴注入之後，再回頭看NestJS的依賴注入機制，會發現一件很奇妙的事，在Controller注入Service的時候，沒有透過任何new語法來建構Service的實例，卻可以直接在Controller中使用。以AppController爲例：

```
...
@Controller()
export class AppController {
  constructor(private readonly appService: AppService) {}
...
}
```

這些注入進來的實例是從哪裡產生的呢？事實上，和Module有很大的關係，在「2.2 模組（Module）」小節中有提到，Module配置的providers，會在載入該Module時，將它們實例化，並根據指定的token以key/value的方式將這些實例交給**控制反轉容器（IoC Container）**進行管理，當我們需要注入被管理的實例時，在constructor裡面指定token就可以取得。這裡再補充一個小知識給大家，當Module載入的時候，會先實例化當前Module註冊的Provider，包含引入之Module底下的Provider，最後才會實例化Controller。我將這整個過程繪製成圖2-20，供大家參考。

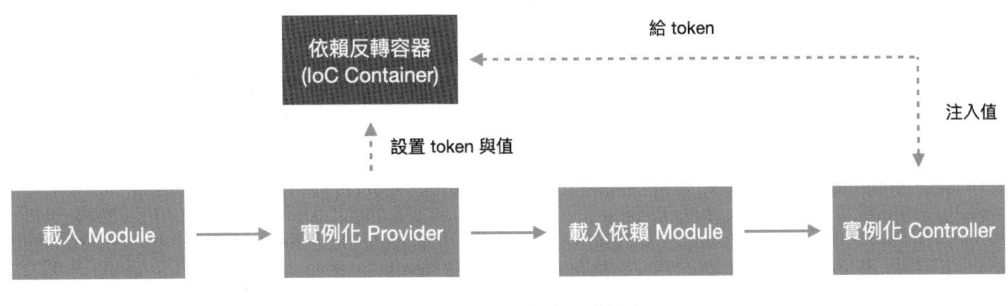

↑ 圖 2-20 依賴注入機制

看到這裡可能會很好奇，在註冊Provider的時候沒有指定token，NestJS怎麼知道對應的實例是哪一個？事實上，在註冊的時候就已經指定了。這裡以AppModule爲例：

```
...
@Module({
  imports: [],
  controllers: [AppController],
  providers: [AppService],
})
export class AppModule {}
```

可看到 providers 只帶入了一個 AppService，這個 AppService 不只定義該 Service 註冊於 AppModule 底下，還指定它的 token 為 AppService。這種指定方式是縮寫的寫法，將它展開後會看到像下方範例的寫法，將 AppService 換成一個物件，該物件的 provide 即要使用的 token，useClass 則是指定要建立 AppService 這個類別的實例：

```
...

@Module({
  imports: [],
  controllers: [AppController],
  providers: [
    { provide: AppService, useClass: AppService }
  ],
})
export class AppModule {}
```

2.3.3 標準 Provider（Standard Provider）

Service 是最典型的 Provider，在「2.2 模組（Module）」小節也有提到，可以透過 NestCLI 來產生相關程式碼骨架，所以可以將 Service 的結構看作是標準的 Provider。這裡再複習一下指令：

```
$ nest generate service <SERVICE_NAME>
```

提示 <SERVICE_NAME> 可以含有路徑，如：features/todo，這樣就會在 src 資料夾下建立該路徑，並含有 Service。

Service 會使用 @Injectable 裝飾器來將該類別標示為可注入的對象，以 AppService 為例：

```
import { Injectable } from '@nestjs/common';

@Injectable()
export class AppService {
  getHello(): string {
    return 'Hello World!';
  }
}
```

將 Service 註冊於 Module 底下，在 metadata 的 providers 裡面直接帶入 Service 的類別即可，以 AppModule 與 AppService 為例：

```
...
@Module({
  imports: [],
  controllers: [AppController],
  providers: [AppService],
})
export class AppModule {}
```

2.3.4 自訂 Provider（Custom Provider）

Service 通常會採用標準 Provider 的作法，但如果要建立的 Provider 不是 Service，或是有其他標準 Provider 較不容易做到的需求，那就需要使用自訂 Provider，而自訂 Provider 有四種建立的方式，分別是：Class Provider、Value Provider、Factory Provider 以及 Alias Provider，它們的實作方式都是採用展開式。

提示 自訂 Provider 採用展開式，故會需要自行指定 token，而指定 token 就是用 provide 參數，該參數不限於使用類別，還可以使用 string、symbol 或 enum。

Class Provider 是將指定類別建立實例的 Provider，最典型的用法就是將 provide 指定為抽象類別，並使用參數 useClass 來根據不同情境提供不一樣的實作類別，這也是大家比較熟悉的自訂 Provider。下方為一個簡單的例子，用 Class Provider 的方式來建立 AppService 實例：

```
{
  provide: AppService,
  useClass: AppService
}
```

Value Provider 是將指定的值變成 Provider，通常用於以下幾個情境：

- 特定常數（Constant）。
- 將外部函式庫的相關類別注入到控制反轉容器。
- 將類別抽換成特定的模擬版本，以利於測試。

這種 Provider 使用參數 useValue 來指定值，這裡舉一個簡單的例子，設計一個 provide 為字串「AUTHOR_NAME」、值為字串「HAO」的 Value Provider：

```
{
  provide: 'AUTHOR_NAME',
  useValue: 'HAO'
}
```

由於這裡是使用字串作為 token，在注入時不能透過指定型別的方式來注入，而是使用 @Inject 參數裝飾器來取得，並帶入對應的 token：

```
@Inject('AUTHOR_NAME') private readonly author: string
```

注意 @Inject 裝飾器歸納於 @nestjs/common 底下，若是編輯器沒有自動引入功能，則需要特別留意，避免不知道從何引入它。

說明 我通常會把這類型的 token 名稱放在獨立的檔案裡，好處是當有其他地方需要使用的時候，可以直接取用該檔案裡的內容，而不需要再重寫一次 token 的名稱。

Factory Provider 是非常重要且實用的自訂 Provider，可以透過 useFactory 來指定工廠函式，並搭配依賴注入將其他 Provider 注入進來，進而使用它們的功能來變化出不同的實例，讓 Provider 更加靈活。以 AppModule 爲例，設計一個 provide 爲字串「MESSAGE_BOX」的 Factory Provider，透過 inject 參數告訴 NestJS，將 token 爲 AppService 的 Provider 注入，讓我們可以在工廠函式中使用，並將結果進行回傳：

```
...
export class MessageBox {
  message: string;
  constructor(message: string) {
    this.message = message;
  }
}

@Module({
  imports: [],
  controllers: [AppController],
  providers: [
    AppService,
    {
      provide: 'MESSAGE_BOX',
      useFactory: (appService: AppService) => {
        const message = appService.getHello();
        return new MessageBox(message);
      },
      inject: [AppService]
    }
  ],
```

```
})
export class AppModule {}
```

最後是 Alias Provider，顧名思義，就是替已經存在的 Provider 取別名，使用 useExist 來指定要取別名的 Provider 的 token：

```
{
  provide: 'ALIAS_APP_SERVICE',
  useExist: AppService
}
```

可以自行將兩個 Provider 進行比對，會發現比對結果是相等的。

以上就是四種自訂 Provider 的方式。在介紹共享模組的時候，有提到可以透過 Module 的 exports 將 Provider 匯出，而自訂 Provider 要如何匯出呢？這部分可以透過一些小技巧來達成。用 NestCLI 產生一個 HandsomeModule 來做測試：

```
$ nest generate module modules/handsome
```

接著，把自訂 Provider 用變數的方式儲存起來，再將它分別帶入 providers 以及 exports 中，這樣就可以順利將自訂 Provider 共享出去：

```
import { Module } from '@nestjs/common';

const HANDSOME_HAO = {
  provide: 'HANDSOME_MAN',
  useValue: {
    name: 'HAO'
  }
};

@Module({
  providers: [HANDSOME_HAO],
  exports: [HANDSOME_HAO],
})
export class HandsomeModule {}
```

範例程式碼

https://github.com/hao0731/nestjs-book-examples/blob/provider/custom-provider/src/app.module.ts

2.3.5 非同步處理的 Provider

有時候可能需要等待某些非同步的操作來建立 Provider，例如：需要與資料庫連線，NestJS 會等待該 Provider 建立完成才正式啓動。下方是一個簡單的範例，使用 useFactory 並給定一個非同步的函式，裡面會有一個 2 秒後 resolve 的 Promise，在啓動應用程式時，就會等待這 2 秒來處理該 Provider：

```
import { Module } from '@nestjs/common';

const HANDSOME_HAO = {
  provide: 'HANDSOME_MAN',
  useFactory: async () => {
    const getHAO = new Promise((resolve) => {
      setTimeout(() => resolve({ name: 'HAO' }), 2000);
    });
    const HAO = await getHAO;
    return HAO;
  },
};

@Module({
  providers: [HANDSOME_HAO],
  exports: [HANDSOME_HAO],
})
export class HandsomeModule {}
```

範例程式碼

https://github.com/hao0731/nestjs-book-examples/blob/provider/async-provider/src/modules/handsome/handsome.module.ts

2.3.6 可選式 Provider（Optional Provider）

有時候可能會有 Provider 沒有被提供但卻注入的情況，這樣在啓動時會報錯，因爲 NestJS 找不到對應的 Provider，那遇到這種情況該如何處理呢？首先，遇到這類型情況通常會給個預設值代替沒被注入的 Provider，然後要在注入的地方添加 @Optional 裝飾器。

注意 @Optional 裝飾器歸納於 @nestjs/common 底下，若是編輯器沒有自動引入功能，則需要特別留意，避免不知道從何引入它。

這裡舉個例子，假設沒有在 AppModule 去引入 HandsomeModule，這時候在 AppController 去注入 HandsomeModule 匯出的 Provider 就會發生錯誤，但只要加上 @Optional 裝飾器就可以順利啓動：

```
...
@Controller()
export class AppController {
  constructor(
    ...
    @Optional() @Inject('HANDSOME_MAN')
    private readonly handsomeMan = { name: '' }
  ) {
    ...
  }
  ...
}
```

範例程式碼

https://github.com/hao0731/nestjs-book-examples/blob/provider/optional-provider/src/app.controller.ts

2.4 例外與例外處理（Exception & Exception filter）

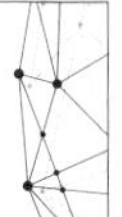

2.4.1 什麼是 Exception？

簡單來說，就是系統發生了錯誤，導致原本程序無法完成的例外情況，這種時候會儘可能把錯誤轉化爲有效資訊。通常一套系統都會針對錯誤做處理，提供有效的錯誤訊息，就像一間大餐廳收到客訴後必須出面回應客人，並讓客人覺得這個回覆是有經過系統整理的，而不是草率回應。

在 JavaScript 中，發生例外情況通常會拋出 Error 物件，這個 Error 即爲 Exception 的型態之一：

```
throw new Error('人非聖賢孰能無過');
```

2.4.2 NestJS 錯誤處理機制

既然系統有可能會發生錯誤，那在拋出錯誤後，就需要有個機制去捕捉它們，並從中提取資訊來整理回應的格式。NestJS 在底層已經幫我們做了一套錯誤處理機制：Exception filter，它會去捕捉拋出的錯誤，並針對錯誤訊息、HTTP Code 進行包裝，如圖 2-21 所示。

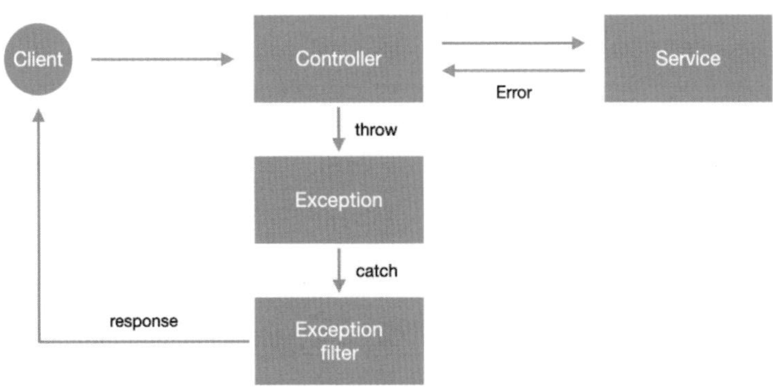

↑圖 2-21 NestJS 捕捉錯誤流程

做個簡單的實驗，調整 AppController 的內容，在 getHello 這個 Handler 裡面直接拋出 Error 物件：

```
...
@Get()
getHello(): string {
  throw new Error('出錯囉！');
  return this.appService.getHello();
}
```

透過 Postman 進行測試，會發現收到的錯誤資訊和我們定義的「出錯囉！」不同，而是收到如圖 2-22 所示的結果，statusCode 為「500」、message 為「Internal server error」。

↑ 圖 2-22　非預期的錯誤訊息

會跟預期結果不同，是因為 NestJS 內建的 Exception filter 會去偵測拋出的錯誤是什麼類型的，它只能夠接受 NestJS 內建的 HttpException 與繼承該類別的 Exception，若不屬於這類型的錯誤，就會直接拋出「Internal server error」。

2.4.3 標準 Exception

NestJS 內建的標準 Exception 即為 HttpException，它是一個類別，提供非常彈性的使用體驗，透過給定 constructor 兩個必填參數來自訂錯誤訊息與 HTTP Code。

> **注意** HttpException 歸納於 @nestjs/common 底下，若是編輯器沒有自動引入功能，則需要特別留意，避免不知道從何引入它。

下方是一個簡單的範例，在 AppController 的 getHello 直接拋出 HttpException，並指定錯誤訊息為「出錯囉！」、HTTP Code 為「400」：

```
...
@Get()
getHello(): string {
  const status = HttpStatus.BAD_REQUEST;
  throw new HttpException('出錯囉！', status);
  return this.appService.getHello();
}
...
```

透過 Postman 進行測試，收到的結果會和預期是相同的，如圖 2-23 所示。

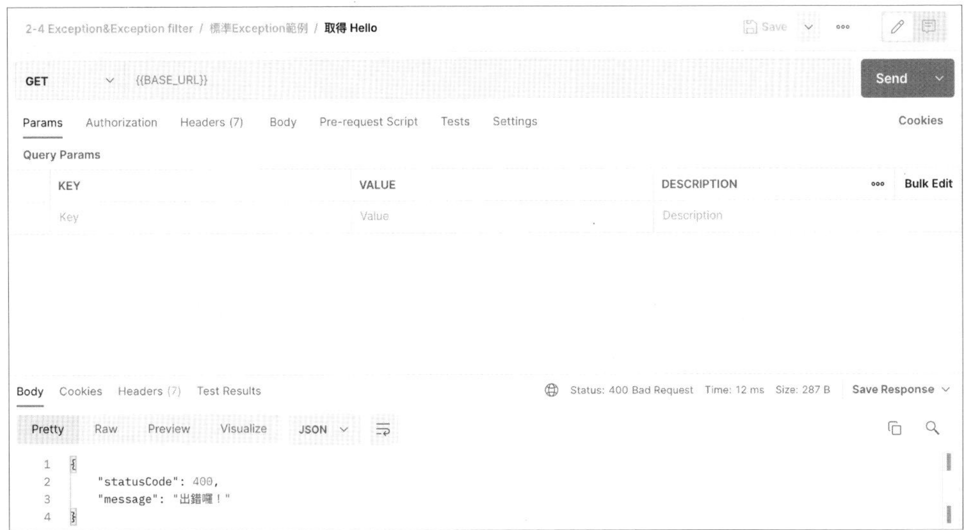

↑ 圖 2-23　預期的錯誤訊息

如果不想用 NestJS 的預設格式怎麼辦？那就需要調整帶入 HttpException 的參數，把第一個參數換成物件，NestJS 會自動覆蓋格式。做個簡單的實驗，調整 AppController 的內容，運用覆蓋格式的方式來拋出 HttpException：

```
...
@Get()
getHello(): string {
  const status = HttpStatus.BAD_REQUEST;
  throw new HttpException(
    { code: status, msg: '出錯囉！' },
    status
  );
  return this.appService.getHello();
}
...
```

透過 Postman 進行測試，收到的結果會是覆蓋的格式，如圖 2-24 所示。

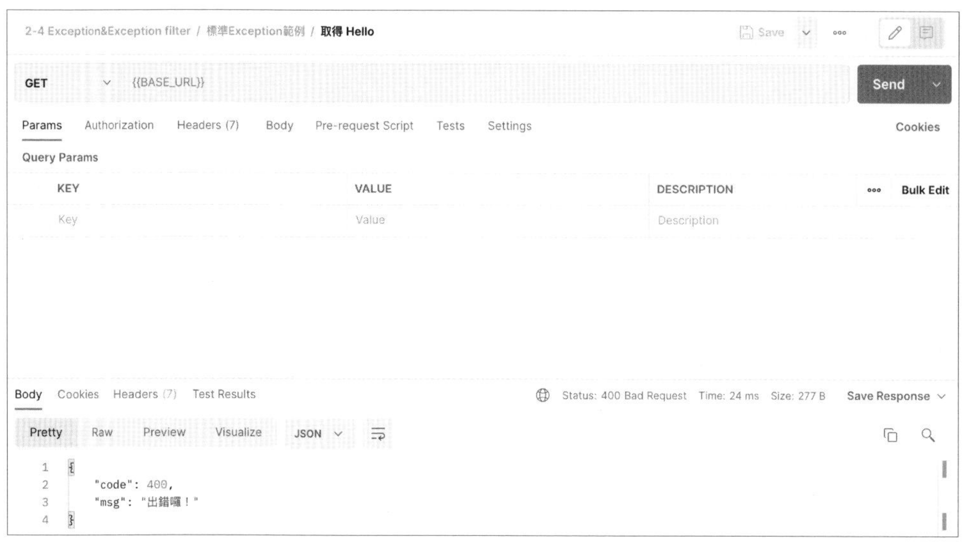

↑ 圖 2-24　**覆蓋格式的錯誤訊息**

範例程式碼

https://github.com/hao0731/nestjs-book-examples/blob/exception-filter/standard-exception/src/app.controller.ts

2.4.4 內建 HttpException

NestJS 有內建一套基於 HttpException 的 Exception，讓開發者根據不同的錯誤來選用不同的 Exception，這裡將它們列出來給大家參考：

Exception 名稱	描述
BadRequestException	HTTP Code 為 400 的 Exception。
UnauthorizedException	HTTP Code 為 401 的 Exception。
NotFoundException	HTTP Code 為 404 的 Exception。
ForbiddenException	HTTP Code 為 403 的 Exception。
NotAcceptableException	HTTP Code 為 406 的 Exception。
RequestTimeoutException	HTTP Code 為 408 的 Exception。
ConflictException	HTTP Code 為 409 的 Exception。
GoneException	HTTP Code 為 410 的 Exception。
HttpVersionNotSupportedException	HTTP Code 為 505 的 Exception。
PayloadTooLargeException	HTTP Code 為 413 的 Exception。
UnsupportedMediaTypeException	HTTP Code 為 415 的 Exception。
UnprocessableEntityException	HTTP Code 為 422 的 Exception。
InternalServerErrorException	HTTP Code 為 500 的 Exception。
NotImplementedException	HTTP Code 為 501 的 Exception。
ImATeapotException	HTTP Code 為 418 的 Exception。
MethodNotAllowedException	HTTP Code 為 405 的 Exception。
BadGatewayException	HTTP Code 為 502 的 Exception。
ServiceUnavailableException	HTTP Code 為 503 的 Exception。
GatewayTimeoutException	HTTP Code 為 504 的 Exception。
PreconditionFailedException	HTTP Code 為 412 的 Exception。

注意 上述的內建 Exception 歸納於 @nestjs/common 底下，若是編輯器沒有自動引入功能，則需要特別留意，避免不知道從何引入它們。

以 BadRequestException 爲例，在 AppController 的 getHello 將它拋出：

```
...
@Get()
getHello(): string {
  throw new BadRequestException('出錯囉!');
  return this.appService.getHello();
}
...
```

透過 Postman 進行測試，收到的結果如圖 2-25 所示。

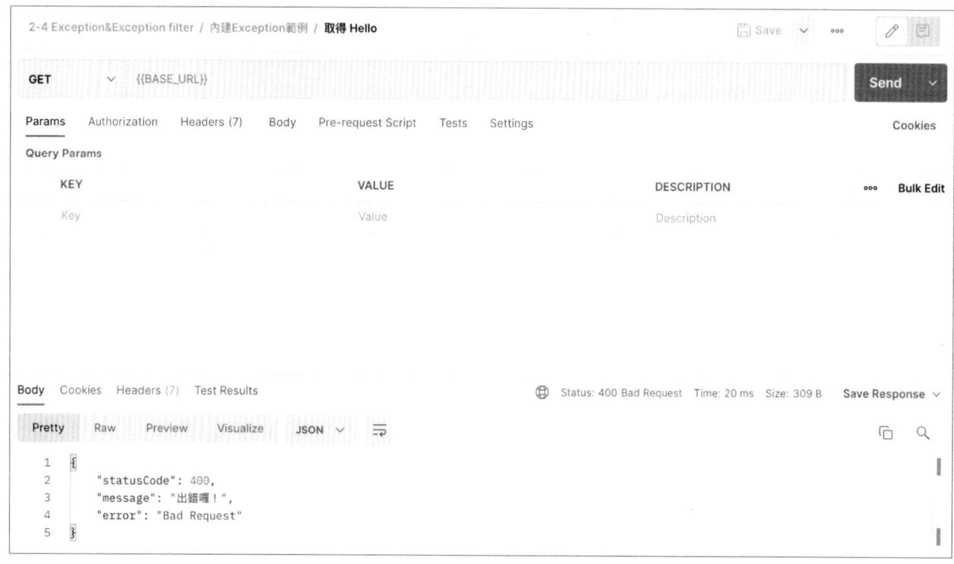

↑ 圖 2-25 測試結果

這種內建的 Exception 同樣可以給一個物件來覆蓋回傳格式，如下方範例：

```
throw new BadRequestException({ msg: '出錯囉!' });
```

透過 Postman 進行測試，收到的結果就會是覆蓋的格式，如圖 2-26 所示。

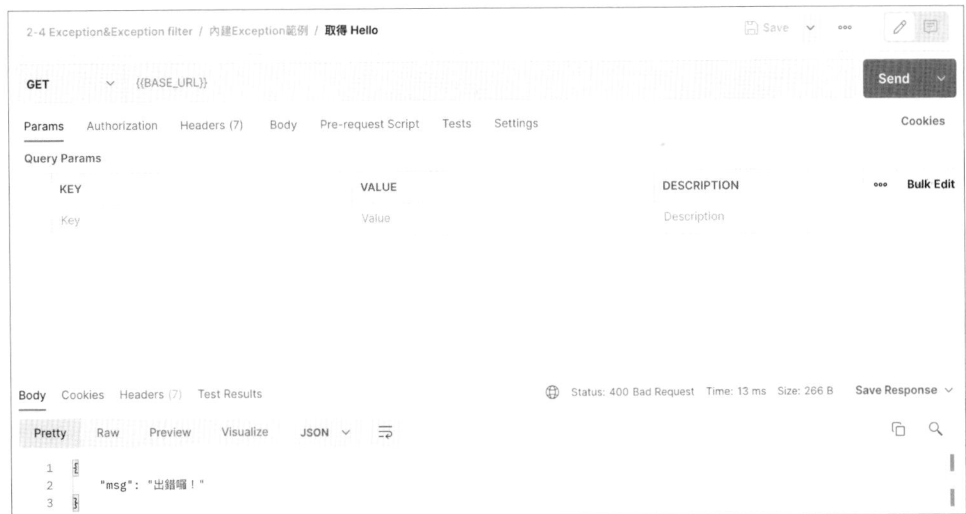

↑ 圖 2-26 測試結果

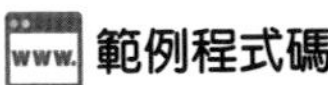

範例程式碼

https://github.com/hao0731/nestjs-book-examples/blob/exception-filter/build-in-exception/src/app.controller.ts

2.4.5 自訂 Exception

前面有提到 HttpException 為標準的類別，這表示我們可以自行設計類別來繼承 HttpException，達到自訂 Exception 的效果。

說明 我比較少自訂 Exception，因為 NestJS 內建的 Exception 很夠用。

這裡做個簡單的範例，製作一個 CustomException 去繼承 HttpException，並將錯誤訊息與 HTTP Code 帶入 super 中：

```
...
export class CustomException extends HttpException {
  constructor () {
    super('未知的錯誤', HttpStatus.INTERNAL_SERVER_ERROR);
```

```
  }
}
```

做好了自訂 Exception 之後，將它拋出 NestJS 一樣可以捕捉到，因爲 NestJS 內建的 Exception filter 會捕捉 HttpException 以及繼承它的 Exception。以 AppController 爲例，在 getHello 將自訂 Exception 拋出：

```
...
@Get()
getHello(): string {
  throw new CustomException();
  return this.appService.getHello();
}
...
```

透過 Postman 進行測試，會收到 message 爲「未知的錯誤」以及 statusCode 爲「500」的回應，如圖 2-27 所示。

↑圖 2-27 測試結果

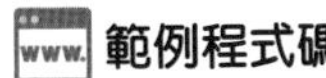 **範例程式碼**

https://github.com/hao0731/nestjs-book-examples/blob/exception-filter/custom-exception/src/exceptions/custom.exception.ts

2.4.6 自訂 Exception filter

如果希望完全掌握錯誤處理機制的話，NestJS 可以自訂 Exception filter，透過這樣的方式來添加 log，或是直接在這個層級定義發生錯誤時的回傳格式。NestCLI 可以幫我們快速產生 Exception filter，指令如下：

```
$ nest generate filter <FILTER_NAME>
```

> **提示** <FILTER_NAME> 可以含有路徑，如：filters/http-exception，這樣就會在 src 資料夾下建立該路徑，並含有 Exception filter。

透過 NestCLI 產生一個 HttpExceptionFilter：

```
$ nest generate filter filters/http-exception
```

會看到下方的 Exception filter 骨架，是一個帶有 @Catch 裝飾器的類別，這個裝飾器就是用來指定 Exception filter 要捕捉的錯誤類型，比如說：將 HttpException 帶入 @Catch 裝飾器裡，就會針對 HttpException 與繼承它的類別進行捕捉。如果不做任何指定的話，就會針對所有拋出的東西做捕捉，另外可以看到還實作了 ExceptionFilter 這個介面，會限制一定要設計 catch(exception: T, host: ArgumentsHost) 這個方法，它就是捕捉錯誤後會執行的方法，會在這裡針對錯誤進行處理：

```
import { ArgumentsHost, Catch, ExceptionFilter } from '@nestjs/common';

@Catch()
export class HttpExceptionFilter<T> implements ExceptionFilter {
  catch(exception: T, host: ArgumentsHost) {}
}
```

2.4.7 認識 ArgumentsHost

在 Exception filter 的 catch 方法裡，會使用到一個叫「ArgumentsHost」的東西，它是做什麼用的呢？它是一個用來取得當前請求相關參數的類別，由於 NestJS 能夠實作 HTTP Server、WebSocket 與微服務，每個架構的參數都會有些不同，這時候透過抽象的方式做統合是最合適的，以 Express 作爲底層的 HTTP Server 來說，它封裝了 Request、Response 與 NextFunction，但如果是微服務的話，封裝的內容物又不同了，所以 ArgumentsHost 提供了一些共同介面來取得這些底層的資訊。

可以透過 ArgumentsHost 的 getType 方法來取得當前應用的類型，以 HTTP Server 來說，會得到字串「http」：

```
host.getType(); // http
```

最重要的是可以透過 ArgumentsHost 取得封裝的參數，以 Express 爲底層的 HTTP Server 來說，透過 getArgs 方法可以取得 Request、Response 與 NextFunction，並以元組（Tuple）的結構返回：

```
const [req, res, next] = host.getArgs();
```

有時候可能只需要從元組中提取部分參數來使用，ArgumentsHost 提供了透過索引值取得參數的方法，透過 getArgByIndex 並將索引值帶入，即可取得對應的參數：

```
const req = host.getArgByIndex(0);
```

以上的方法都是針對元組操作來取得相關參數，但這樣在面對不同架構的重用會有困難，畢竟不同架構的封裝參數都會不同，這時可以使用下方的方式來取得相關內容：

```
// MicroService 的封裝內容
const rpcCtx: RpcArgumentsHost = host.switchToRpc();
// HTTP Server 的封裝內容
const httpCtx: HttpArgumentsHost = host.switchToHttp();
// WebSocket 的封裝內容
const wsCtx: WsArgumentsHost = host.switchToWs();
```

2.4.8 使用 Exception filter

現在我們知道可以透過 ArgumentsHost 來取得封裝參數，那就可以透過它來使用回應物件，再透過回應物件將錯誤訊息回傳給客戶端。下方是一個簡單的範例，會去捕捉 HttpException 相關的 Exception，並透過 ArgumentsHost 取得 HTTP Server 的封裝內容，再透過 getResponse 方法來取得回應物件，並整理一些資訊由回應物件進行回傳：

```
...
@Catch(HttpException)
export class HttpExceptionFilter
implements ExceptionFilter<HttpException> {
  catch(exception: HttpException, host: ArgumentsHost) {
    const ctx = host.switchToHttp();
    const response = ctx.getResponse<Response>();
    const status = exception.getStatus();
    const message = exception.getResponse();
    const timestamp = new Date().toISOString();

    const responseObject = {
        code: status,
        message,
        timestamp
    };
    response.status(status).json(responseObject);
  }
}
```

而這種自訂的 Exception filter 要如何做使用呢？可以粗略地分成兩種：

- **單一 Handler**：在 Controller 的 Handler 上添加 @UseFilters 裝飾器，只會針對該 Handler 套用。
- **Controller**：直接在 Controller 上套用 @UseFilters 裝飾器，會針對整個 Controller 中的 Handler 套用。

@UseFilters 的參數則帶入要使用的 Exception filter，可以是類別本身，也可以是實例，這兩者的差別在於使用類別會透過 NestJS 的依賴注入機制進行管理。

如果沒有特殊情況的話，通常我會以帶入類別為主，讓 NestJS 來管理實例。

下方以 AppController 爲例，將自訂的 Exception filter 套用在 getHello 上：

```
...
@Get()
@UseFilters(HttpExceptionFilter)
getHello(): string {
  throw new BadRequestException('出錯囉 !');
  return this.appService.getHello();
}
...
```

透過 Postman 進行測試，拋出的 Exception 會被自訂的 Exception filter 捕捉，所以會收到整理後的回應，如圖 2-28 所示。

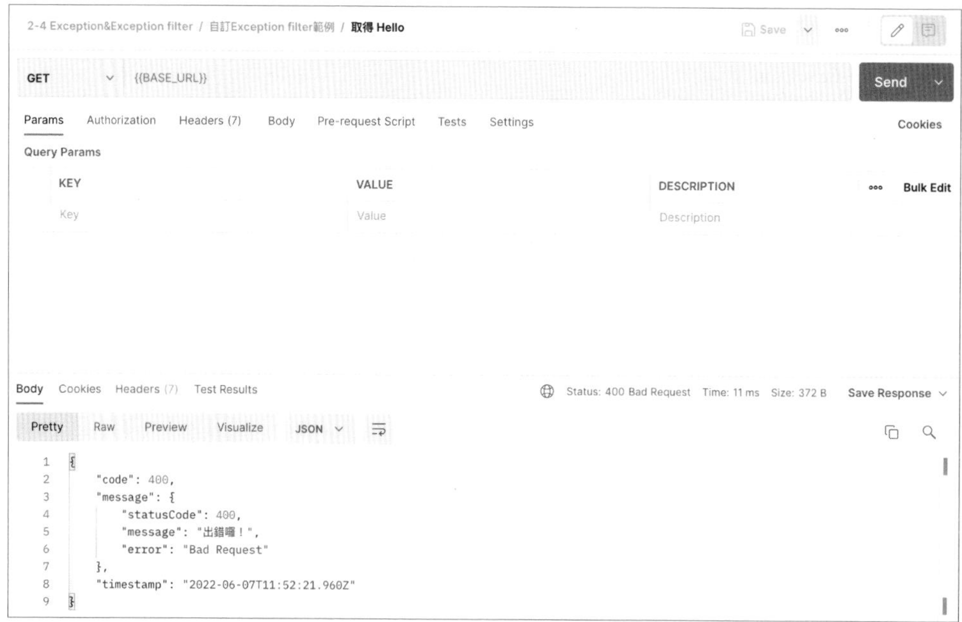

↑ 圖 2-28　**捕捉並整理過的錯誤訊息**

從圖 2-28 會發現一件事情，即 message 的值是本來 BadRequestException 透過內建 Exception filter 回傳的值，而不是一個單純的「出錯囉！」，原因是透過內建 Exception 產生出來的訊息就會是這個格式，所以在使用其 getResponse 來提取錯誤訊息時，就會拿到物件格式的資料，只有使用 HttpException 拿到的才會是字串，在使用上需特別注意。

範例程式碼

https://github.com/hao0731/nestjs-book-examples/blob/exception-filter/custom-exception-filter/src/filters/http-exception.filter.ts

2.4.9 全域 Exception filter

如果自訂 Exception filter 要套用到每一個路由上的話，不就要替每個 Controller 都添加 @UseFilters 嗎？別擔心，NestJS 非常貼心提供了配置在全域的方法，只需要在 main.ts 進行修改，透過 NestApplication 實例的 useGlobalFilters 方法，並帶入 Exception filter 的實例即可：

```
...
async function bootstrap() {
  const app = await NestFactory.create(AppModule);
  app.useGlobalFilters(new HttpExceptionFilter());
  await app.listen(3000);
}
bootstrap();
```

上面的方法是透過模組外部完成全域配置的，如果希望透過依賴注入的方式來實作的話，有沒有什麼方式可以達到呢？NestJS 確實有提供解決方案，要在 AppModule 進行 Provider 的配置，透過指定 token 爲 APP_FILTER 來實現。

注意 APP_FILTER 歸納於 @nestjs/core 底下，若是編輯器沒有自動引入功能，則需要特別留意，避免不知道從何引入它。

下方範例是用 useClass 來指定要建立實例的類別：

```
...
{
  provide: APP_FILTER,
  useClass: HttpExceptionFilter
}
...
```

說明 通常我會以 Provider 的方式進行配置，讓 NestJS 透過依賴注入機制來維護 Exception filter 的實例。

範例程式碼

https://github.com/hao0731/nestjs-book-examples/blob/exception-filter/global-exception-filter/src/app.module.ts

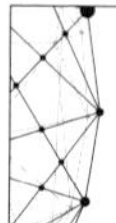

2.5 管道（Pipe）

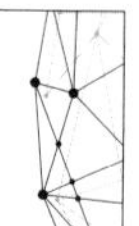

NestJS 實作了 Pipe 這個元件，可以用它來處理使用者傳入的參數，例如：驗證參數的正確性、型別的轉換等。它有點像是客人畫完點餐單之後，服務生要進行點餐單的檢查。

Pipe 在錯誤處理機制捕捉的範圍內，當在 Pipe 拋出 Exception 時，該次請求就不會進入到 Controller 對應的 Handler 裡，如圖 2-29 所示，這樣的設計方法能夠有效隔離驗證程序與主執行程序，是非常好的實作方式。

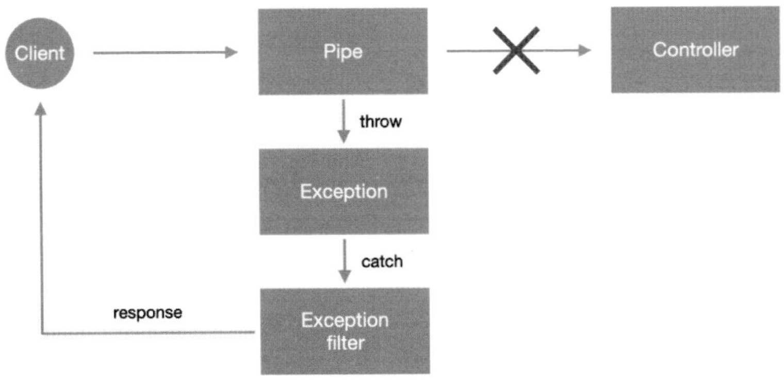

↑圖 2-29 Pipe 與錯誤處理機制

NestJS 內建了許多 Pipe 來輔助資料轉型與驗證，下方列出部分內容：

Pipe	描述
ValidationPipe	驗證資料格式的 Pipe。
ParseIntPipe	解析並驗證是否為整數的 Pipe。
ParseBoolPipe	解析並驗證是否為 boolean 的 Pipe。
ParseArrayPipe	解析、轉換並驗證是否為 Array 的 Pipe。

注意 上述的內建 Pipe 歸納於 @nestjs/common 底下，若是編輯器沒有自動引入功能，則需要特別留意，避免不知道從何引入它。

2.5.1 使用 Pipe

Pipe 的使用方式很簡單，假設要解析並驗證路由參數是否爲整數的話，只需要在 @Param 裝飾器第一個參數帶入路由參數名稱，並在第二個參數帶入內建的 ParseIntPipe 即可。以下方程式碼爲例，如果路由參數「id」解析後爲整數，就會透過 AppService 去取得對應的使用者資訊，否則會拋出 Exception：

```
...

```

```
@Get(':id')
getUser(@Param('id', ParseIntPipe) id: number) {
  return this.appService.getUser(id);
}
...
```

透過 Postman 進行測試，使用 GET 方法去存取 /HAO，會收到錯誤訊息，因爲路由參數的值爲字串「HAO」，並不能解析成整數，如圖 2-30 所示。

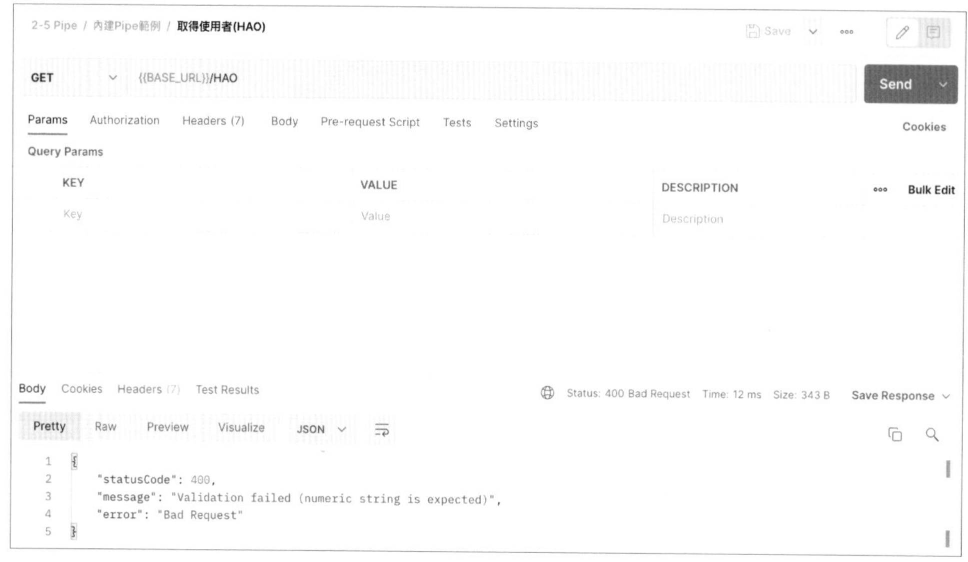

↑圖 2-30　無法解析回傳的錯誤訊息

但如果使用 GET 方法去存取 /1，則會到使用者資訊，雖然路由參數傳進來的時候爲字串，但它是可以被轉換成整數的字串，如圖 2-31 所示。

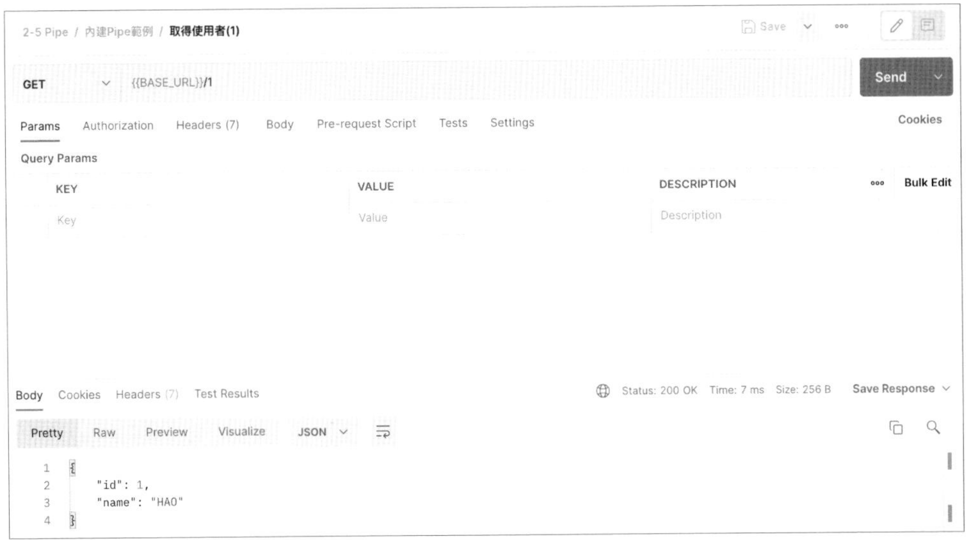

↑圖 2-31　成功解析回傳正確訊息

範例程式碼

https://github.com/hao0731/nestjs-book-examples/blob/pipe/build-in-pipe/src/app.controller.ts

2.5.2 內建 Pipe 自訂 HTTP Code

從前面的範例可以得知，在預設情況下無法通過內建 Pipe 的解析與驗證時，拋出的會是 HTTP Code 為「400」的錯誤，如果想要自訂發生錯誤時回傳的 HTTP Code，就必須實例化 Pipe，並且帶入含有 errorHttpStatusCode 的物件。以下方程式碼為例，我希望出錯時收到的 HTTP Code 是「406」，所以指定 errorHttpStatusCode 為 HttpStatus.NOT_ACCEPTABLE：

```
...
@Get(':id')
getUser(
  @Param(
    'id',
    new ParseIntPipe({
```

```
      errorHttpStatusCode: HttpStatus.NOT_ACCEPTABLE
    })
  )
  id: number
) {
  return this.appService.getUser(id);
}
...
```

透過 Postman 進行測試，以 GET 方法去存取 /HAO，會得到 HTTP Code 為「406」的錯誤訊息，如圖 2-32 所示。

↑ 圖 2-32　自訂錯誤時的 HTTP Code

範例程式碼

https://github.com/hao0731/nestjs-book-examples/blob/pipe/build-in-pipe-http-code/src/app.controller.ts

2.5.3 內建 Pipe 自訂 Exception

前面已經知道可以針對 HTTP Code 做改寫，那能不能直接指定要拋出的 Exception 呢？如果想要完全掌握拋出的 Exception，一樣必須實例化 Pipe，並使用 exceptionFactory 來指定產生的 Exception。以下方程式碼爲例，我希望可以在發生錯誤時拋出 NotAcceptableException，並且錯誤訊息爲「無法解析爲數字」：

```
...
@Get(':id')
getUser(
  @Param(
    'id',
    new ParseIntPipe({
      exceptionFactory: () => {
        return new NotAcceptableException('無法解析為數字');
      }
    })
  )
  id: number
) {
  return this.appService.getUser(id);
}
...
```

透過 Postman 進行測試，以 GET 方法去存取 /HAO 會得到 HTTP Code 爲「406」、訊息爲「無法解析爲數字」的錯誤訊息，如圖 2-33 所示。

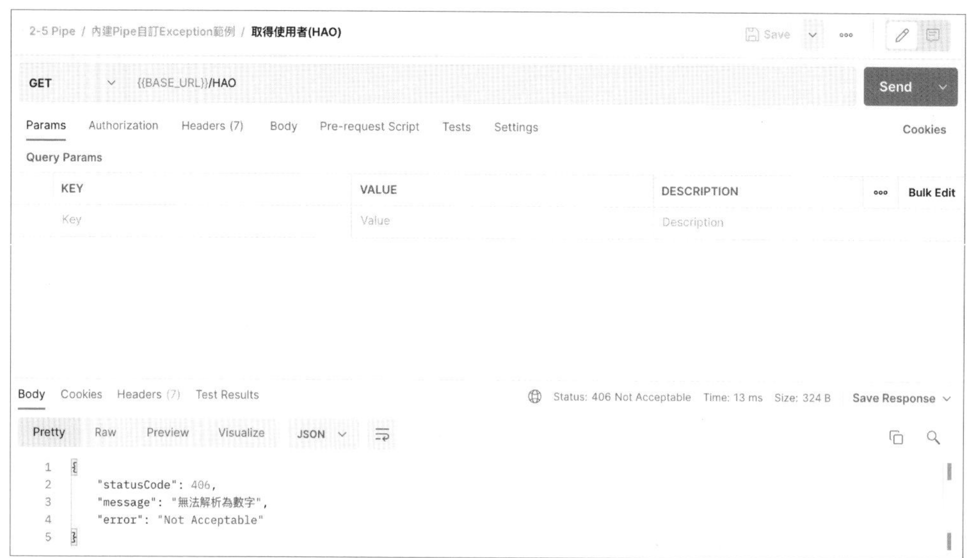

↑ 圖 2-33　自訂錯誤時的 Exception

範例程式碼

https://github.com/hao0731/nestjs-book-examples/blob/pipe/build-in-pipe-exception/src/app.controller.ts

2.5.4 自訂 Pipe

如果覺得內建 Pipe 無法滿足需求的話，NestJS 是可以自訂 Pipe 的，讓開發者可以依照系統需求自行設計驗證與解析的功能。NestCLI 可以幫我們快速產生 Pipe，指令如下：

```
$ nest generate pipe <PIPE_NAME>
```

提示 <PIPE_NAME> 可以含有路徑，如：pipes/parse-int，這樣就會在 src 資料夾下建立該路徑，並含有 Pipe。

透過 NestCLI 產生自訂的 ParseIntPipe：

```
$ nest generate pipe pipes/parse-int
```

會看到下方的 Pipe 程式碼骨架，是一個帶有 @Injectable 裝飾器的類別，不過它實作了 PipeTransform 介面，規範它一定要設計 transform(value: any, metadata: ArgumentMetadata) 方法，這個方法就是資料驗證與解析的地方，參數 value 就是傳進來的值，ArgumentMetadata 可以取得正在處理的參數 metadata。

```
import {
  ArgumentMetadata,
  Injectable,
  PipeTransform
} from '@nestjs/common';

@Injectable()
export class ParseIntPipe implements PipeTransform {
  transform(value: any, metadata: ArgumentMetadata) {
    return value;
  }
}
```

提示 PipeTransform 後面可以添加兩個 Type，第一個為 T，定義傳入的值應該為何種型別，也就是 transform 裡面的 value，第二個為 R，定義回傳的資料型別。

這裡以自訂 ParseIntPipe 爲例，實作一個簡單的轉換數字的 Pipe。從下方程式碼可以看到，第 6 行先將傳進來的值透過 parseInt 轉換爲數字，並檢查轉換後的值是否爲 NaN，如果是的話，就會拋出 BadRequestException；不是的話，就會將轉換後的數字進行回傳：

```
1  ...
2  @Injectable()
3  export class ParseIntPipe implements PipeTransform<string, number> {
4    transform(value: string, metadata: ArgumentMetadata) {
5      const num = parseInt(value, 10);
```

```
    if (isNaN(num)) {
      throw new BadRequestException('無法解析為數字');
    }
    return num;
  }
}
```

在 getUser 套用自訂 ParseIntPipe：

```
...
@Get(':id')
getUser(
  @Param('id', ParseIntPipe) id: number
) {
  return this.appService.getUser(id)
}
...
```

透過 Postman 進行測試，以 GET 方法存取 /HAO 會收到錯誤訊息，如圖 2-34 所示，因爲路由參數是無法轉換爲數字的字串。

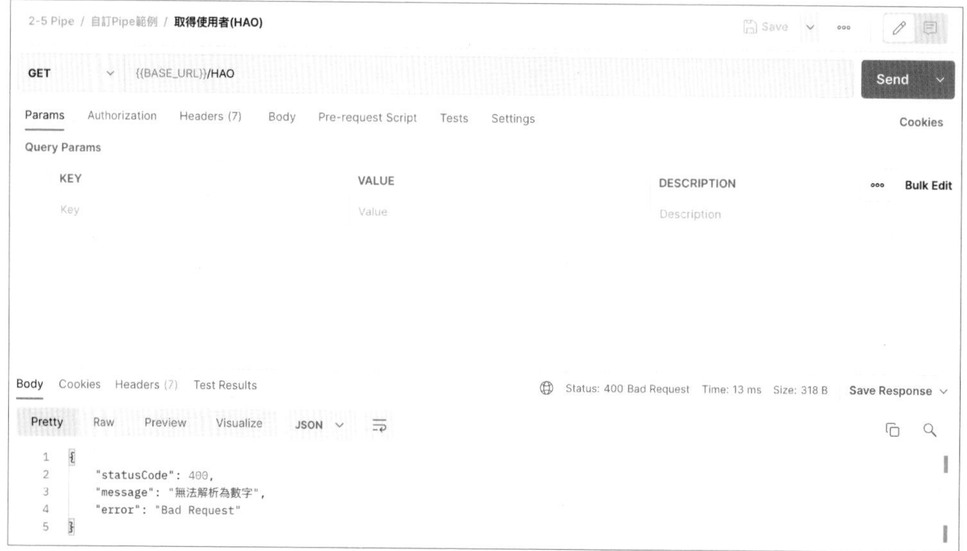

↑圖 2-34　自訂 Pipe 拋出的錯誤

範例程式碼

https://github.com/hao0731/nestjs-book-examples/blob/pipe/custom-pipe/src/pipes/parse-int.pipe.ts

2.5.5 認識 ArgumentMetadata

在自訂 Pipe 裡面有一個參數叫「ArgumentMetadata」，如前面所述，可以透過它來取得 metadata 相關資訊，那它具體能取得什麼資訊呢？下方的表格是 ArgumentMetadata 提供的屬性與描述：

屬性	描述
type	識別該參數是來自 @Body 裝飾器、@Query 裝飾器、@Param 裝飾器或是自訂裝飾器，它們個別代表的值為「string」、「query」、「param」以及「custom」。
metatype	獲取該參數被指派的型別，如：Number、String。
data	帶入裝飾器中的值，以 @Param('id') 為例，值會是「id」。

提示 上表提及的自訂裝飾器，會在後面的小節做更詳細的說明。

2.5.6 ValidationPipe

其中一個內建的 Pipe 叫「ValidationPipe」，它的用途就是檢查傳進來的資料是否符合驗證需求，而我認爲它最強大的地方就是可以針對物件格式做驗證，也就是說，可以針對客戶端傳來的主體資料等資訊做驗證，不過它需要額外安裝 class-validator [*3] 與 class-transformer [*4] 才能使用。

---

*3 官方 GitHub：URL https://github.com/typestack/class-validator。

*4 官方 GitHub：URL https://github.com/typestack/class-transformer。

透過 npm 進行安裝：

```
$ npm install class-validator class-transformer
```

至於 ValidationPipe 要如何去驗證物件格式呢？這裡可以回想一下，我們在 Controller 的章節裡有提到使用 DTO 來指派主體資料的型別，並且可以在 DTO 上添加驗證器，讓 ValidationPipe 來檢查是否符合驗證規則，而 DTO 使用的驗證器就是 class-validator 提供的裝飾器。

在驗證格式機制上，必須要採用類別的形式建立 DTO，原因在 Controller 的「使用 DTO」有提過，如果採用介面或是型別別名的方式，在編譯成 JavaScript 時會被刪除，NestJS 便無法得 DTO 的格式為何，ValidationPipe 也無法順利進行驗證。

假設有一個 CreateTodoDto 它的內容如下：

```
export class CreateTodoDto {
  public readonly title: string;
  public readonly description?: string;
}
```

針對該 DTO 的欄位做驗證規則，title 的規則如下：

- 為必填。
- 必須是字串。
- 最大長度限制為 20。

description 的規則如下：

- 為選填。
- 必須是字串。

那要如何套用這些規則呢？只要從 class-validator 中挑選出較適合的裝飾器即可，像是限制最大長度的 @MaxLength、必須是字串的 @IsString、是選填的 @IsOptional：

```
import {
  IsNotEmpty,
```

```
  IsOptional,
  IsString,
  MaxLength
} from 'class-validator';


export class CreateTodoDto {

  @MaxLength(20)
  @IsString()
  @IsNotEmpty()
  public readonly title: string;

  @IsString()
  @IsOptional()
  public readonly description?: string;
}
```

提示 詳細的裝飾器內容，可以參考 class-validator 官方文件說明。

如此一來，便完成了規則的定義，接下來只需要在 Handler 或 Controller 上，透過 @UsePipes 裝飾器套用 ValidationPipe 即可。

注意 @UsePipes 裝飾器歸納於 @nestjs/common 底下，若是編輯器沒有自動引入功能，則需要特別留意，避免不知道從何引入它。

下方是使用 ValidationPipe 的範例：

```
...
@Post()
@UsePipes(ValidationPipe)
createTodo(@Body() dto: CreateTodoDto) {
  return { id: 1, ...dto };
}
...
```

透過 Postman 進行測試，以 POST 方法存取 /todos，將不合規則的資料傳遞過去，會收到錯誤訊息，如圖 2-35 所示，裡面的 message 這個欄位是一個陣列，它會列出不符合驗證的錯誤細項。以下方的錯誤訊息爲例，它顯示了 title 不能爲空值。

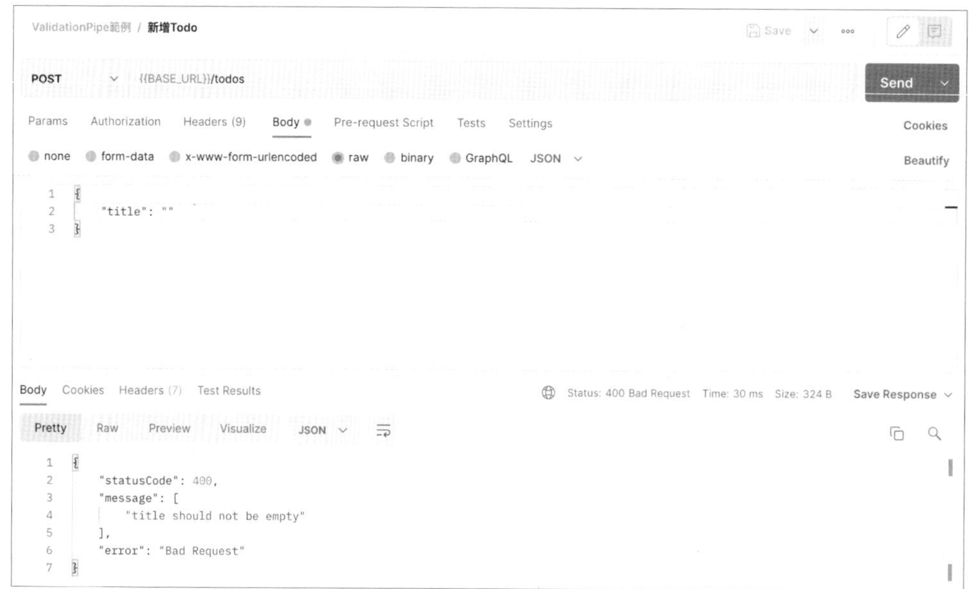

↑ 圖 2-35 欄位不符合驗證的錯誤訊息

範例程式碼

https://github.com/hao0731/nestjs-book-examples/tree/pipe/validation-pipe/src/features/todo

2.5.7 關閉 ValidationPipe 的錯誤細項

如果不想要回傳錯誤細項，則可以將 ValidationPipe 實例化，並帶入一個含有 disableErrorMessages 爲 true 的物件來關閉，下方爲一個簡單的範例：

```
...
@Post()
@UsePipes(
  new ValidationPipe({ disableErrorMessages: true })
)
```

```
createTodo(@Body() dto: CreateTodoDto) {
  return { id: 1, ...dto };
}
...
```

透過 Postman 進行測試，以 POST 方法存取 /todos，收到的錯誤訊息就不會帶有錯誤細項，如圖 2-36 所示。

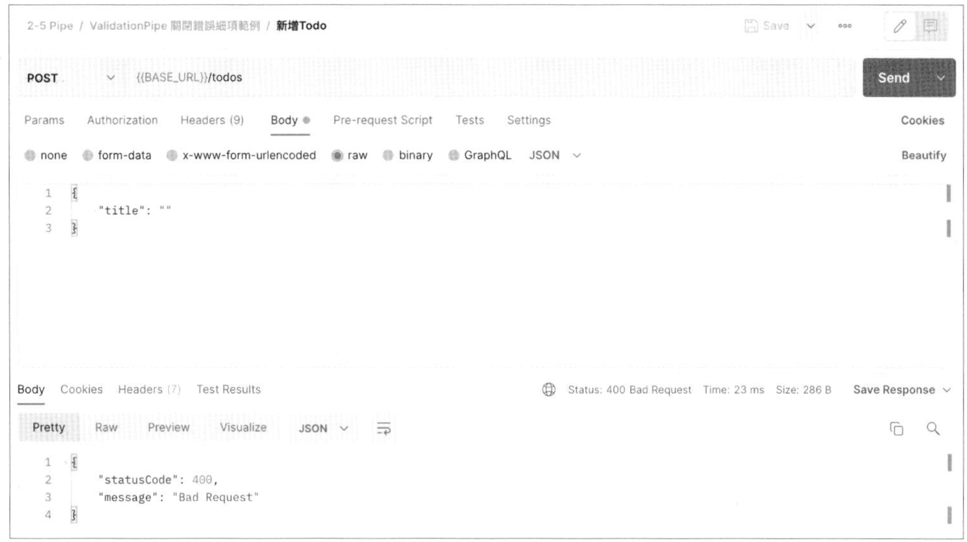

↑ 圖 2-36 關閉錯誤細項的回應

範例程式碼

https://github.com/hao0731/nestjs-book-examples/blob/pipe/validation-pipe-disable-error/src/features/todo/todo.controller.ts

2.5.8 ValidationPipe 自訂 Exception

ValidationPipe 和其他內建 Pipe 一樣，可透過參數 exceptionFactory 自訂 Exception，下方為一個簡單的範例：

```
...
@Post()
```

```
@UsePipes(
  new ValidationPipe({
    exceptionFactory: () => {
      return new NotAcceptableException({
        code: HttpStatus.NOT_ACCEPTABLE,
        message: '格式錯誤',
      });
    }
  })
)
createTodo(@Body() dto: CreateTodoDto) {
  return { id: 1, ...dto };
}
...
```

透過 Postman 進行測試，以 POST 方法存取 /todos，收到的錯誤訊息會是自訂的內容，如圖 2-37 所示。

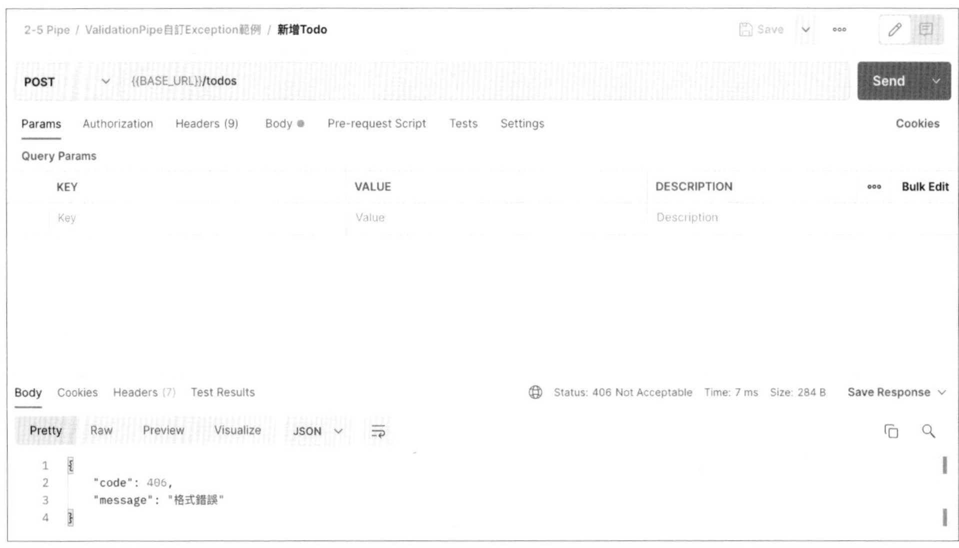

↑ 圖 2-37　自訂錯誤時的 Exception

範例程式碼

https://github.com/hao0731/nestjs-book-examples/blob/pipe/validation-pipe-exception/src/features/todo/todo.controller.ts

2.5.9 ValidationPipe 過濾屬性

以前面新增 Todo 的例子來說，可接受的參數為 title 與 description，假設今天客戶端傳送下方資訊：

```
{
  "title": "Test",
  "text": "Hello."
}
```

會發現傳了一個毫無關聯的 text，這時候想要快速過濾掉這種無效參數該怎麼做呢？透過 ValidationPipe 設置 whitelist 即可，當 whitelist 為 true 時，會**自動過濾掉於 DTO 沒有任何裝飾器的屬性**，也就是說，就算有該屬性但沒有添加 class-validator 的裝飾器，也會被視為無效屬性。下方為簡單的範例：

```
...
@Post()
@UsePipes(new ValidationPipe({ whitelist: true }))
createTodo(@Body() dto: CreateTodoDto) {
    return { id: 1, ...dto };
}
...
```

透過 Postman 進行測試，以 POST 方法存取 /todos，根據上方的範例程式碼，會將 DTO 內的欄位都回傳到客戶端，但這裡有設置 whitelist 為 true，所以不會含有 text，如圖 2-38 所示。

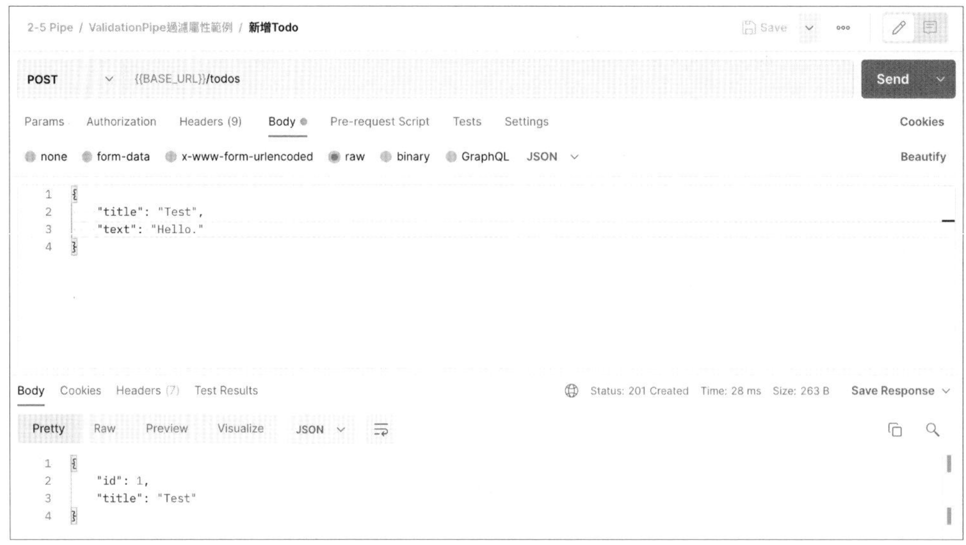

↑ 圖 2-38　成功過濾屬性的回傳結果

如果想要傳送無效參數時直接報錯的話，則是同時使用 whitelist 與 forbidNonWhitelisted：

```
...
@Post()
@UsePipes(
  new ValidationPipe({
    whitelist: true,
    forbidNonWhitelisted: true
  })
)
createTodo(@Body() dto: CreateTodoDto) {
  return { id: 1, ...dto };
}
...
```

透過 Postman 進行測試，以 POST 方法存取 /todos，會收到錯誤訊息，如圖 2-39 所示，並且會告知該參數是不存在的。

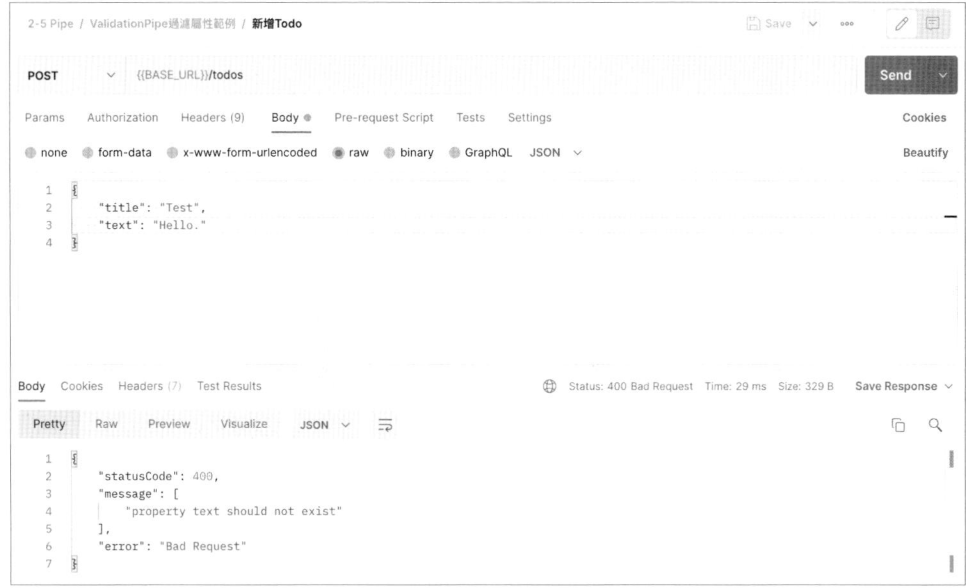

↑圖 2-39　無效參數的錯誤訊息

範例程式碼

https://github.com/hao0731/nestjs-book-examples/blob/pipe/validation-pipe-whitelist/src/features/todo/todo.controller.ts

2.5.10 ValidationPipe 自動轉型

ValidationPipe 還提供 transform 參數來轉換傳入的物件，將其實例化爲對應的 DTO。下方爲簡單的範例：

```
...
@Post()
@UsePipes(new ValidationPipe({ transform: true }))
createTodo(@Body() dto: CreateTodoDto) {
  console.log(dto);
  return dto;
}
...
```

透過 Postman 進行測試，以 POST 方法存取 /todos，會在終端機看到下方結果，會發現參數 dto 爲 CreateTodoDto 的實例，如圖 2-40 所示。

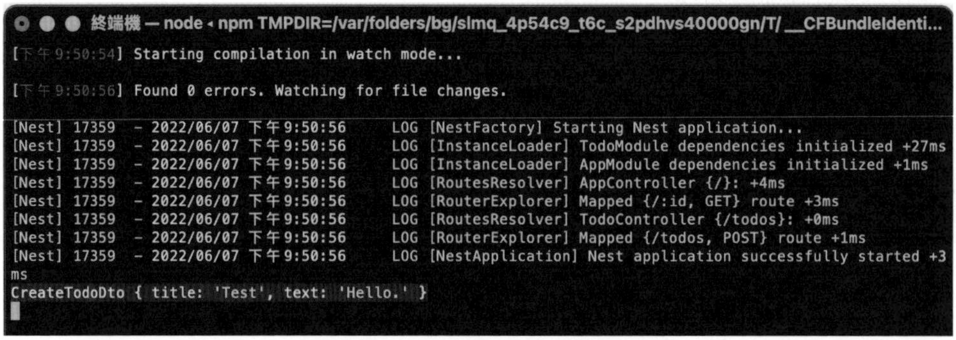

```
終端機 — node ◂ npm TMPDIR=/var/folders/bg/slmq_4p54c9_t6c_s2pdhvs40000gn/T/ __CFBundleIdenti...
[下午9:50:54] Starting compilation in watch mode...

[下午9:50:56] Found 0 errors. Watching for file changes.

[Nest] 17359  - 2022/06/07 下午9:50:56     LOG [NestFactory] Starting Nest application...
[Nest] 17359  - 2022/06/07 下午9:50:56     LOG [InstanceLoader] TodoModule dependencies initialized +27ms
[Nest] 17359  - 2022/06/07 下午9:50:56     LOG [InstanceLoader] AppModule dependencies initialized +1ms
[Nest] 17359  - 2022/06/07 下午9:50:56     LOG [RoutesResolver] AppController {/}: +4ms
[Nest] 17359  - 2022/06/07 下午9:50:56     LOG [RouterExplorer] Mapped {/:id, GET} route +3ms
[Nest] 17359  - 2022/06/07 下午9:50:56     LOG [RoutesResolver] TodoController {/todos}: +0ms
[Nest] 17359  - 2022/06/07 下午9:50:56     LOG [RouterExplorer] Mapped {/todos, POST} route +1ms
[Nest] 17359  - 2022/06/07 下午9:50:56     LOG [NestApplication] Nest application successfully started +3
ms
CreateTodoDto { title: 'Test', text: 'Hello.' }
```

↑ 圖 2-40　轉型為 DTO 實例

transform 還有一個很厲害的功能，還記得如何取得路由參數嗎？假設要取得路由參數「id」，預期這個 id 的型別要是 number，但正常來說，路由參數經過解析後，都會是字串，透過 transform 可以讓 ValidationPipe 嘗試將它轉換成我們所指定的型別。下方爲簡單的範例：

```
...
@Get(':id')
@UsePipes(new ValidationPipe({ transform: true }))
getTodo(@Param('id')id : number) {
  console.log(typeof id);
  return '';
}
...
```

透過 Postman 進行測試，以 GET 方法存取 /todos/1，會在終端機看到型別轉換成 number，如圖 2-41 所示。

```
終端機 — node ◂ npm TMPDIR=/var/folders/bg/slmq_4p54c9_t6c_s2pdhvs40000gn/T/ __CFBundleIdenti...
[下午9:57:21] Starting compilation in watch mode...

[下午9:57:24] Found 0 errors. Watching for file changes.

[Nest] 17692  - 2022/06/07 下午9:57:24     LOG [NestFactory] Starting Nest application...
[Nest] 17692  - 2022/06/07 下午9:57:24     LOG [InstanceLoader] TodoModule dependencies initialized +29ms
[Nest] 17692  - 2022/06/07 下午9:57:24     LOG [InstanceLoader] AppModule dependencies initialized +0ms
[Nest] 17692  - 2022/06/07 下午9:57:24     LOG [RoutesResolver] AppController {/}: +5ms
[Nest] 17692  - 2022/06/07 下午9:57:24     LOG [RouterExplorer] Mapped {/:id, GET} route +3ms
[Nest] 17692  - 2022/06/07 下午9:57:24     LOG [RoutesResolver] TodoController {/todos}: +0ms
[Nest] 17692  - 2022/06/07 下午9:57:24     LOG [RouterExplorer] Mapped {/todos, POST} route +0ms
[Nest] 17692  - 2022/06/07 下午9:57:24     LOG [RouterExplorer] Mapped {/todos/:id, GET} route +1ms
[Nest] 17692  - 2022/06/07 下午9:57:24     LOG [NestApplication] Nest application successfully started +1
ms
number
```

↑圖 2-41　轉型為指定型別

範例程式碼

https://github.com/hao0731/nestjs-book-examples/blob/pipe/validation-pipe-transform/src/features/todo/todo.controller.ts

2.5.11 ParseArrayPipe

如果傳入的物件爲陣列格式，不能使用 ValidationPipe，要使用 ParseArrayPipe，並帶入參數 items 其值爲對應的 DTO。下方爲簡單的範例：

```
...
@Post()
createTodo(
  @Body(new ParseArrayPipe({ items: CreateTodoDto }))
  dtos: CreateTodoDto[]
) {
  return dtos;
}
...
```

透過 Postman 進行測試，以 POST 方法存取 /todos，並在主體資料的地方帶上一個陣列，該陣列裡面的資料不符合驗證規則，會收到錯誤訊息，如圖 2-42 所示，並告知錯誤細項，表示驗證功能有順利運作。

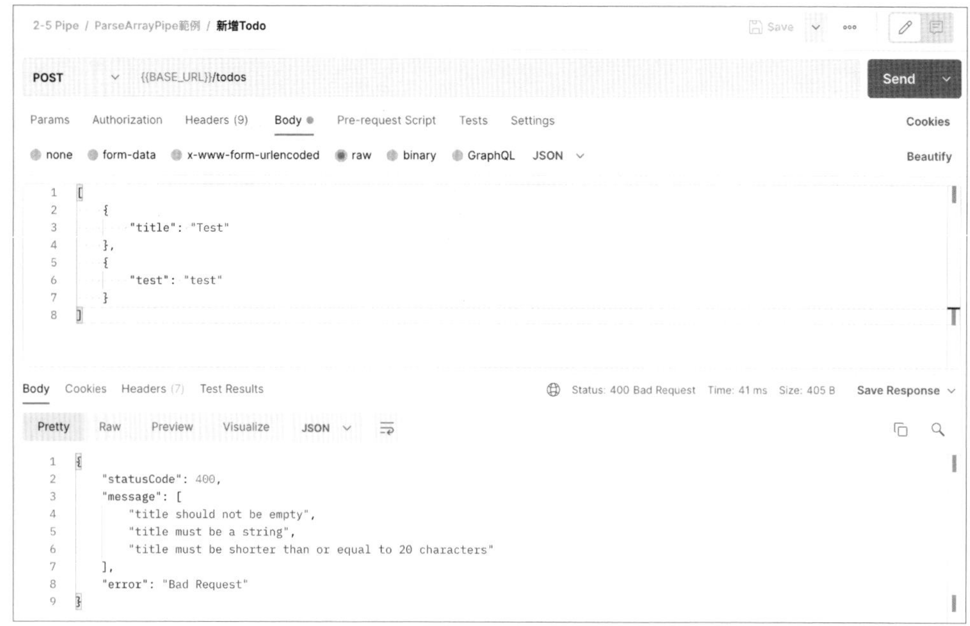

↑圖 2-42 錯誤訊息

ParseArrayPipe 還可以用來解析查詢參數，假設查詢字串爲「?ids=1,2,3」，表示要查詢 3 個 id 的資料，此時就可以善用此方法來解析出各個 id，只需要添加參數 separator 去判斷以什麼作爲分界點即可。下方爲簡單的範例：

```
...
@Get()
getTodos(
  @Query(
    'ids',
    new ParseArrayPipe({ items: Number, separator: ',' })
  )
  ids: number[]
) {
  return ids;
}
...
```

透過 Postman 進行測試，以 GET 方法存取 /todos/1?ids=1,2,3，會收到轉換爲陣列的結果，如圖 2-43 所示。

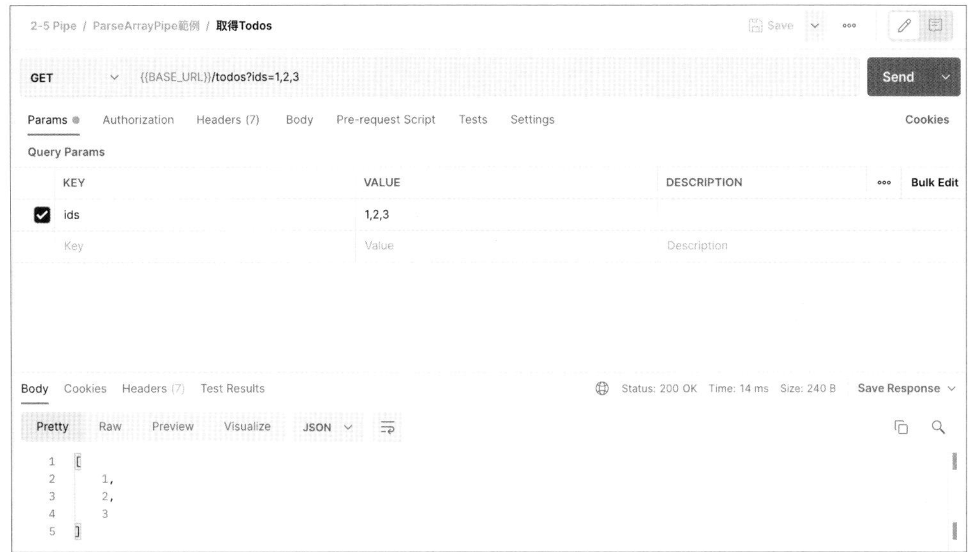

↑ 圖 2-43　查詢參數轉換為數字陣列

範例程式碼

https://github.com/hao0731/nestjs-book-examples/blob/pipe/parse-array-pipe/src/features/todo/todo.controller.ts

2.5.12 DTO 技巧

當系統越來越龐大的時候，DTO的數量也會隨之增加，有許多的DTO會有重複的屬性，例如：新增與修改相同類型資料時所使用的DTO，這時候就會變得較難維護，所幸NestJS有提供良好的解決方案來重用DTO，叫**映射型別**（Mapped Types），運用類別的繼承特性來提升重用性。

不過，映射型別需要額外透過npm來安裝官方設計的套件：

```
$ npm install @nestjs/mapped-types
```

映射型別可以簡單劃分成四種：「局部性套用」（Partial）、「選擇性套用」（Pick）、「忽略套用」（Omit）以及「合併套用」（Intersection）。

「局部性套用」的意思是將既有的 DTO 所有欄位都取用，只是全部轉換爲非必要屬性，需要把要取用的 DTO 帶進 PartialType 這個函式，並給新的 DTO 繼承。假設有一個 UpdateTodoDto 它的欄位和 CreateTodoDto 是一樣的，那就可以用 PartialType 讓它繼承 CreateTodoDto 的欄位：

```
import { PartialType } from '@nestjs/mapped-types';
import { CreateTodoDto } from './create-todo.dto';

export class UpdateTodoDto extends PartialType(CreateTodoDto) {
}
```

其效果相當於：

```
...
export class UpdateTodoDto {
  @MaxLength(20)
  @IsString()
  @IsNotEmpty()
  @IsOptional()
  public readonly title?: string;

  @IsString()
  @IsOptional()
  public readonly description?: string;
}
```

假設 TodoController 有一個叫「updateTodo」的 Handler，並指定主體資料使用 UpdateTodoDto，讓 ValidationPipe 可以讀取其驗證規則：

```
...
@Patch(':id')
@UsePipes(ValidationPipe)
updateTodo(
  @Param('id') id: number,
  @Body() dto: UpdateTodoDto
) {
```

```
    return { id, ...dto };
  }
...
```

透過 Postman 進行測試，以 PATCH 方法存取 /todos/1，並且主體資料帶一個空物件，會發現可以通過驗證，如圖 2-44 所示。

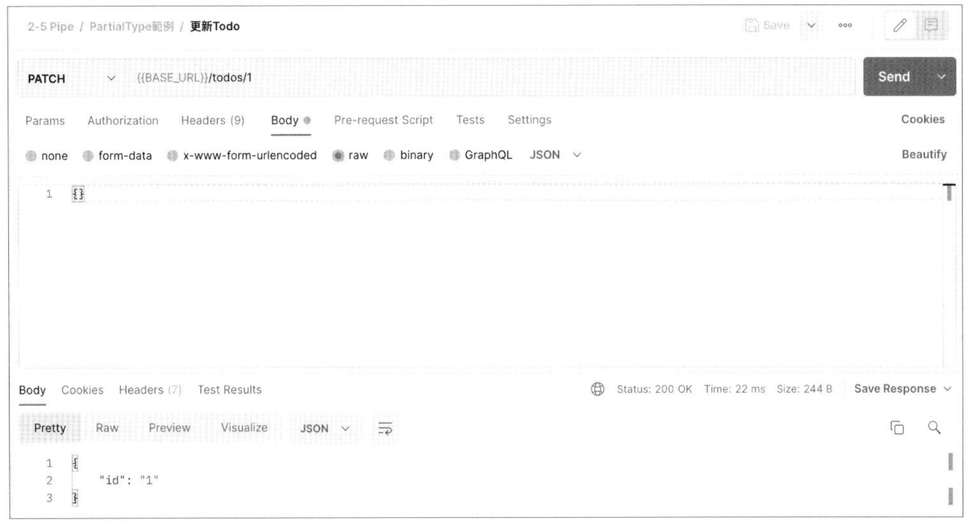

↑ 圖 2-44　PartialType 的測試結果

「選擇性套用」的意思是用既有的 DTO 去選擇哪些是會用到的屬性，需要把要取用的 DTO 帶進 PickType 這個函式，並在函式的第二個參數以陣列的形式指定要用的屬性名稱，最後再給新的 DTO 繼承。這邊沿用 UpdateTodoDto，並讓它繼承 CreateTodoDto 的 title 欄位：

```
import { PickType } from '@nestjs/mapped-types';
import { CreateTodoDto } from './create-todo.dto';

export class UpdateTodoDto extends PickType(CreateTodoDto, ['title']) {
}
```

其效果等同於：

```
...
export class UpdateTodoDto {
  @MaxLength(20)
  @IsString()
  @IsNotEmpty()
  public readonly title: string;
}
```

透過 Postman 進行測試，以 PATCH 方法存取 /todos/1，並且主體資料帶一個空物件，會發現無法通過驗證，因爲 title 爲必填欄位，如圖 2-45 所示。

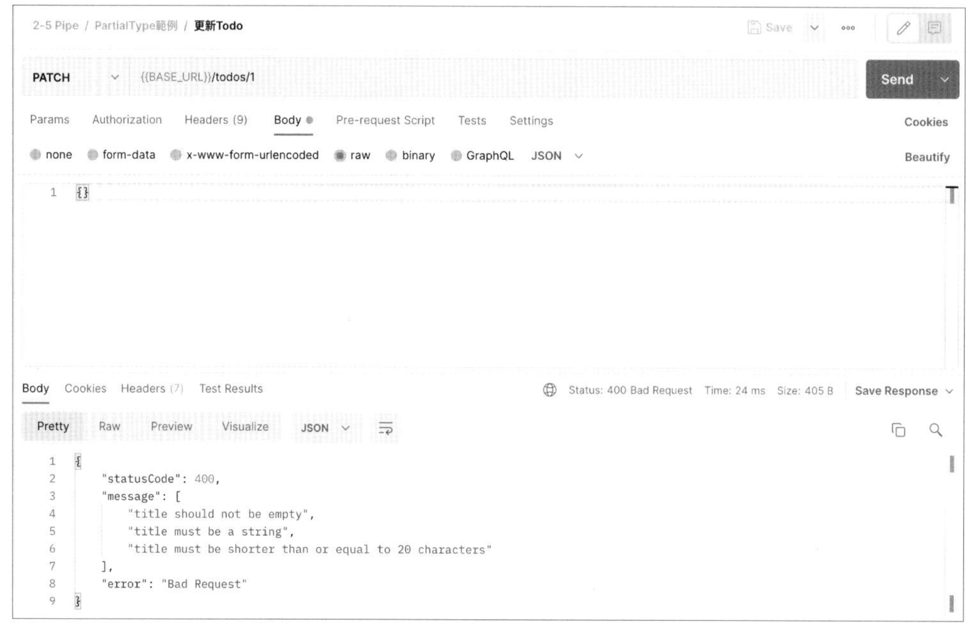

↑ 圖 2-45　PickType 的測試結果

「忽略套用」的意思是用既有 DTO 但忽略不會用到的屬性，需要把要取用的 DTO 帶進 OmitType 這個函式，並在函式的第二個參數以陣列的形式指定要忽略的屬性名稱，最後再給新的 DTO 繼承。這邊沿用 UpdateTodoDto，並讓它繼承 CreateTodoDto 的欄位，但忽略 title 屬性：

```
import { OmitType } from '@nestjs/mapped-types';
import { CreateTodoDto } from './create-todo.dto';

```

```
export class UpdateTodoDto extends OmitType(CreateTodoDto, ['title']) {
}
```

其效果等同於：

```
...
export class UpdateTodoDto {
  @IsString()
  @IsOptional()
  public readonly description?: string;
}
```

將 ValidationPipe 的 whitelist 與 forbidNonWhitelisted 設爲 true：

```
...
@Patch(':id')
@UsePipes(
  new ValidationPipe({
    whitelist: true,
    forbidNonWhitelisted: true
  })
)
updateTodo(
  @Param('id') id: number,
  @Body() dto: UpdateTodoDto
) {
  return { id, ...dto };
}
...
```

透過 Postman 進行測試，以 PATCH 方法存取 /todos/1，並在主體資料中刻意帶 title，由於設置了 whitelist 與 forbidNonWhitelisted，再加上 UpdateTodoDto 並沒有 title 屬性，所以無法通過驗證，如圖 2-46 所示。

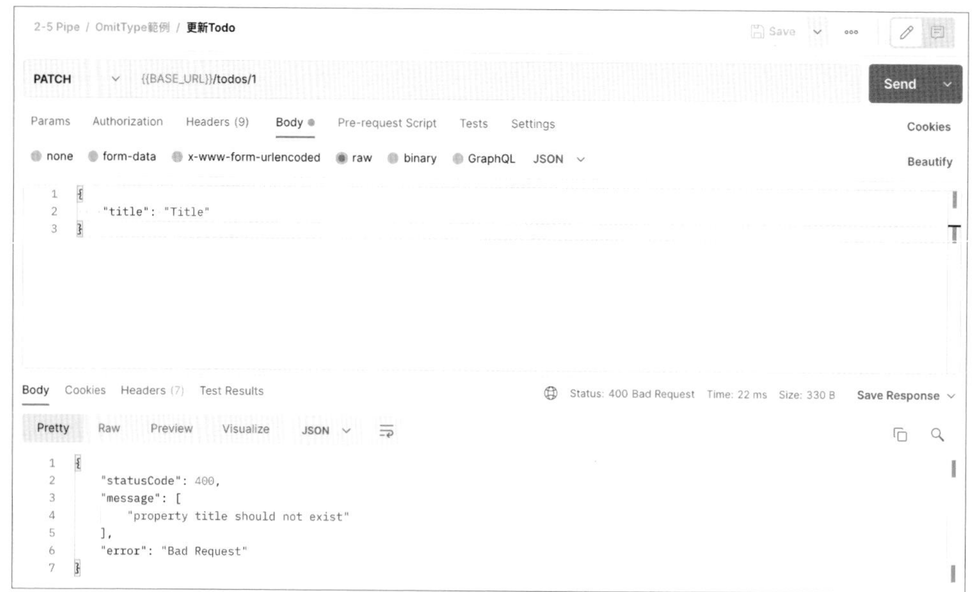

↑ 圖 2-46　OmitType 的測試結果

「合併套用」的意思是用既有的兩個 DTO 來合併屬性，需要把要取用的兩個 DTO 帶入 IntersectionType 這個函式，並給新的 DTO 繼承。這邊沿用 CreateTodoDto，並新增一個 MockDto，讓 UpdateTodoDto 去繼承這兩個 DTO 的欄位：

```
...
export class MockDto {
  @IsString()
  @IsNotEmpty()
  public readonly information: string;
}

export class UpdateTodoDto extends IntersectionType(CreateTodoDto, MockDto) {
}
```

其效果等同於：

```
...
export class UpdateTodoDto {
  @MaxLength(20)
  @IsString()
```

```
    @IsNotEmpty()
    public readonly title: string;

    @IsString()
    @IsOptional()
    public readonly description?: string;

    @IsString()
    @IsNotEmpty()
    public readonly information: string;
}
```

透過 Postman 進行測試，以 PATCH 方法存取 /todos/1，並在主體資料中刻意不帶上 information，會發現無法通過驗證，因為 information 為必填欄位，如圖 2-47 所示。

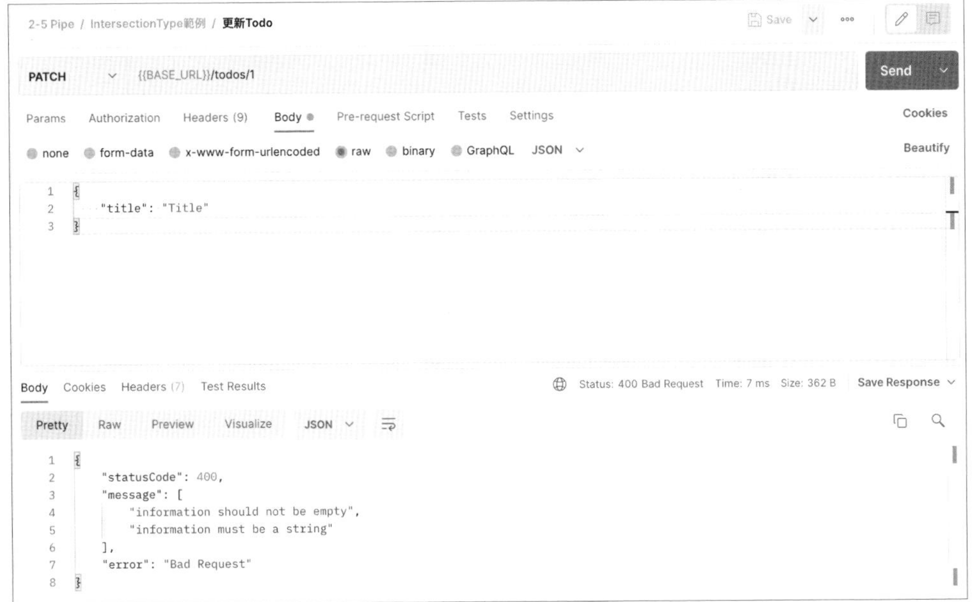

↑ 圖 2-47 IntersectionType 的測試結果

上述的四種映射型別是可以透過組合的方式來使用的。下方的範例使用 OmitType 將 CreateTodoDto 的 title 欄位去除，並使用 IntersectionType 把 MockDto 與之合併，最後再讓 UpdateTodoDto 繼承：

```
...
export class MockDto {
  @IsString()
  @IsNotEmpty()
  public readonly information: string;
}

export class UpdateTodoDto extends IntersectionType(
    OmitType(CreateTodoDto, ['title']), MockDto
) {
}
```

其效果等同於：

```
import { IsNotEmpty, IsOptional, IsString } from 'class-validator';

export class UpdateTodoDto {
  @IsString()
  @IsOptional()
  public readonly description?: string;

  @IsString()
  @IsNotEmpty()
  public readonly information: string;
}
```

透過 Postman 進行測試，以 PATCH 方法存取 /todos/1，並且主體資料帶一個空物件，會發現無法通過驗證，因爲 information 爲必填欄位，如圖 2-48 所示。

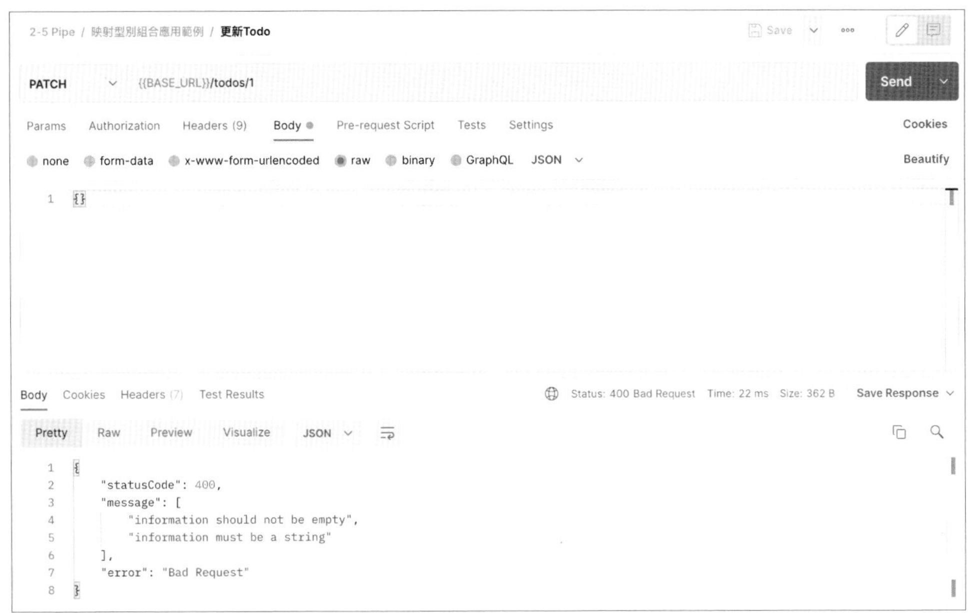

↑圖 2-48　組合映射型別的測試結果

2.5.13 全域 Pipe

ValidationPipe 算是一個蠻常用的功能，因為大多數的情況都會需要針對客戶端傳過來的資料做驗證，甚至是轉型，所以可以直接將 ValidationPipe 配置在全域，僅需要修改 main.ts，透過 NestApplication 實例的 useGlobalPipes 方法並帶入 ValidationPipe 的實例即可，當然其他的 Pipe 也可以用這樣的方式直接套用在全域：

```
...
async function bootstrap() {
  const app = await NestFactory.create(AppModule);
  app.useGlobalPipes(new ValidationPipe());
  await app.listen(3000);
}
bootstrap();
```

上面的方法是透過模組外部完成全域配置的，與 Exception filter 一樣，可以用依賴注入的方式，透過指定 Provider 的 token 為 APP_PIPE 來實現。

注意 APP_PIPE 歸納於 @nestjs/core 底下，若是編輯器沒有自動引入功能，則需要特別留意，避免不知道從何引入它。

下方範例是用 useClass 來指定要建立實例的類別：

```
...
{
  provide: APP_PIPE,
  useClass: ValidationPipe
}
...
```

範例程式碼

https://github.com/hao0731/nestjs-book-examples/blob/pipe/global-pipe/src/app.module.ts

2.6 中介軟體（Middleware）

Middleware 是一種執行於路由處理之前的函式，可以存取請求物件與回應物件，並透過 next 函式繼續完成後續的流程，比如說：執行下一個 Middleware、進入正式的請求資源流程，如圖 2-49 所示。

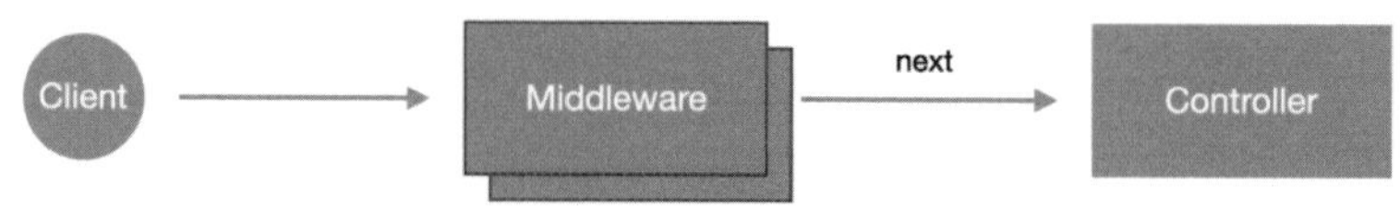

↑ 圖 2-49　Middleware 概念

如果有使用過 Express 的話，可能對 Middleware 不會太陌生，事實上 NestJS 的 Middleware 與 Express 是一樣的。那 Middleware 有哪些功用呢？下方爲 Express 官方的說明：

- 可執行任何程式。
- 更改請求物件或回應物件。
- 結束整個請求週期。
- 呼叫下一個執行步驟。
- 如果在 Middleware 沒有結束掉請求週期，需要使用 next 函式呼叫下一個執行步驟。

在 NestJS 世界裡，Middleware 有兩種設計方式，分別是「Functional Middleware」與「Class Middleware」。

2.6.1 Functional Middleware

這種寫法的 Middleware 十分單純，就是一個普通的函式，它會有三個參數，分別是 Request、Response 以及 NextFunction，使用方法與 Express 的 Middleware 是一樣的。下方爲一個簡單的範例，可以看到在函式最後面呼叫了 next 函式，表示將執行下一個執行步驟：

```
import { Request, Response, NextFunction } from 'express';

export function logger(
  req: Request,
  res: Response,
  next: NextFunction
) {
  console.log('Hello Request!');
  next();
}
```

2.6.2 Class Middleware

這種寫法的 Middleware 爲 NestJS 預設的設計方式，能夠透過 NestCLI 產生，指令如下：

```
$ nest generate middleware <MIDDLEWARE_NAME>
```

 <MIDDLEWARE_NAME> 可以含有路徑，如：middlewares/logger，這樣就會在 src 資料夾下建立該路徑，並含有 Class Middleware。

透過 NestCLI 產生 LoggerMiddleware：

```
$ nest generate middleware middlewares/logger
```

建立出來的 Middleware 骨架如下，是一個帶有 @Injectable 裝飾器的類別，實作了 NestMiddleware 介面，由於實作了該介面的關係，會需要設計一個 use(req: any, res: any, next: () => void) 方法，那正是處理邏輯的地方：

```
import { Injectable, NestMiddleware } from '@nestjs/common';

@Injectable()
export class LoggerMiddleware implements NestMiddleware {
  use(req: any, res: any, next: () => void) {
    next();
  }
}
```

透過 NestCLI 產生出來的程式碼，會發現 use 方法中的參數都是 any，原因是這些參數的型別會因為使用的底層框架有所不同，如果使用 Express 的話，那對應的型別就會是 Express 的 Request、Response 與 NextFunction。通常我會將對應的型別換上去，如下方範例：

```
import { Injectable, NestMiddleware } from '@nestjs/common';
import { NextFunction, Request, Response } from 'express';

@Injectable()
export class LoggerMiddleware implements NestMiddleware {
  use(req: Request, res: Response, next: NextFunction) {
    next();
```

```
  }
}
```

2.6.3 使用 Middleware

Middleware 的使用方式較特殊，是在 Module 裡面套用，前置作業要讓 Module 實作 NestModule 介面，此時就會需要設計 configure 方法，configure 方法會有一個參數是 MiddlewareConsumer，它是一個 Helper，需透過它來管理與套用 Middleware。

> **注意** NestModule 歸納於 @nestjs/common 底下，若是編輯器沒有自動引入功能，則需要特別留意，避免不知道從何引入它。

我們來實作一遍基礎的 Middleware 使用方式，先在 LoggerMiddleware 添加 console.log 來印出「Hello Request!」、HTTP Method 以及路徑：

```
...
@Injectable()
export class LoggerMiddleware implements NestMiddleware {
  use(req: Request, res: Response, next: NextFunction) {
    const { method, originalUrl } = req;
    console.log(
    `[${method.toUpperCase()}] ${originalUrl}`,
    'Hello Request!'
  );
    next();
  }
}
```

在 AppModule 實作 NestModule 介面，並設計 configure 方法，前面有提到該方法有一個 MiddlewareConsumer 參數，需透過該參數的 apply 方法來套用 Middleware，再透過 forRoutes 方法設置要採用此 Middleware 的路由，以下方範例來說，要針對 /todos 底下所有的路由套用 LoggerMiddleware：

```
...

@Module({
  ...
})
export class AppModule implements NestModule {
  configure(consumer: MiddlewareConsumer) {
    consumer.apply(LoggerMiddleware).forRoutes('todos')
  }
}
```

如果要針對 /todos 底下所有路由套用 Middleware，也可以直接在 forRoutes 的地方將 TodoController 帶入，由於 TodoController 將 /todos 路徑下的資源整合在一起，所以帶入整個 TodoController 就等於把 /todos 底下的所有路由套用 Middleware。使用的範例如下：

```
consumer.apply(LoggerMiddleware).forRoutes(TodoController);
```

這時候透過 Postman 去存取 /todos 底下的路由，如：以 GET 方法存取 /todos、/todos/1，會在終端機看到如圖 2-50 所示的結果；但如果是存取非 /todos 底下的路由，則不會有任何顯示，如：以 GET 方法存取 /。

```
終端機 — node ◂ npm TMPDIR=/var/folders/bg/slmq_4p54c9_t6c_s2pdhvs40000gn/T/__CFBundleIdenti...
[下午8:35:10] Starting compilation in watch mode...

[下午8:35:12] Found 0 errors. Watching for file changes.

[Nest] 22010  - 2022/06/09 下午8:35:12     LOG [NestFactory] Starting Nest application...
[Nest] 22010  - 2022/06/09 下午8:35:12     LOG [InstanceLoader] TodoModule dependencies initialized +29ms
[Nest] 22010  - 2022/06/09 下午8:35:12     LOG [InstanceLoader] AppModule dependencies initialized +1ms
[Nest] 22010  - 2022/06/09 下午8:35:12     LOG [RoutesResolver] AppController {/}: +6ms
[Nest] 22010  - 2022/06/09 下午8:35:12     LOG [RouterExplorer] Mapped {/, GET} route +2ms
[Nest] 22010  - 2022/06/09 下午8:35:12     LOG [RoutesResolver] TodoController {/todos}: +0ms
[Nest] 22010  - 2022/06/09 下午8:35:12     LOG [RouterExplorer] Mapped {/todos, GET} route +0ms
[Nest] 22010  - 2022/06/09 下午8:35:12     LOG [RouterExplorer] Mapped {/todos/:id, GET} route +1ms
[Nest] 22010  - 2022/06/09 下午8:35:12     LOG [NestApplication] Nest application successfully started +2
ms
[GET] /todos Hello Request!
[GET] /todos/1 Hello Request!
```

↑ 圖 2-50　套用 Middleware 的結果

範例程式碼

https://github.com/hao0731/nestjs-book-examples/blob/middleware/class-middleware/src/app.module.ts

2.6.4 套用指定路由與 Http Method

在套用 Middleware 的時候，有可能會需要針對多個不同的路由做套用，那該如何處理這類情況呢？ MiddlewareConsumer 的 forRoutes 支援多個路由，只需要添加路由到參數中即可。比較特別的是可以指定特定 HTTP Method 與路徑，將含有 path 與 method 的物件帶入 forRoutes 中即可，其中的 method 需使用 RequestMethod 這個 enum。

注意 RequestMethod 歸納於 @nestjs/common 底下，若是編輯器沒有自動引入功能，則需要特別留意，避免不知道從何引入它。

下方以 AppModule 作為範例，將 LoggerMiddleware 套用在 POST /todos 以及 GET / 這兩個路由上：

```
...
@Module({
  ...
})
export class AppModule implements NestModule {
  configure(consumer: MiddlewareConsumer) {
    consumer.apply(LoggerMiddleware).forRoutes(
      { path: '/todos', method: RequestMethod.POST },
      { path: '/', method: RequestMethod.GET }
    )
  }
}
```

透過 Postman 進行測試，以 GET 方法存取 /，會在終端機看到如圖 2-51 所示的結果；但如果是以 GET 方法存取 /todos，則不會有任何顯示。

```
終端機 — node ‹ npm TMPDIR=/var/folders/bg/slmq_4p54c9_t6c_s2pdhvs40000gn/T/ __CFBundleIdenti...
[下午8:57:16] File change detected. Starting incremental compilation...

[下午8:57:16] Found 0 errors. Watching for file changes.

[Nest] 22183  - 2022/06/09 下午8:57:16     LOG [NestFactory] Starting Nest application...
[Nest] 22183  - 2022/06/09 下午8:57:16     LOG [InstanceLoader] TodoModule dependencies initialized +28ms
[Nest] 22183  - 2022/06/09 下午8:57:16     LOG [InstanceLoader] AppModule dependencies initialized +1ms
[Nest] 22183  - 2022/06/09 下午8:57:16     LOG [RoutesResolver] AppController {/}: +5ms
[Nest] 22183  - 2022/06/09 下午8:57:16     LOG [RouterExplorer] Mapped {/, GET} route +2ms
[Nest] 22183  - 2022/06/09 下午8:57:16     LOG [RoutesResolver] TodoController {/todos}: +1ms
[Nest] 22183  - 2022/06/09 下午8:57:16     LOG [RouterExplorer] Mapped {/todos, GET} route +0ms
[Nest] 22183  - 2022/06/09 下午8:57:16     LOG [RouterExplorer] Mapped {/todos, POST} route +1ms
[Nest] 22183  - 2022/06/09 下午8:57:16     LOG [RouterExplorer] Mapped {/todos/:id, GET} route +1ms
[Nest] 22183  - 2022/06/09 下午8:57:16     LOG [NestApplication] Nest application successfully started +1
ms
[POST] /todos Hello Request!
[GET] / Hello Request!
```

↑ 圖 2-51　套用 Middleware 至指定路由的結果

範例程式碼

https://github.com/hao0731/nestjs-book-examples/blob/middleware/multiple-routes/src/app.module.ts

2.6.5 排除指定路由與 Http Method

在套用 Middleware 的時候，有可能會出現只有某些路由不需要套用的情況，這時候可以使用 MiddlewareConsumer 的 exclude 方法來將指定的路由做排除，使用方式與 forRoutes 差不多，透過給定含有 path 與 method 的物件來設置。以 AppModule 為例，將 LoggerMiddleware 套用在 TodoController 底下的所有路由，但排除了 GET /todos：

```
...
@Module({
  ...
})
export class AppModule  implements NestModule {
  configure(consumer: MiddlewareConsumer) {
    consumer
```

```
      .apply(LoggerMiddleware)
      .exclude(
        { path: '/todos', method: RequestMethod.GET }
      )
      .forRoutes(TodoController);
  }
}
```

透過 Postman 進行測試，以 GET 方法存取 /todos 會發現終端機不會有任何顯示。

範例程式碼

https://github.com/hao0731/nestjs-book-examples/blob/middleware/exclude-routes/src/app.module.ts

2.6.6 套用多個 Middleware

在套用 Middleware 的時候，有可能會需要套用多個 Middleware 的情況，甚至還需要照順序來執行，那該如何處理這類型的狀況呢？ MiddlewareConsumer 的 apply 方法可以帶入多個 Middleware，帶入的順序即執行的順序。

下方實際實作一遍套用多個 Middleware 的範例，在 AppModule 的地方套用 LoggerMiddleware 與 logger 到 TodoController 底下所有路由：

```
...
@Module({
  ...
})
export class AppModule implements NestModule {
  configure(consumer: MiddlewareConsumer) {
    consumer
      .apply(LoggerMiddleware, logger)
      .forRoutes(TodoController);
  }
}
```

透過 Postman 進行測試，以 GET 方法存取 /todos，會在終端機上看到如圖 2-52 所示的結果。

```
終端機 — node ◂ npm TMPDIR=/var/folders/bg/slmq_4p54c9_t6c_s2pdhvs40000gn/T/ __CFBundleIdenti...
[下午9:16:16] File change detected. Starting incremental compilation...

[下午9:16:16] Found 0 errors. Watching for file changes.

[Nest] 22492  - 2022/06/09 下午9:16:16     LOG [NestFactory] Starting Nest application...
[Nest] 22492  - 2022/06/09 下午9:16:16     LOG [InstanceLoader] TodoModule dependencies initialized +28ms
[Nest] 22492  - 2022/06/09 下午9:16:16     LOG [InstanceLoader] AppModule dependencies initialized +1ms
[Nest] 22492  - 2022/06/09 下午9:16:16     LOG [RoutesResolver] AppController {/}: +6ms
[Nest] 22492  - 2022/06/09 下午9:16:16     LOG [RouterExplorer] Mapped {/, GET} route +3ms
[Nest] 22492  - 2022/06/09 下午9:16:16     LOG [RoutesResolver] TodoController {/todos}: +1ms
[Nest] 22492  - 2022/06/09 下午9:16:16     LOG [RouterExplorer] Mapped {/todos, GET} route +0ms
[Nest] 22492  - 2022/06/09 下午9:16:16     LOG [RouterExplorer] Mapped {/todos, POST} route +1ms
[Nest] 22492  - 2022/06/09 下午9:16:16     LOG [RouterExplorer] Mapped {/todos/:id, GET} route +1ms
[Nest] 22492  - 2022/06/09 下午9:16:16     LOG [NestApplication] Nest application successfully started +1
ms
[GET] /todos Hello Request!
Hello Request!
```

↑圖 2-52　套用多個 Middleware 的結果

範例程式碼

https://github.com/hao0731/nestjs-book-examples/blob/middleware/multiple-middlewares/src/app.module.ts

2.6.7 全域 Middleware

如果要將 Middleware 套用在每一個路由上，可以在 main.ts 進行調整，只需要使用 NestApplication 實例的 use 方法，並帶入 Middleware 即可。

注意 這種套用方式僅適用於 Functional Middleware。

下方為範例程式碼：

```
...
async function bootstrap() {
  const app = await NestFactory.create(AppModule);
  app.use(logger);
  await app.listen(3000);
}
```

```
bootstrap();
```

如果是 Class Middleware 則在 AppModule 實作 NestModule 介面，並指定路由為「*」即可：

```
...
@Module({
  ...
})
export class AppModule implements NestModule {
  configure(consumer: MiddlewareConsumer) {
    consumer.apply(LoggerMiddleware).forRoutes('*');
  }
}
```

範例程式碼

https://github.com/hao0731/nestjs-book-examples/tree/middleware/global-middleware/src

2.7 攔截器（Interceptor）

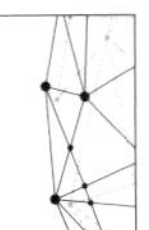

受到**剖面導向程式設計**（Aspect Oriented Programming）的啓發，爲原功能的擴展邏輯，可以在不影響核心程式碼的情況下，將可重用的邏輯切出來，並根據實際需求來套用。用餐廳的例子來說，Interceptor 就像是服務生在點餐前先爲客人倒水、上菜前爲客人準備餐具等動作。

下方是 Interceptor 的特點四大特性：

- 可以在執行 Controller 的 Handler **之前**與**之後**擴展邏輯。
- 執行於 Handler **之前**的 Interceptor 邏輯會跑在 Pipe 執行**之前**。

- 執行於 Middleware **之後**。
- 可以在 Interceptor 裡面去更動資料以及拋出 Exception。

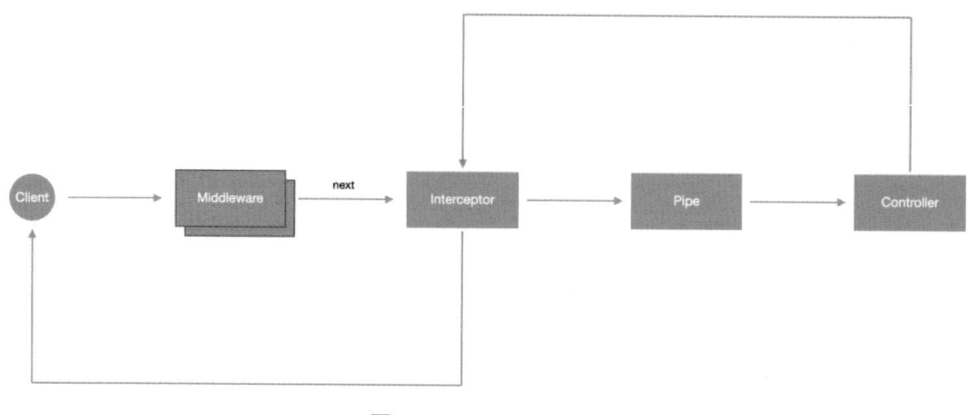

↑ 圖 2-53　Interceptor **概念**

2.7.1　設計 Interceptor

Interceptor 同樣可以透過 NestCLI 產生，指令如下：

```
$ nest generate interceptor <INTERCEPTOR_NAME>
```

提示 <INTERCEPTOR_NAME> 可以含有路徑，如：interceptors/response，這樣就會在 src 資料夾下建立該路徑，並含有 Interceptor。

透過 NestCLI 產生 ResponseInterceptor：

```
$ nest generate interceptor interceptors/response
```

產生出來的程式碼骨架如下，是一個帶有 @Injectable 裝飾器的類別，並且實作 NestInterceptor 介面，由於實作了該介面的關係，會需要設計一個 intercept 方法來當作執行的進入點，而這個方法會有兩個參數，分別是：ExectionContext 與 CallHandler。

```
import {
  CallHandler,
  ExecutionContext,
  Injectable,
  NestInterceptor
} from '@nestjs/common';
import { Observable } from 'rxjs';

@Injectable()
export class ResponseInterceptor implements NestInterceptor {
  intercept(
    context: ExecutionContext,
    next: CallHandler
  ): Observable<any> {
    return next.handle();
  }
}
```

2.7.2 認識 CallHandler

在開始說明如何寫一個 Interceptor 之前，必須先了解 CallHandler 是什麼，它是 Interceptor 中不可或缺的角色，實作了 handle 方法，把該請求對應的 Handler 包裝成 RxJS 的 Observable，並把它當作 intercept 的回傳值，讓 NestJS 去訂閱它。

```
const handler$: Observable<any> = next.handle();
```

爲什麼要讓 NestJS 訂閱包裝後的 Handler 呢？前面有提到 Interceptor 可以在執行 Handler 的前後去做邏輯的擴充，也就是說，請求會先進到 Interceptor 裡面，才會將請求向下傳遞到 Controller 層，當底下的邏輯都處理完畢後，就會再回到 Interceptor 執行後續的擴充邏輯，實現這種設計最好的方式就是讓 Handler 變成 Observable，當請求進到 Interceptor 時，會以 intercept 作爲進入點，那在回傳 Handler 之前，就可以設計一些要執行於 Handler 之前的邏輯，如果是要設計執行於 Handler 之後的邏輯，可以運用 Observable 的 pipe 方法，以串流的撰寫方式來對要回傳給客戶端的值做調整。

不過，在設計 Interceptor 的時候需要特別留意，根據 Observable 的特性，需要被訂閱才會執行內部的邏輯，再加上請求會先進到 Interceptor 而不是 Controller，所以從這兩點可以得知，如果不在 intercept 將包裝後的 Handler 回傳給 NestJS 訂閱，那就不會執行到 Handler 裡面的程式碼，進而使路由機制失去運作。

2.7.3 認識 ExecutionContext

ExecutionContext 是繼承 ArgumentsHost 的類別，它比 ArgumentsHost 多了兩個方法來取得和 Controller 相關的訊息，進而提升應用的靈活性。

> **提示** 如果忘記了 ArgumentsHost，請參見「2.4 例外與例外處理（Exception & Exception filter）」小節。

第一個是用來取得該請求對應的 Controller 類別，使用的方法為 getClass：

```
const Controller: TodoController = context.getClass<TodoController>();
```

第二個是取得該請求對應的 Handler，假設該請求會呼叫 TodoController 的 getAll，那它回傳的就是 getAll 這個 Handler 本身，使用的方法為 getHandler：

```
const method: Function = context.getHandler();
```

2.7.4 使用 Interceptor

在使用之前，先將 ResponseInterceptor 修改一下，在執行 Handler 之前，將 HTTP Method 與請求路徑印在終端機上，並在執行 Handler 之後，將 HTTP Code、Handler 回傳的資料與時間戳以固定格式回傳給客戶端：

```
...
@Injectable()
export class ResponseInterceptor implements NestInterceptor {
  intercept(context: ExecutionContext, next: CallHandler) {
```

```
    const ctx = context.switchToHttp();
    const request = ctx.getRequest<Request>();
    const response = ctx.getResponse<Response>();
    const status = response.statusCode;
    const { method, originalUrl } = request;
    console.log(`[${method.toUpperCase()}] ${originalUrl}`);
    return next.handle().pipe(
      map((data) => {
        const timestamp = new Date().toISOString();
        return { status, data, timestamp };
      })
    );
  }
}
```

修改完畢後就可以來使用此 Interceptor，使用方式與 Exception filter 差不多，一樣可以粗略地分成兩種：

- **單一 Handler**：在 Controller 的 Handler 上添加 @UseInterceptors 裝飾器，只會針對該 Handler 套用。
- **Controller**：直接在 Controller 上套用 @UseInterceptors 裝飾器，會針對整個 Controller 中的 Handler 套用。

以 AppController 為例，直接在 AppController 上套用 @UseInterceptors，並帶入 ResponseInterceptor：

```
...
@Controller()
@UseInterceptors(ResponseInterceptor)
export class AppController {
  ...
}
```

透過 Postman 進行測試，以 GET 方法存取 /，會在終端機看到存取時的 HTTP Method 與路徑，如圖 2-54 所示；而回應則是含有 HTTP Code、資料以及時間戳，如圖 2-55 所示。

```
終端機 — node ‹ npm TMPDIR=/var/folders/bg/slmq_4p54c9_t6c_s2pdhvs40000gn/T/ __CFBundleIdenti...
[下午9:42:52] Starting compilation in watch mode...

[下午9:42:54] Found 0 errors. Watching for file changes.

[Nest] 22960  - 2022/06/09 下午9:42:54     LOG [NestFactory] Starting Nest application...
[Nest] 22960  - 2022/06/09 下午9:42:54     LOG [InstanceLoader] AppModule dependencies initialized +27ms
[Nest] 22960  - 2022/06/09 下午9:42:54     LOG [RoutesResolver] AppController {/}: +4ms
[Nest] 22960  - 2022/06/09 下午9:42:54     LOG [RouterExplorer] Mapped {/, GET} route +3ms
[Nest] 22960  - 2022/06/09 下午9:42:54     LOG [NestApplication] Nest application successfully started +1
ms
[GET] /
```

↑ 圖 2-54　終端機印出相關資訊

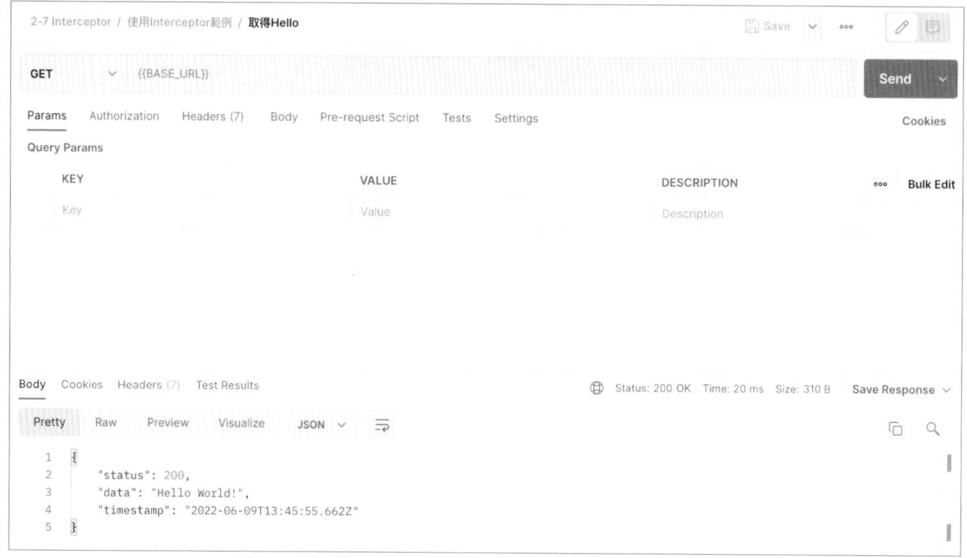

↑ 圖 2-55　運用 Interceptor 統一回傳格式

範例程式碼

https://github.com/hao0731/nestjs-book-examples/blob/interceptor/basic-interceptor/src/interceptors/response.interceptor.ts

2.7.5 全域 Interceptor

如果設計了一個共用的 Interceptor 要套用在所有路由上的話，只需要修改 main.ts 即可，透過 NestApplication 實例的 useGlobalInterceptors 方法，帶入 Interceptor 實例來配置全域 Interceptor：

```
...
async function bootstrap() {
  const app = await NestFactory.create(AppModule);
  app.useGlobalInterceptors(new ResponseInterceptor());
  await app.listen(3000);
}
bootstrap();
```

上面的方法是透過模組外部完成全域配置的，與 Pipe 一樣可以用依賴注入的方式，透過指定 Provider 的 token 爲 APP_INTERCEPTOR 來實現，這裡是用 useClass 來指定要建立實例的類別：

```
import { Module } from '@nestjs/common';
import { APP_INTERCEPTOR } from '@nestjs/core';
import { AppController } from './app.controller';
import { AppService } from './app.service';
import { ResponseInterceptor } from './interceptors/response.interceptor';

@Module({
  imports: [],
  controllers: [AppController],
  providers: [
    AppService,
    {
      provide: APP_INTERCEPTOR,
      useClass: ResponseInterceptor
    }
  ]
})
export class AppModule {}
```

注意 APP_INTERCEPTOR 歸納於 @nestjs/core 底下，若是編輯器沒有自動引入功能，則需要特別留意，避免不知道從何引入它。

 **範例程式碼**

https://github.com/hao0731/nestjs-book-examples/blob/interceptor/global-interceptor/src/app.module.ts

2.8 守衛（Guard）

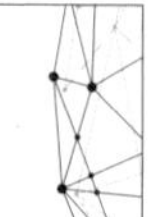

Guard 是一種檢測機制，就像公司的保全系統，需要使用門禁卡才能進入，否則就會被擋在門外。這樣的機制經常用在身分驗證與授權，當有未經授權的請求時，Guard 會負責將它擋下。Express 的 Guard 經常在 Middleware 層做處理，這樣的處理方式要能夠清楚掌握呼叫 next 函式之後會執行什麼，相較之下，NestJS 多設計了 Guard 這個元件，更能確保它的執行順序與定位，從圖 2-56 可以看出 Guard 是執行在 Middleware 之後、Interceptor 之前：

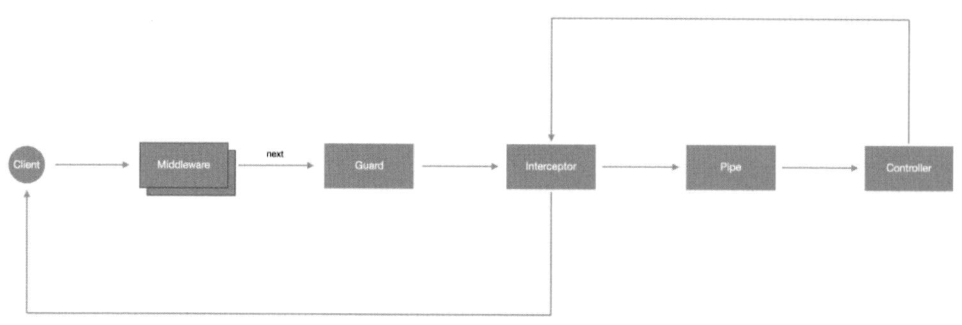

↑圖 2-56　Guard 概念

2.8.1 設計 Guard

Guard 與其他元件一樣，可以透過 NestCLI 來產生，指令如下：

```
$ nest generate guard <GUARD_NAME>
```

<GUARD_NAME> 可以含有路徑，如：guards/auth，這樣就會在 src 資料夾下建立該路徑並含有 Guard。

透過 NestCLI 產生 AuthGuard：

```
$ nest generate guard guards/auth
```

產生出來的 Guard 骨架如下，會是一個帶有 @Injectable 裝飾器的類別，不過它實作了 CanActivate 介面，此時就會需要設計 canActivate 方法，來當作執行的進入點，並且該方法可以是同步或是非同步的，所以回傳值可以是 boolean、Promise<boolean> 或 Observable<boolean>，如果要讓驗證通過，就必須使最終結果爲 true。該方法會有一個 ExecutionContext 的參數，讓我們可以提取需要用來驗證的資料，進而判斷是否要擋下：

```
import {
  CanActivate,
  ExecutionContext,
  Injectable
} from '@nestjs/common';
import { Observable } from 'rxjs';

@Injectable()
export class AuthGuard implements CanActivate {
  canActivate(
    context: ExecutionContext,
  ): boolean | Promise<boolean> | Observable<boolean> {
    return true;
  }
}
```

2.8.2 使用 Guard

在使用之前，先將 AuthGuard 進行調整，刻意使用非同步的方式等待兩秒後回傳 false：

```
...
@Injectable()
export class AuthGuard implements CanActivate {
  canActivate(
    context: ExecutionContext,
  ): boolean | Promise<boolean> | Observable<boolean> {
    return timer(2000).pipe(map(() => false));
  }
}
```

修改完畢後就可以來使用此 Guard，使用方式與 Exception filter 差不多，一樣可以粗略地分成兩種：

- **單一 Handler**：在 Controller 的 Handler 上添加 @UseGuards 裝飾器，只會針對該 Handler 套用。
- **Controller**：直接在 Controller 上套用 @UseGuards 裝飾器，會針對整個 Controller 中的 Handler 套用。

以 AppController 爲例，直接在 AppController 上套用 @UseGuards，並帶入 AuthGuard：

```
...
@UseGuards(AuthGuard)
@Controller()
export class AppController {
...
}
```

透過 Postman 進行測試，以 GET 方法存取 /，會收到如圖 2-57 所示的錯誤訊息，因爲該請求被 Guard 擋下了。

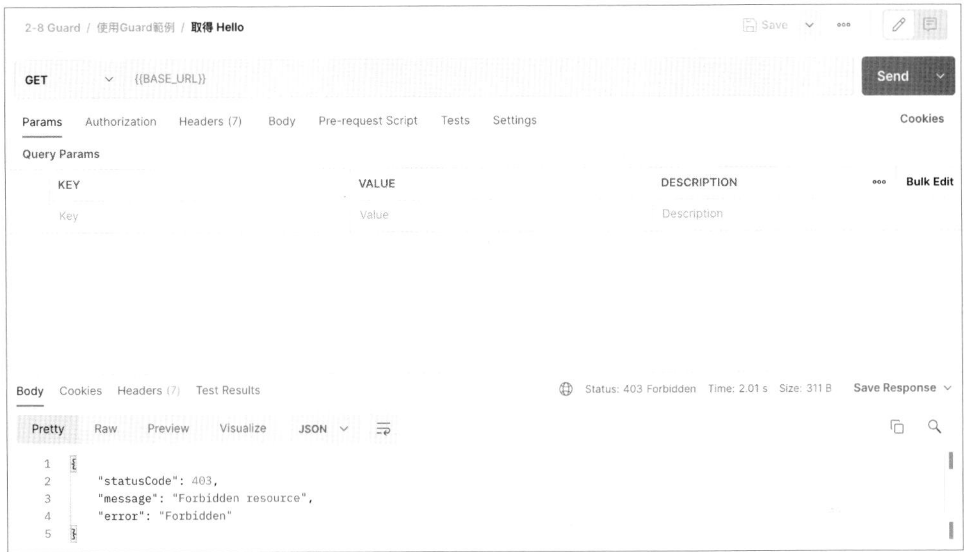

↑ 圖 2-57　Guard 擋下請求的錯誤訊息

範例程式碼

https://github.com/hao0731/nestjs-book-examples/blob/guard/basic-guard/src/guards/auth.guard.ts

2.8.3　全域 Guard

如果設計的 Guard 是要套用在所有路由上的話，那可以將它註冊在全域，只需要修改 main.ts 即可，透過 NestApplication 實例的 useGlobalGuards 方法，並將 Guard 的實例帶入：

```
...
async function bootstrap() {
  const app = await NestFactory.create(AppModule);
  app.useGlobalGuards(new AuthGuard());
  await app.listen(3000);
}
bootstrap();
```

上面的方法是透過模組外部完成全域配置的，與 Pipe 一樣可以用依賴注入的方式，透過指定 Provider 的 token 為 APP_GUARD 來實現，這裡是用 useClass 來指定要建立實例的類別：

```
...
{
  provide: APP_GUARD,
  useClass: AuthGuard
}
...
```

注意 APP_GUARD 歸納於 @nestjs/core 底下，若是編輯器沒有自動引入功能，則需要特別留意，避免不知道從何引入它。

範例程式碼

https://github.com/hao0731/nestjs-book-examples/blob/guard/global-guard/src/app.module.ts

2.9 自訂裝飾器（Custom decorator）

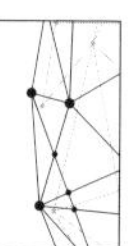

裝飾器（Decorator）是一種設計模式，可以在不改變物件本身的情況下賦予職責，相較於繼承有更高的靈活性，有些程式語言會直接將此設計模式實作出來，像是 TypeScript。

以 TypeScript 作為預設語言的 NestJS 將裝飾器發揮到淋漓盡致，透過裝飾器可以很輕易地套用功能，不論是針對開發速度、易讀性等都很有幫助。以 Controller 來說，它是一個標準的類別，但只要加上 NestJS 的 @Controller 裝飾器，就賦予了 NestJS Controller 的角色，如圖 2-58 所示。

↑ 圖 2-58 NestJS 與 Decorator

在前幾個小節裡，出現了非常多種裝飾器，我們可以運用這些裝飾器來完成大多數的功能，但在某些情況下，這些內建的裝飾器可能沒辦法很有效地解決問題，於是 NestJS 提供了**自訂裝飾器**（Custom decorator）的功能，讓開發者可以自己設計專屬的裝飾器。

自訂裝飾器總共可以分成三種類型，分別是「Metadata 裝飾器」（Metadata decorator）、「參數裝飾器」（Param decorator）以及「整合裝飾器」（Decorator composition）。

2.9.1 Metadata 裝飾器（Metadata decorator）

有時需要針對某個 Handler 或是 Controller 設置特定的 Metadata，例如：角色權限控管，透過設置 metadata 來標示只能由特定角色進行存取。NestCLI 有提供產生自訂裝飾器的指令，並且產生出來的程式碼骨架正是 Metadata 裝飾器，指令如下：

```
$ nest generate decorator <DECORATOR_NAME>
```

> **提示** <DECORATOR_NAME> 可以含有路徑，如：decorators/roles，這樣就會在 src 資料夾下建立該路徑，並含有自訂裝飾器。

透過 NestCLI 產生 Roles：

```
$ nest generate decorator decorators/roles
```

產生出來的自訂裝飾器骨架如下，是一個叫「Roles」的函式，並且該函式回傳了 SetMetadata 的執行結果。SetMetadata 同樣是一個函式，用來配置 metadata 的，該函式接受兩個參數，第一個參數為該 metadata 的 key 值，用來取得對應 metadata 用的，而第二個參數就是對應的值。以 Roles 來說，它的 key 爲「roles」，值則是外部提供的參數形成的陣列集合：

```
import { SetMetadata } from '@nestjs/common';

export const Roles = (...args: string[]) => SetMetadata('roles', args);
```

提示 TypeScript 的裝飾器寫法就是寫函式，對於裝飾器不熟悉的朋友，可以去參考 TypeScript 官方說明：URL https://www.typescriptlang.org/docs/handbook/decorators.html。

那有了這個裝飾器之後，具體要如何應用它呢？這裡就來說明一下應用的運作原理。圖 2-59 爲取得 metadata 的運作原理圖，圖 2-59 的左邊列出了 Interceptor 與 Guard，爲什麼特別將它們列出呢？因爲在這兩個元件裡都可以使用 ExecutionContext，假設今天在 Controller 的 Handler 上添加一個 Metadata 裝飾器，用來定義哪些角色可以存取該 Handler，這時就可以在專門做驗證處理的 Guard 去取得這些 metadata，並與發起該請求的使用者資訊做比對。既然是要取得該 Handler 掛上的 metadata，那就必須先取得該 Handler，所以可以透過 ExecutionContext 來取得，再來就要透過一個叫「Reflector」的 Helper 幫我們取出 metadata，這樣就能在 Guard 層級去做驗證了。

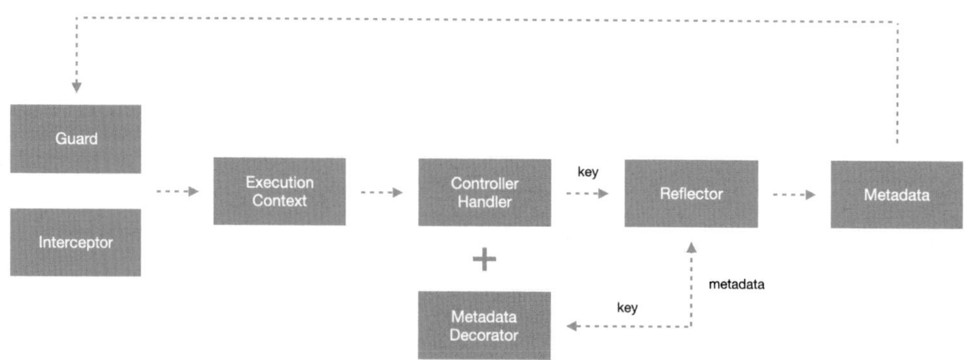

↑圖 2-59　取得 metadata 的運作原理

這裡透過 NestCLI 產生一個 RoleGuard，來實作一次取出 metadata 的方式：

```
$ nest generate guard guards/role
```

產生完畢後，將 RoleGuard 調整成下方範例的樣子，透過 ExecutionContext 取得 Handler，再將 Reflector 注入進來，並透過其 get 方法，從 Handler 中提取 key 為「roles」的 metadata，根據前面設計的 Roles 裝飾器的定義，值會是字串陣列。

注意 Reflector 歸納於 @nestjs/core 底下，若是編輯器沒有自動引入功能，則需要特別留意，避免不知道從何引入它。

由於此範例只是要將 metadata 取出，所以並沒有實作真正的驗證功能，而是將取得的 metadata 以 console.log 的方式在終端機上顯示出來：

```
...
@Injectable()
export class RoleGuard implements CanActivate {
  constructor(private readonly reflector: Reflector) { }

  canActivate(
    context: ExecutionContext
  ): boolean | Promise<boolean> | Observable<boolean> {
    const handler = context.getHandler();
    const whitelist = this.reflector.get<string[]>('roles', handler);
    console.log(`Roles: ${whitelist.join(',')}`);
    return true;
  }
}
```

接著，去調整 AppController 的部分，在 getHello 上添加 Roles 裝飾器，並指定值為「admin」，再將 RoleGuard 套用上來：

```
...
@Controller()
export class AppController {
```

```
  constructor(private readonly appService: AppService) {}

  @UseGuards(RoleGuard)
  @Roles('admin')
  @Get()
  getHello(): string {
    return this.appService.getHello();
  }
}
```

透過 Postman 進行測試，以 GET 方法存取 /，會在終端機看到取出的 metadata 爲「admin」，如圖 2-60 所示。

```
終端機 — node ‹ npm TMPDIR=/var/folders/bg/slmq_4p54c9_t6c_s2pdhvs40000gn/T/ __CFBundleIdenti...
[下午2:59:48] File change detected. Starting incremental compilation...

[下午2:59:48] Found 0 errors. Watching for file changes.

[Nest] 25079  - 2022/06/12 下午2:59:49     LOG [NestFactory] Starting Nest application...
[Nest] 25079  - 2022/06/12 下午2:59:49     LOG [InstanceLoader] AppModule dependencies initialized +25ms
[Nest] 25079  - 2022/06/12 下午2:59:49     LOG [RoutesResolver] AppController {/}: +4ms
[Nest] 25079  - 2022/06/12 下午2:59:49     LOG [RouterExplorer] Mapped {/, GET} route +2ms
[Nest] 25079  - 2022/06/12 下午2:59:49     LOG [NestApplication] Nest application successfully started +2
ms
Roles: admin
```

↑ 圖 2-60　**取出的** metadata

範例程式碼

https://github.com/hao0731/nestjs-book-examples/blob/custom-decorator/metadata-decorator/src/decorators/roles.decorator.ts

2.9.2 參數裝飾器（Param decorator）

有些資料可能無法透過內建的參數裝飾器直接取得，例如：身分認證機制通過後，在請求物件中帶入使用者相關資訊。如果對 Express 不陌生的話，應該看過下方的寫法，爲什麼會有自訂的資料放在請求物件中呢？主要是透過 Middleware 進行擴充，在身分認證機制是非常常見的，後面的小節也會有相關的設計：

```
const user = req.user;
```

試想，如果要透過內建的參數裝飾器要如何取得該資料？需要使用 @Request 裝飾器取得請求物件，再從請求物件中進行提取，這樣的方式並不是特別理想，於是可以自行設計參數裝飾器來取得。

假設我們要提取請求物件裡的 user 屬性，那就可以設計一個自訂的參數裝飾器，會使用 createParamDecorator 這個函式來幫我們產生自訂參數裝飾器的函式，它的參數會是一個函式，該函式第一個參數爲輸入值，可以將輸入值作爲要取出資料中某個特定值的依據，就像 @Query 裝飾器可以透過指定值來取出特定查詢參數一樣，第二個參數是 ExecutionContext，可以透過它來取出像是請求物件、回應物件等資訊。

注意 createParamDecorator 歸納於 @nestjs/common 底下，若是編輯器沒有自動引入功能，則需要特別留意，避免不知道從何引入它。

下方範例是一個取出請求物件中 user 屬性的參數裝飾器，需要透過它將請求物件取出，再從請求物件中提取 user 屬性的資料：

```
...
export const User = createParamDecorator(
  (data: string, context: ExecutionContext) => {
    const ctx = context.switchToHttp();
    const request = ctx.getRequest();
    const user = request.user;
    return data ? user[data] : user;
  }
);
```

來做個簡單的實驗，假設請求物件裡面已經添加了 user 屬性，並且值爲一個含有 name 屬性的物件，那在 AppController 的 getHello 使用 @User 裝飾器，並將值回傳：

```
...
@Controller()
export class AppController {
  ...
```

```
  @Get()
  getHello(@User() user: any) {
    return user;
  }
}
```

透過 Postman 進行測試，以 GET 方法存取 /，會收到含有 name 屬性的物件，如圖 2-61 所示。

↑ 圖 2-61　自訂參數裝飾器取出值的結果

範例程式碼

https://github.com/hao0731/nestjs-book-examples/blob/custom-decorator/param-decorator/src/decorators/user.decorator.ts

2.9.3 整合裝飾器 (Decorator composition)

有些裝飾器它們之間是相關的，例如：授權驗證需要使用 Guard、添加自訂 Metadata 等，每次要實作都要重複將這些裝飾器帶入，會使得重複性的操作變多，於是 NestJS 還有設計一個叫「applyDecorators」的函式，讓我們可以把多個裝飾器整合成一個裝飾器，每當要實作該功能，就只要帶入整合裝飾器即可。

注意 applyDecorators 歸納於 @nestjs/common 底下，若是編輯器沒有自動引入功能，則需要特別留意，避免不知道從何引入它。

下方爲模擬授權驗證的整合裝飾器，是一個回傳 applyDecorators 執行結果的函式，而 applyDecorators 要帶入的就是要整合在一起的裝飾器，以範例來說，帶入的是 Roles 以及 UseGuards：

```
...
export const Auth = (...roles: string[]) => applyDecorators(
    Roles(...roles),
    UseGuards(RoleGuard)
);
```

調整 AppController，本來要將 Roles 與 UseGuards 這兩個同時套用在 getHello 上，現在只需要使用 Auth 裝飾器即可：

```
...
@Controller()
export class AppController {
  constructor(private readonly appService: AppService) {}

  @Auth('admin')
  @Get()
  getHello(): string {
    return this.appService.getHello();
  }
}

```

範例程式碼

https://github.com/hao0731/nestjs-book-examples/blob/custom-decorator/apply-decorators/src/decorators/auth.decorator.ts

MEMO

CHAPTER **03**

進階功能與原理

- 3.1 注入作用域（Injection scope）
- 3.2 生命週期鉤子（Lifecycle Hooks）
- 3.3 模組參照（Module Reference）
- 3.4 動態模組（Dynamic Module）

3.1 注入作用域（Injection scope）

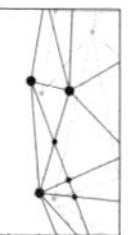

在大多數情況下，NestJS 是採用**單例模式（Singleton pattern）**來維護各個實例，也就是說，這些被管理的實例在整個應用程式裡面只會有一個，各個進來的請求都會共享相同的實例，這些實例會維持到應用程式結束爲止。但有些情況可能就需要特別處理，例如：不同請求使用不同實例等，這時可以透過調整**注入作用域（Injection scope）**來決定實例的建立時機與管理方式，而 NestJS 共有三種作用域可以使用，分別是「預設作用域」（Default scope）、「請求作用域」（Request scope）以及「獨立作用域」（Transient scope）。

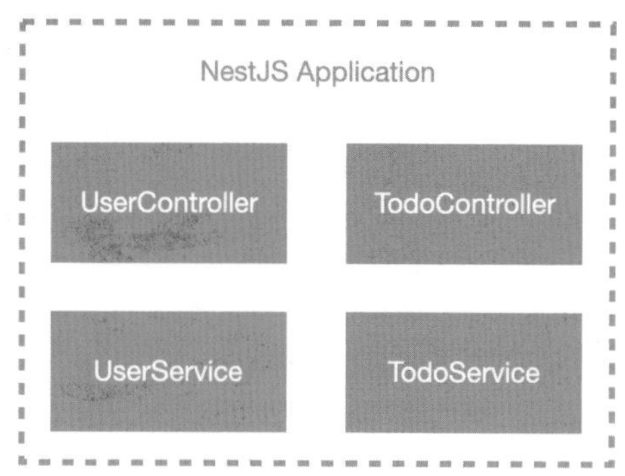

↑圖 3-1 單例模式概念

注意 雖然說可以調整建立實例的時機與管理方式，但如果非必要還是建議採用單例模式，原因是可以提升系統整體效能，若針對每個請求建立實例，將會花費更多資源在處理建立與垃圾回收。

提示 本小節會先從三種作用域的特性來說明，並且會在說明特性的時候附上範例程式碼，但「如何設置作用域」的部分則會放到特性說明完之後，所以讀者可以先了解一下特性的部分，再去看如何設置作用域，這些基礎都打穩之後，再回頭來看這三種特性的範例程式碼。

3.1.1 預設作用域（Default scope）

預設作用域就是單例模式的作用域。圖 3-2 是預設作用域的概念圖，圖中的 LoggerService 在各個元件中使用，這些元件都存取同一個 LoggerService 實例。

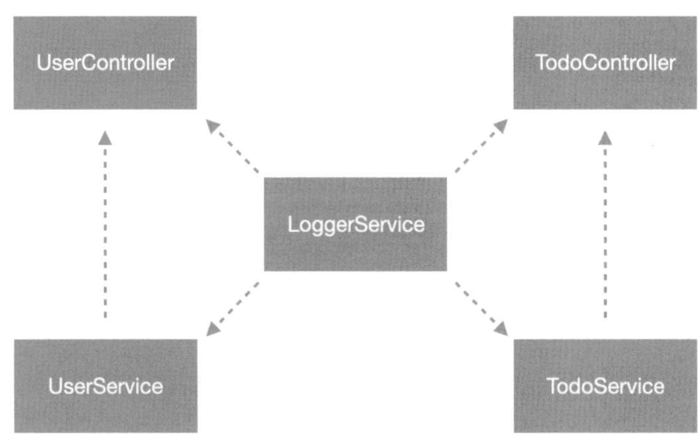

↑ 圖 3-2　預設作用域概念

在這種作用域下，元件是在啓動時建立實例，以圖 3-2 的架構爲例，如果每個元件在建構的時候印出一組亂數，就可以很清楚知道總共建立了哪些實例，啓動後會在終端機看到上圖這些元件，它們都只印出一次亂數，如圖 3-3 所示。

```
終端機 — node ‹ npm TMPDIR=/var/folders/bg/slmq_4p54c9_t6c_s2pdhvs40000gn/T/ __CFBundleIdenti...
[下午9:40:46] Starting compilation in watch mode...

[下午9:40:49] Found 0 errors. Watching for file changes.

[Nest] 26790  - 2022/06/15 下午9:40:50     LOG [NestFactory] Starting Nest application...
LoggerService: 0.656234905961141
[Nest] 26790  - 2022/06/15 下午9:40:50     LOG [InstanceLoader] LoggerModule dependencies initialized +30
ms
UserService: 0.05889553106830636
TodoService: 0.015399297287593372
[Nest] 26790  - 2022/06/15 下午9:40:50     LOG [InstanceLoader] AppModule dependencies initialized +1ms
UserController: 0.8934011349176385
TodoController: 0.6356075135763999
[Nest] 26790  - 2022/06/15 下午9:40:50     LOG [InstanceLoader] UserModule dependencies initialized +1ms
[Nest] 26790  - 2022/06/15 下午9:40:50     LOG [InstanceLoader] TodoModule dependencies initialized +0ms
[Nest] 26790  - 2022/06/15 下午9:40:50     LOG [RoutesResolver] AppController {/}: +4ms
[Nest] 26790  - 2022/06/15 下午9:40:50     LOG [RouterExplorer] Mapped {/, GET} route +2ms
[Nest] 26790  - 2022/06/15 下午9:40:50     LOG [RoutesResolver] TodoController {/todos}: +1ms
[Nest] 26790  - 2022/06/15 下午9:40:50     LOG [RoutesResolver] UserController {/users}: +0ms
[Nest] 26790  - 2022/06/15 下午9:40:50     LOG [NestApplication] Nest application successfully started +2
ms
```

↑ 圖 3-3　預設作用域的測試結果

範例程式碼

https://github.com/hao0731/nestjs-book-examples/tree/injection-scope/default-scope/src

3.1.2 請求作用域（Request scope）

請求作用域會為每個請求建立全新的實例，並且只實例化有用到的元件，在該請求週期中是共享實例的，請求週期結束後，將會進行垃圾回收。圖 3-4 是請求作用域的概念圖，這裡刻意繪製兩個客戶端發送請求的情境，表示不同請求所存取的實例是不同的，但可以看到 LoggerService 在同一個請求中還是被共享的。

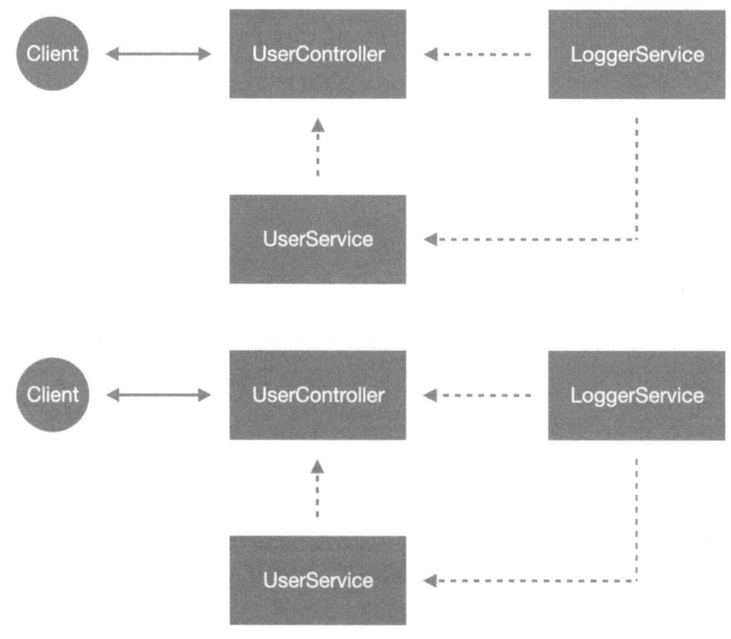

↑ 圖 3-4　請求作用域概念

這種作用域是在收到請求後才建立實例，如果在元件建構時印出亂數的話，會發現啓動應用程式不會有元件印出亂數，但如果透過 Postman 以 GET 方法去存取 /todos，就會在終端機看到 LoggerService、TodoService 以及 TodoController 印出的亂數，並且每次發送新的請求時，都會印出不同的亂數，如圖 3-5 所示。

```
終端機 — node ◂ npm TMPDIR=/var/folders/bg/slmq_4p54c9_t6c_s2pdhvs40000gn/T/ __CFBundleIdenti...
[下午9:42:57] File change detected. Starting incremental compilation...

[下午9:42:58] Found 0 errors. Watching for file changes.

[Nest] 28546  - 2022/06/15 下午9:42:58     LOG [NestFactory] Starting Nest application...
[Nest] 28546  - 2022/06/15 下午9:42:58     LOG [InstanceLoader] LoggerModule dependencies initialized +29
ms
[Nest] 28546  - 2022/06/15 下午9:42:58     LOG [InstanceLoader] AppModule dependencies initialized +1ms
[Nest] 28546  - 2022/06/15 下午9:42:58     LOG [InstanceLoader] UserModule dependencies initialized +0ms
[Nest] 28546  - 2022/06/15 下午9:42:58     LOG [InstanceLoader] TodoModule dependencies initialized +0ms
[Nest] 28546  - 2022/06/15 下午9:42:58     LOG [RoutesResolver] AppController {/}: +7ms
[Nest] 28546  - 2022/06/15 下午9:42:58     LOG [RouterExplorer] Mapped {/, GET} route +1ms
[Nest] 28546  - 2022/06/15 下午9:42:58     LOG [RoutesResolver] TodoController {/todos}: +1ms
[Nest] 28546  - 2022/06/15 下午9:42:58     LOG [RouterExplorer] Mapped {/todos, GET} route +0ms
[Nest] 28546  - 2022/06/15 下午9:42:58     LOG [RoutesResolver] UserController {/users}: +1ms
[Nest] 28546  - 2022/06/15 下午9:42:58     LOG [RouterExplorer] Mapped {/users, GET} route +0ms
[Nest] 28546  - 2022/06/15 下午9:42:58     LOG [NestApplication] Nest application successfully started +2
ms
[GET] /todos - 2022-06-15T13:43:11.724Z
LoggerService: 0.019634827921763964
TodoService: 0.39772501046137254
TodoController: 0.9307569929253583
[GET] /todos - 2022-06-15T13:43:16.706Z
LoggerService: 0.2850304694140049
TodoService: 0.17952992187289274
TodoController: 0.5077706449649124
```

↑ 圖 3-5　請求作用域的測試結果

範例程式碼

https://github.com/hao0731/nestjs-book-examples/tree/injection-scope/request-scope/src

3.1.3 獨立作用域（Transient scope）

獨立作用域的每個實例都是獨立的，在各個元件之間不共享。圖 3-6 是獨立作用域的概念圖，圖中的 LoggerService 爲獨立作用域，當它被各個元件使用時，都會建立不同的實例。

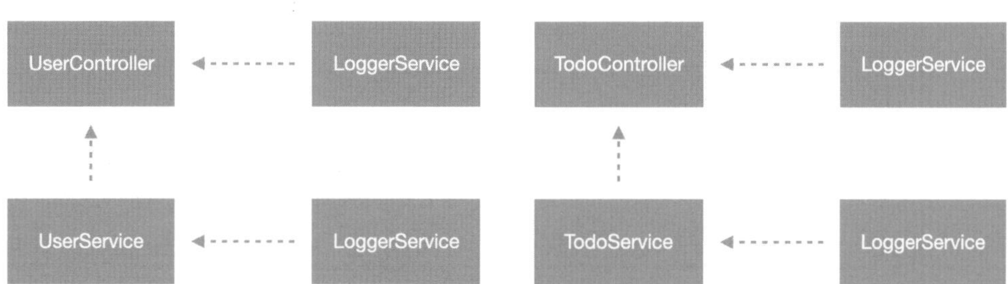

↑ 圖 3-6　獨立作用域概念

獨立作用域是在應用程式啟動時建立實例，所以啟動後就會在終端機看到 LoggerService 總共印出了四次亂數，如圖 3-7 所示。

```
終端機 — node ‹ npm TMPDIR=/var/folders/bg/slmq_4p54c9_t6c_s2pdhvs40000gn/T/ __CFBundleIdenti...
[下午9:45:05] File change detected. Starting incremental compilation...

[下午9:45:05] Found 0 errors. Watching for file changes.

[Nest] 28604  - 2022/06/15 下午9:45:06     LOG [NestFactory] Starting Nest application...
LoggerService: 0.046872840873037225
LoggerService: 0.05671118780763407
[Nest] 28604  - 2022/06/15 下午9:45:06     LOG [InstanceLoader] LoggerModule dependencies initialized +35
ms
TodoService: 0.40192644466856375
UserService: 0.7442594575254915
[Nest] 28604  - 2022/06/15 下午9:45:06     LOG [InstanceLoader] AppModule dependencies initialized +1ms
LoggerService: 0.11183950526629594
LoggerService: 0.23466701722139782
TodoController: 0.4237797617941259
UserController: 0.776019762631937
[Nest] 28604  - 2022/06/15 下午9:45:06     LOG [InstanceLoader] TodoModule dependencies initialized +1ms
[Nest] 28604  - 2022/06/15 下午9:45:06     LOG [InstanceLoader] UserModule dependencies initialized +0ms
[Nest] 28604  - 2022/06/15 下午9:45:06     LOG [RoutesResolver] AppController {/}: +6ms
[Nest] 28604  - 2022/06/15 下午9:45:06     LOG [RouterExplorer] Mapped {/, GET} route +2ms
[Nest] 28604  - 2022/06/15 下午9:45:06     LOG [RoutesResolver] TodoController {/todos}: +0ms
[Nest] 28604  - 2022/06/15 下午9:45:06     LOG [RouterExplorer] Mapped {/todos, GET} route +0ms
[Nest] 28604  - 2022/06/15 下午9:45:06     LOG [RoutesResolver] UserController {/users}: +1ms
[Nest] 28604  - 2022/06/15 下午9:45:06     LOG [RouterExplorer] Mapped {/users, GET} route +0ms
[Nest] 28604  - 2022/06/15 下午9:45:06     LOG [NestApplication] Nest application successfully started +1
ms
```

↑ 圖 3-7　獨立作用域的測試結果

範例程式碼

https://github.com/hao0731/nestjs-book-examples/tree/injection-scope/transient-scope/src

說明 獨立作用域的英文是「Transient scope」，其中「Transient」是短暫的意思，所以翻譯成中文應該是「短暫作用域」，那為什麼這邊是翻「獨立作用域」呢？原因是這種作用域的實例是不共享的，這些實例也會等到應用程式結束才會被銷毀，那用「獨立」這個詞，我認為是更貼近它的原理的。

3.1.4 設置作用域

Provider 設定作用域只要在 @Injectable 裝飾器中做配置即可，它有提供一個選項參數，透過填入 scope 來做指定，而作用域參數可以透過 NestJS 提供的 enum - Scope 來配置。

> **注意** Scope 歸納於 @nestjs/common 底下，若是編輯器沒有自動引入功能，則需要特別留意，避免不知道從何引入它。

以 AppService 爲例，將它改成請求作用域：

```
...
@Injectable({ scope: Scope.REQUEST })
export class AppService {
  ...
}
```

如果是自訂 Provider 設定作用域的話要怎麼做呢？在自訂 Provider 的物件中添加 scope 屬性來指定：

```
...
{
  provide: 'USERNAME',
  useValue: 'HAO',
  scope: Scope.REQUEST,
},
...
```

既然 Provider 可以調整作用域，那 Controller 能不能調整呢？答案是可以的，設定方式和 Provider 相似，只要調整 @Controller 裝飾器的參數即可，同樣使用選項參數來配置，若有路由設定，將其配置在 path 屬性，而作用域則是 scope。以 AppController 爲例，將它改成請求作用域：

```
...
@Controller({ scope: Scope.REQUEST })
export class AppController {
  ...
}
```

3.1.5 請求作用域與請求物件

請求作用域是針對每一個請求來建立實例，根據這個特性，可以確保這些實例存取的請求物件會是相同的，於是 NestJS 允許我們透過注入的方式，將請求物件注入到元件中使用，那要如何注入請求物件呢？使用 REQUEST 這個 token 注入即可。

注意 REQUEST 歸納於 @nestjs/core 底下，若是編輯器沒有自動引入功能，則需要特別留意，避免不知道從何引入它。

以 AppService 爲例，透過注入的方式，將請求物件注入進來：

```
...
@Injectable({ scope: Scope.REQUEST })
export class AppService {
  constructor(
    @Inject(REQUEST) private readonly request: Request
  ) {}
  ...
}
```

3.1.6 作用域冒泡

請求作用域有一項特性，就是依賴請求作用域的元件，會使自身作用域變成請求作用域，這種影響整個注入鏈作用域範圍的行爲就叫「冒泡」。

用圖 3-8 來進行作用域冒泡的描述，可以看到 StorageService 分別在 AppModule 與 BookModule 被使用，而 BookService 又在 AppModule 被使用。

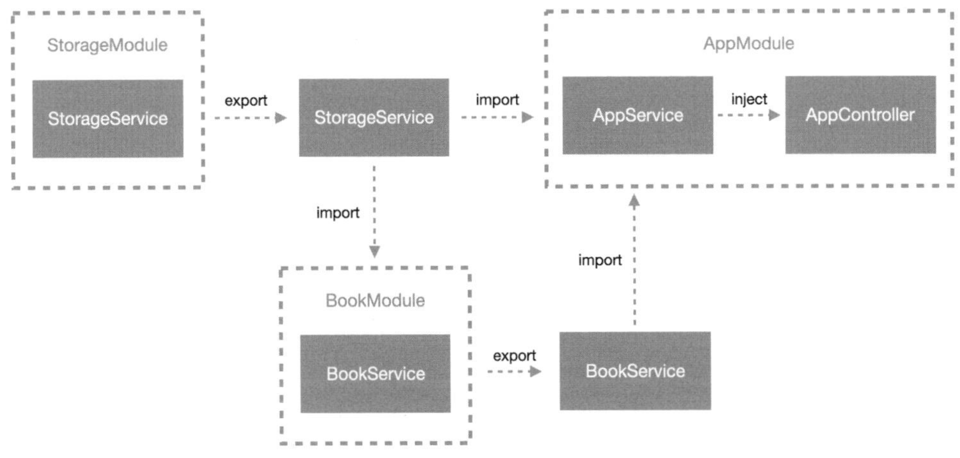

↑ 圖 3-8 **會產生冒泡行為的結構**

如果我們把 StorageService 的作用域設置爲請求作用域，則依賴於 StorageService 的 BookService 與 AppService 都會變成請求作用域，再根據這樣的邏輯來推論，AppController 依賴於已經變成請求作用域的 AppService，所以它一樣會變成請求作用域，如圖 3-9 所示。

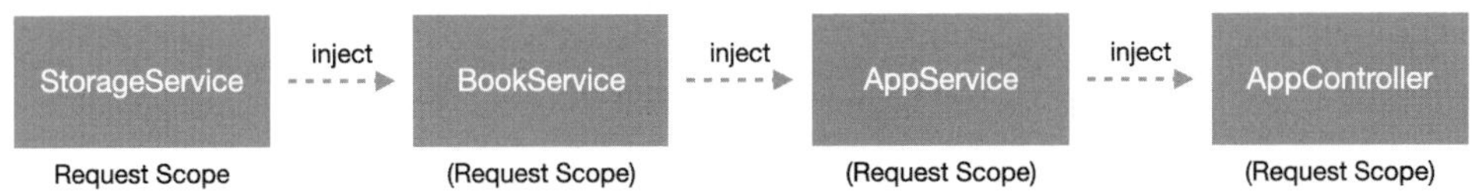

↑ 圖 3-9 **作用域冒泡**

假如讓每個元件都在建構時印出一組亂數，那 StorageService、BookService、AppService、AppController 會在請求進入後將亂數印出。透過 Postman 以 GET 方法存取 /，就會在終端機看到四組亂數，如圖 3-10 所示。

```
終端機 — node ◂ npm TMPDIR=/var/folders/bg/slmq_4p54c9_t6c_s2pdhvs40000gn/T/ __CFBundleIdenti...
[下午9:46:49] File change detected. Starting incremental compilation...

[下午9:46:49] Found 0 errors. Watching for file changes.

[Nest] 28784  - 2022/06/15 下午9:46:50     LOG [NestFactory] Starting Nest application...
[Nest] 28784  - 2022/06/15 下午9:46:50     LOG [InstanceLoader] StorageModule dependencies initialized +27ms
[Nest] 28784  - 2022/06/15 下午9:46:50     LOG [InstanceLoader] BookModule dependencies initialized +0ms
[Nest] 28784  - 2022/06/15 下午9:46:50     LOG [InstanceLoader] AppModule dependencies initialized +1ms
[Nest] 28784  - 2022/06/15 下午9:46:50     LOG [RoutesResolver] AppController {/}: +5ms
[Nest] 28784  - 2022/06/15 下午9:46:50     LOG [RouterExplorer] Mapped {/, GET} route +1ms
[Nest] 28784  - 2022/06/15 下午9:46:50     LOG [NestApplication] Nest application successfully started +1ms
[GET] / - 2022-06-15T13:47:05.380Z
StorageService: 0.7474859088900794
BookService: 0.06239960626193075
AppService: 0.6087037527287089
AppController: 0.3393982363921728
```

↑ 圖 3-10　作用域冒泡的測試結果

範例程式碼

https://github.com/hao0731/nestjs-book-examples/tree/injection-scope/basic-scope-hierarchy/src

如果 StorageService 爲預設作用域，且 BookService 設置爲請求作用域的話，那 StorageService 會是哪一種作用域呢？根據前面的描述可以得知，會影響的只有依賴於 BookService 的元件，所以受到冒泡影響的只有 AppService 及 AppController，如圖 3-11 所示。

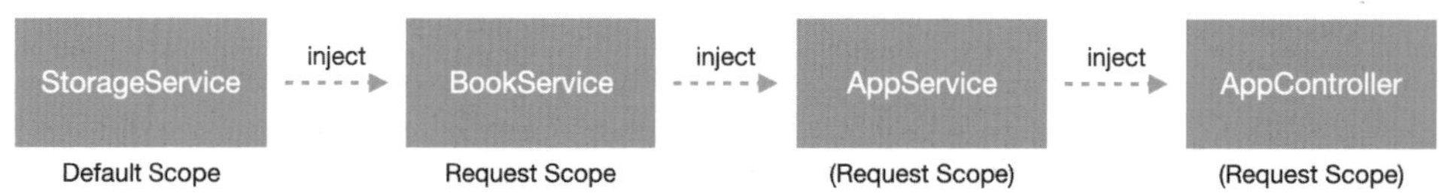

↑ 圖 3-11　作用域冒泡

由於 StorageService 是預設作用域，所以它會在啓動時就將亂數印出，剩下的元件則是在請求進入後才會印出。透過 Postman 以 GET 方法存取 /，就會在終端機看到三組亂數，如圖 3-12 所示。

```
終端機 — node ◂ npm TMPDIR=/var/folders/bg/slmq_4p54c9_t6c_s2pdhvs40000gn/T/ __CFBundleIdenti...
[下午9:48:53] File change detected. Starting incremental compilation...

[下午9:48:53] Found 0 errors. Watching for file changes.

[Nest] 45554  - 2022/06/15 下午9:48:54     LOG [NestFactory] Starting Nest application...
StorageService: 0.8996307722675136
[Nest] 45554  - 2022/06/15 下午9:48:54     LOG [InstanceLoader] StorageModule dependencies initialized +29ms
[Nest] 45554  - 2022/06/15 下午9:48:54     LOG [InstanceLoader] BookModule dependencies initialized +1ms
[Nest] 45554  - 2022/06/15 下午9:48:54     LOG [InstanceLoader] AppModule dependencies initialized +0ms
[Nest] 45554  - 2022/06/15 下午9:48:54     LOG [RoutesResolver] AppController {/}: +6ms
[Nest] 45554  - 2022/06/15 下午9:48:54     LOG [RouterExplorer] Mapped {/, GET} route +1ms
[Nest] 45554  - 2022/06/15 下午9:48:54     LOG [NestApplication] Nest application successfully started +2ms
[GET] / - 2022-06-15T13:49:00.327Z
BookService: 0.059654992922541394
AppService: 0.09508343403963293
AppController: 0.40063767950565365
```

↑ 圖 3-12　作用域冒泡的測試結果

 **範例程式碼**

https://github.com/hao0731/nestjs-book-examples/tree/injection-scope/advance-scope-hierarchy/src

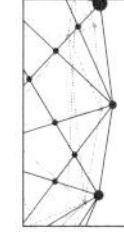

3.2 生命週期鉤子（Lifecycle Hooks）

什麼是**生命週期（Lifecycle）**？人的一生就是非常好的例子，從出生到死亡就是一個完整的生命週期。而什麼是**生命週期鉤子（Lifecycle Hook）**？即在生命週期中某個時間點會觸發的事件，例如：小明在出生之後被賦予了國民身分、5 歲的時候會上幼稚園等。

在程式設計領域中，也有所謂的生命週期，最簡單的分法為開始到結束，有些框架甚至會設計 Lifecycle Hooks，來針對不同時間點觸發不同的事件，例如：啟動時先呼叫 API、關閉時留下 Log 資訊等。

NestJS 也有設計 Lifecycle Hooks，按照順序排列共有五個時間點：「Module 初始化階段」、「應用程式啟動階段」、「Module 銷毀階段」、「應用程式關閉前」以及「應用程式關閉階段」，如圖 3-13 所示。可以看出 NestJS 的 Lifecycle Hooks 是發生在「啓動」與「關閉」這兩個時間點，而它們可以在 Module、Controller、帶有 @Injectable 裝飾器的元件被觸發。

↑ 圖 3-13 NestJS Lifecycle Hooks

注意 NestJS 的 Lifecycle Hooks 無法在請求作用域使用，原因是請求作用域的生命週期是跟著請求週期的，而不是應用程式的生命週期。

3.2.1 淺談應用程式關閉

前面有提到 Lifecycle Hooks 是發生在「啟動」與「關閉」這兩個時間點，其中在關閉時共有三個，但它們預設狀況下是不啟用的，原因是它們會消耗較多的效能在監聽事件上。那該如何打開這個限制呢？方法很簡單，NestApplication 實例有一個叫「enableShutdownHooks」的方法，只要執行它，就會開始監聽事件。

```
...
async function bootstrap() {
  const app = await NestFactory.create(AppModule);
  app.enableShutdownHooks();
  await app.listen(3000);
```

```
}
bootstrap();
```

具體來說，怎樣算是關閉呢？大致上有兩種方式：

- 收到關閉訊號，如：Ctrl+C鍵。
- 執行 NestApplication 實例的 close 方法。

注意 NestApplication 實例的 close 方法並不會終止 Node.js 的行程（process），也就是說，如果有其他背景作業需要特別留意。

說明 和關閉相關的 Lifecycle Hooks，通常是會使用在 Kubernetes 等服務上。Kubernetes 官方網站：URL https://kubernetes.io/。

範例程式碼

https://github.com/hao0731/nestjs-book-examples/blob/lifecycle-hooks/enable-shutdown-hooks/src/main.ts

3.2.2 Module 初始化階段

此階段的 Lifecycle Hook 會在所屬 Module 的依賴項目處理完畢時觸發，使用方式就是在該元件去實作 OnModuleInit 介面，這樣就會需要去實作 onModuleInit 方法，該方法就是 Module 初始化階段的 Lifecycle Hook。

提示 「在所屬 Module 的依賴項目處理完畢時觸發」這句話可能不容易理解，後面的「3.2.7 執行順序大解密」會有更進一步的說明。

注意 OnModuleInit 歸納於 @nestjs/common 底下，若是編輯器沒有自動引入功能，則需要特別留意，避免不知道從何引入它。

以 AppModule 爲例：

```
...
@Module({
  ...
})
export class AppModule implements OnModuleInit {
  onModuleInit() {
    console.log(`${AppModule.name}: onModuleInit`);
  }
}
```

啓動應用程式時，會在終端機看到印出的訊息，如圖 3-14 所示。

```
終端機 — node ◂ npm TMPDIR=/var/folders/bg/slmq_4p54c9_t6c_s2pdhvs40000gn/T/ __CFBundleIdenti...
[上午11:34:12] Starting compilation in watch mode...

[上午11:34:15] Found 0 errors. Watching for file changes.

[Nest] 1359  - 2022/06/18 上午11:34:16     LOG [NestFactory] Starting Nest application...
[Nest] 1359  - 2022/06/18 上午11:34:16     LOG [InstanceLoader] AppModule dependencies initialized +32ms
[Nest] 1359  - 2022/06/18 上午11:34:16     LOG [RoutesResolver] AppController {/}: +8ms
[Nest] 1359  - 2022/06/18 上午11:34:16     LOG [RouterExplorer] Mapped {/, GET} route +2ms
AppModule: onModuleInit
[Nest] 1359  - 2022/06/18 上午11:34:16     LOG [NestApplication] Nest application successfully started +3
ms
```

↑ 圖 3-14　Module 初始化階段的執行結果

範例程式碼

https://github.com/hao0731/nestjs-book-examples/blob/lifecycle-hooks/on-module-init/src/app.module.ts

3.2.3 應用程式啟動階段

此階段的 Lifecycle Hook 會在應用程式初始化所有 Module 後觸發，並且會發生在連線建立之前，使用方式就是在該元件去實作 OnApplicationBootstrap 介面，這樣就會需要去實作 onApplicationBootstrap 方法。

注意 OnApplicationBootstrap 歸納於 @nestjs/common 底下，若是編輯器沒有自動引入功能，則需要特別留意，避免不知道從何引入它。

以 AppModule 爲例：

```
...
@Module({
  ...
})
export class AppModule implements OnApplicationBootstrap {
  onApplicationBootstrap() {
    console.log(
      `${AppModule.name}: onApplicationBootstrap`
    );
  }
}
```

啓動應用程式時，會在終端機看到印出的訊息，如圖 3-15 所示。

```
終端機 — node ‹ npm TMPDIR=/var/folders/bg/slmq_4p54c9_t6c_s2pdhvs40000gn/T/ __CFBundleIdenti...
[上午11:37:51] Starting compilation in watch mode...

[上午11:37:53] Found 0 errors. Watching for file changes.

[Nest] 1416  - 2022/06/18 上午11:37:54     LOG [NestFactory] Starting Nest application...
[Nest] 1416  - 2022/06/18 上午11:37:54     LOG [InstanceLoader] AppModule dependencies initialized +25ms
[Nest] 1416  - 2022/06/18 上午11:37:54     LOG [RoutesResolver] AppController {/}: +4ms
[Nest] 1416  - 2022/06/18 上午11:37:54     LOG [RouterExplorer] Mapped {/, GET} route +2ms
AppModule: onApplicationBootstrap
[Nest] 1416  - 2022/06/18 上午11:37:54     LOG [NestApplication] Nest application successfully started +2
ms
```

↑ 圖 3-15 應用程式啟動階段的執行結果

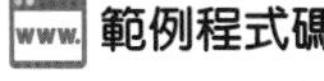 **範例程式碼**

https://github.com/hao0731/nestjs-book-examples/blob/lifecycle-hooks/on-application-bootstrap/src/app.module.ts

3.2.4 Module 銷毀階段

此階段的 Lifecycle Hook 會在收到關閉訊息時觸發，使用方式就是在該元件去實作 OnModuleDestroy 介面，這樣就會需要去實作 onModuleDestroy 方法。

注意 OnModuleDestroy 歸納於 @nestjs/common 底下，若是編輯器沒有自動引入功能，則需要特別留意，避免不知道從何引入它。

以 AppModule 為例：

```
...
@Module({
  ...
})
export class AppModule implements OnModuleDestroy {
  onModuleDestroy() {
    console.log(`${AppModule.name}: onModuleDestroy`);
  }
}
```

關閉應用程式時，會在終端機看到印出的訊息，如圖 3-16 所示。

```
nestjs-book-examples — -zsh — 105×39
[上午 11:45:56] File change detected. Starting incremental compilation...

[上午 11:45:56] Found 0 errors. Watching for file changes.

[Nest] 1484  - 2022/06/18 上午11:45:57     LOG [NestFactory] Starting Nest application...
[Nest] 1484  - 2022/06/18 上午11:45:57     LOG [InstanceLoader] AppModule dependencies initialized +28ms
[Nest] 1484  - 2022/06/18 上午11:45:57     LOG [RoutesResolver] AppController {/}: +4ms
[Nest] 1484  - 2022/06/18 上午11:45:57     LOG [RouterExplorer] Mapped {/, GET} route +2ms
[Nest] 1484  - 2022/06/18 上午11:45:57     LOG [NestApplication] Nest application successfully started +1
ms
^C

AppModule: onModuleDestroy

hao@HAO-MacBook-Pro nestjs-book-examples %
```

↑圖 3-16 Module 銷毀階段的執行結果

提示 如果忘記關閉應用程式的方法，則請見「3.2.1 淺談應用程式關閉」。

範例程式碼

https://github.com/hao0731/nestjs-book-examples/blob/lifecycle-hooks/on-module-destroy/src/app.module.ts

3.2.5 應用程式關閉前

此階段的 Lifecycle Hook 會在 Module 銷毀階段結束後觸發，並且會執行 NestApplication 實例的 close 方法來結束所有存在的連線，使用方式就是在該元件去實作 BeforeApplicationShutdown 介面，這樣就會需要去實作 beforeApplicationShutdown 方法，這個方法會有一個參數，該參數爲關閉訊號。

注意 BeforeApplicationShutdown 歸納於 @nestjs/common 底下，若是編輯器沒有自動引入功能，則需要特別留意，避免不知道從何引入它。

以 AppModule 爲例：

```
...
@Module({
  ...
})
export class AppModule implements BeforeApplicationShutdown {
  beforeApplicationShutdown(signal?: string) {
    console.log(`Signal: ${signal}`);
    console.log(`${AppModule.name}: onModuleDestroy`);
  }
}
```

關閉應用程式時，會在終端機看到印出的訊息，如圖 3-17 所示。

```
nestjs-book-examples — -zsh — 105×39
[上午11:49:34] Starting compilation in watch mode...

[上午11:49:37] Found 0 errors. Watching for file changes.

[Nest] 1526  - 2022/06/18 上午11:49:37     LOG [NestFactory] Starting Nest application...
[Nest] 1526  - 2022/06/18 上午11:49:37     LOG [InstanceLoader] AppModule dependencies initialized +24ms
[Nest] 1526  - 2022/06/18 上午11:49:37     LOG [RoutesResolver] AppController {/}: +4ms
[Nest] 1526  - 2022/06/18 上午11:49:37     LOG [RouterExplorer] Mapped {/, GET} route +2ms
[Nest] 1526  - 2022/06/18 上午11:49:37     LOG [NestApplication] Nest application successfully started +1
ms
^CSignal: SIGINT
AppModule: onModuleDestroy

hao@HAO-MacBook-Pro nestjs-book-examples % 
```

↑ 圖 3-17　**應用程式關閉前的執行結果**

 **範例程式碼**

https://github.com/hao0731/nestjs-book-examples/blob/lifecycle-hooks/before-application-shutdown/src/app.module.ts

3.2.6 應用程式關閉階段

此階段的 Lifecycle Hook 會在應用程式關閉所有連線後觸發，使用方式就是在該元件去實作 OnApplicationShutdown 介面，這樣就會需要去實作 onApplicationShutdown 方法，與 beforeApplicationShutdown 一樣有一個關閉訊號的參數。

 OnApplicationShutdown 歸納於 @nestjs/common 底下，若編輯器沒有自動引入功能需要特別留意，避免不知道從何引入它。

以 AppModule 爲例：

```
...
@Module({
  ...
})
export class AppModule implements OnApplicationShutdown {
  onApplicationShutdown(signal?: string) {
    console.log(`Signal: ${signal}`);
    console.log(`${AppModule.name}: onApplicationShutdown`);
```

```
    }
}
```

關閉應用程式時，會在終端機看到印出的訊息，如圖 3-18 所示。

```
nestjs-book-examples — -zsh — 105×39
[上午11:51:58] Starting compilation in watch mode...

[上午11:52:00] Found 0 errors. Watching for file changes.

[Nest] 1570  - 2022/06/18 上午11:52:00     LOG [NestFactory] Starting Nest application...
[Nest] 1570  - 2022/06/18 上午11:52:00     LOG [InstanceLoader] AppModule dependencies initialized +25ms
[Nest] 1570  - 2022/06/18 上午11:52:00     LOG [RoutesResolver] AppController {/}: +5ms
[Nest] 1570  - 2022/06/18 上午11:52:00     LOG [RouterExplorer] Mapped {/, GET} route +3ms
[Nest] 1570  - 2022/06/18 上午11:52:00     LOG [NestApplication] Nest application successfully started +2
ms
^CSignal: SIGINT
AppModule: onApplicationShutdown

hao@HAO-MacBook-Pro nestjs-book-examples %
```

↑ 圖 3-18　應用程式關閉階段的執行結果

範例程式碼

https://github.com/hao0731/nestjs-book-examples/blob/lifecycle-hooks/on-application-shutdown/src/app.module.ts

3.2.7 執行順序大解密

在「Module 初始化階段」有提到它的觸發時機，其中的「在所屬 Module 的依賴項目處理完畢時觸發」這句話可能不太容易理解，事實上它和所有 Lifecycle Hooks 的執行順序有很大的關係。

假設現在的應用程式架構如圖 3-19 所示，有 AppModule 與 TodoModule，並在 AppModule 引入 TodoModule。

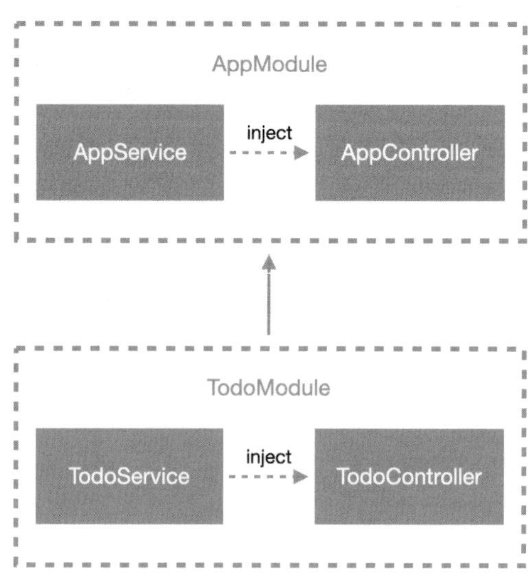

↑圖 3-19 應用程式架構

問題來了，如果這些元件都有使用相同的 Lifecycle Hooks，例如：Module 初始化階段，那是哪個元件會先觸發呢？我們知道一定會先載入 AppModule，才會去載入其他 Module、Controller 與 Provider。而對於 AppModule 而言，引入進來的 Module 就是依賴項目；同理，對於 TodoModule 而言，它沒有載入其他的 Module，故它沒有依賴項目。這樣可以知道一件事，Lifecycle Hooks 會先去執行 TodoModule 相關元件的 Lifecycle Hooks，等都處理完畢後，才會去執行 AppModule 相關元件的 Lifecycle Hooks。

圖 3-20 整理了完整的執行順序，可以得出相同 Lifecycle Hooks 的執行順序爲：依賴項目的 Controller、依賴項目的 Provider、依賴項目的 Module、當前 Module 的 Controller、當前 Module 的 Provider、當前 Module。

雖然說所有的 Lifecycle Hooks 都會是以這樣的順序來執行，但在 NestJS 第 8 版之前，Module 銷毀階段的執行順序是不同的，它的執行順序爲：當前 Module 的 Controller、當前 Module 的 Provider、當前 Module、依賴項目的 Controller、依賴項目的 Provider、依賴項目的 Module，如圖 3-21 所示。

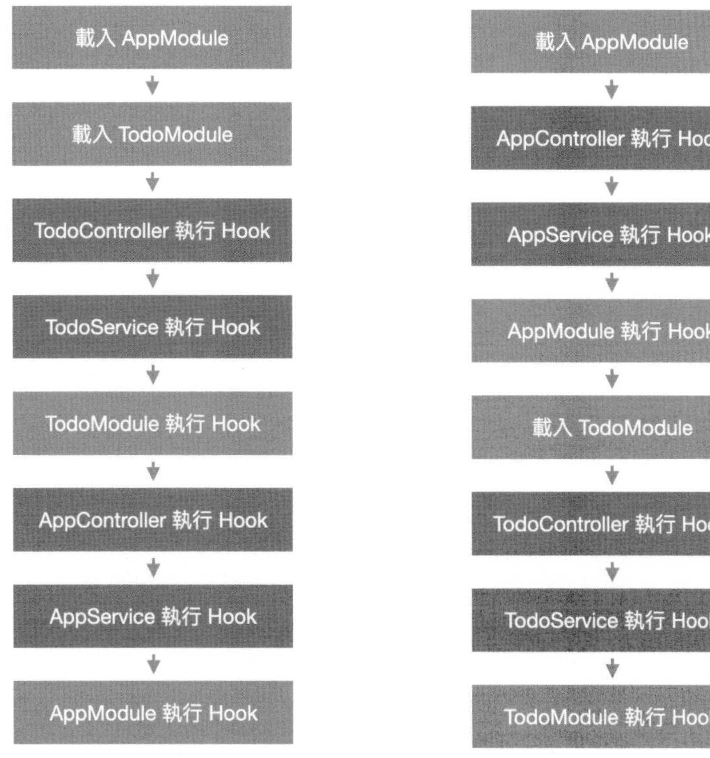

↑ 圖 3-20 相同 Lifecycle Hooks 的執行順序

↑ 圖 3-21 NestJS 第 8 版前 Module 銷毀階段的執行順序

範例程式碼

https://github.com/hao0731/nestjs-book-examples/tree/lifecycle-hooks/advance-sequence/src

3.3 模組參照（Module Reference）

NestJS 的實例管理以及注入方式都非常簡單易用，儘管它在依賴注入機制已經做得很完善，它更是如虎添翼一般，提供一個特殊機制來取得被管理的實例，甚至可以在某些條件下去動態處理需要的 Provider，它叫**模組參照（Module Reference）**。

Module Reference 它是一個叫 ModuleRef 的 Helper，透過注入的方式來使用。以 AppController 爲例：

```
...
@Controller()
export class AppController {
  constructor(private readonly moduleRef: ModuleRef) {}
  ...
}
```

注意 ModuleRef 歸納於 @nestjs/core 底下，若是編輯器沒有自動引入功能，則需要特別留意，避免不知道從何引入它。

3.3.1 獲取實例

注入 ModuleRef 以後，透過其 get 方法來取得當前 Module 下的任何元件，如 Controller、Service、Guard 等。

注意 get 方法不支援非預設作用域的 Provider。

以 AppController 爲例，用 ModuleRef 來取得 AppService 的實例：

```
...
@Controller()
export class AppController {
```

```
  private readonly appService: AppService;

  constructor(private readonly moduleRef: ModuleRef) {
    this.appService = this.moduleRef.get(AppService);
  }

  @Get()
  getHello(): string {
    return this.appService.getHello();
  }
}
```

透過 Postman 以 GET 方法存取 /，可以順利取得「Hello World!」，如圖 3-22 所示，表示有正確的獲取 AppService 的實例：

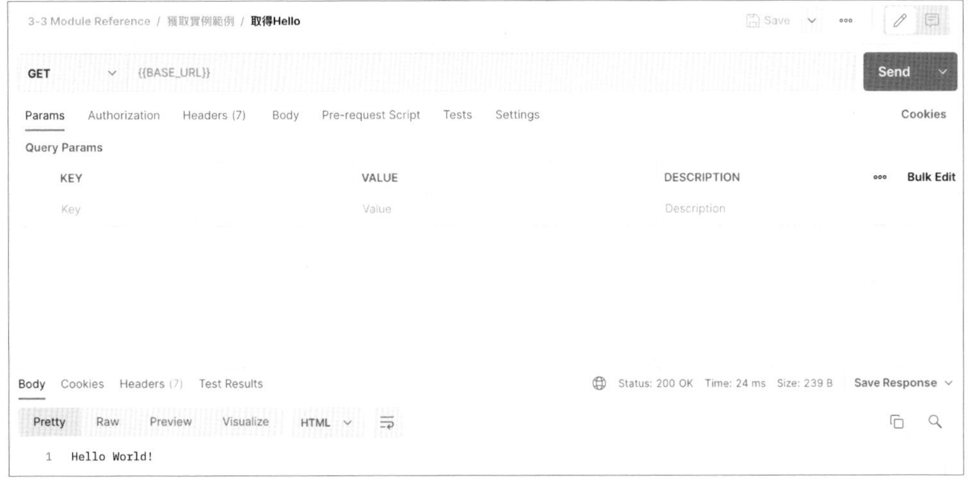

↑圖 3-22 順利回傳結果

如果要取得掛在全域的實例，該怎麼做呢？同樣是透過 ModuleRef 的 get 方法，不過需要在第二個參數帶上 strict 為 false 的物件。

假設現在有一個 StorageModule 使用 @Global 裝飾器將其提升為全域模組，並提供 StorageService 給其他 Module 使用，此時在 AppController 透過 ModuleRef 取得 StorageService 的實例，再使用一般注入的方式將 StorageService 注入，並比對它們是否是同一個實例：

```
...
@Controller()
export class AppController {
  ...
  constructor(
    private readonly moduleRef: ModuleRef,
    private readonly sotrageService: StorageService,
  ) {
    ...
    const storageService = this.moduleRef.get(
      StorageService,
      { strict: false }
    );
    const isSame = storageService === this.sotrageService;
    console.log(`is same: ${isSame}`);
  }
  ...
}
```

啓動應用程式後，會在終端機看到下方的比對結果，如圖 3-23 所示。

```
終端機 — node ‹ npm TMPDIR=/var/folders/bg/slmq_4p54c9_t6c_s2pdhvs40000gn/T/ __CFBundleIdenti...
[下午8:10:57] Starting compilation in watch mode...

[下午8:10:59] Found 0 errors. Watching for file changes.

[Nest] 6370  - 2022/06/19 下午8:10:59     LOG [NestFactory] Starting Nest application...
[Nest] 6370  - 2022/06/19 下午8:10:59     LOG [InstanceLoader] StorageModule dependencies initialized +29
ms
is same: true
[Nest] 6370  - 2022/06/19 下午8:10:59     LOG [InstanceLoader] AppModule dependencies initialized +2ms
[Nest] 6370  - 2022/06/19 下午8:10:59     LOG [RoutesResolver] AppController {/}: +3ms
[Nest] 6370  - 2022/06/19 下午8:10:59     LOG [RouterExplorer] Mapped {/, GET} route +2ms
[Nest] 6370  - 2022/06/19 下午8:10:59     LOG [NestApplication] Nest application successfully started +2m
s
```

↑ 圖 3-23 **比對結果**

範例程式碼

https://github.com/hao0731/nestjs-book-examples/blob/module-reference/get-instance/src/app.controller.ts

3.3.2 動態處理 Provider

前面有提到非預設作用域是無法透過 ModuleRef 的 get 方法來取得實例的，但 ModuleRef 提供了 resolve 方法，讓它們可以使用動態的方式來處理 Provider。

那什麼是動態處理 Provider 呢？這是一種透過**依賴注入容器子樹**（DI Container sub-tree）管理實例的方式，而這個子樹會有一個獨一無二的**識別碼**（Context Identifier），預設情況下，每 resolve 一次就會產生一個子樹，並且在該子樹內管理 Provider，因此，每次 resolve 取得的實例會是不相同的。

resolve 方法是非同步的，回傳的是一個 Promise。

做個簡單的實驗，將 AppService 轉爲請求作用域，在 AppController 用 resolve 的方式來取得 AppService 的實例，且 resolve 兩次比對它們是否爲相同的實例：

```
...
@Controller()
export class AppController implements OnModuleInit {
  private appService: AppService;

  constructor(private readonly moduleRef: ModuleRef) {}

  async onModuleInit() {
    this.appService = await this.moduleRef.resolve(
      AppService
    );
    const appService = await this.moduleRef.resolve(
      AppService
    );
    const isSame = this.appService === appService;
    console.log(`is same: ${isSame}`);
  }
  ...
}
```

啓動應用程式後，會在終端機看到下方的比對結果，如圖 3-24 所示。

```
● ● ● 終端機 — node ◂ npm TMPDIR=/var/folders/bg/slmq_4p54c9_t6c_s2pdhvs40000gn/T/ __CFBundleIdenti...
[下午8:16:28] File change detected. Starting incremental compilation...

[下午8:16:29] Found 0 errors. Watching for file changes.

[Nest] 6417  - 2022/06/19 下午8:16:29     LOG [NestFactory] Starting Nest application...
[Nest] 6417  - 2022/06/19 下午8:16:29     LOG [InstanceLoader] StorageModule dependencies initialized +28
ms
[Nest] 6417  - 2022/06/19 下午8:16:29     LOG [InstanceLoader] AppModule dependencies initialized +1ms
[Nest] 6417  - 2022/06/19 下午8:16:29     LOG [RoutesResolver] AppController {/}: +6ms
[Nest] 6417  - 2022/06/19 下午8:16:29     LOG [RouterExplorer] Mapped {/, GET} route +10ms
is same: false
[Nest] 6417  - 2022/06/19 下午8:16:29     LOG [NestApplication] Nest application successfully started +6m
s
```

↑ 圖 3-24　比對結果

範例程式碼

https://github.com/hao0731/nestjs-book-examples/blob/module-reference/resolve-provider/src/app.controller.ts

3.3.3 認識依賴注入容器子樹（DI Container sub-tree）

前面有大概提到依賴注入容器子樹是動態處理 Provider 機制的重要成員之一，但它究竟是如何產生的？又是怎麼管理實例的？那就要來探討動態處理 Provider 的運作原理。

每當呼叫 resolve 方法的時候，會先去判斷有沒有指定識別碼，如果沒有指定，就會自動產生一個識別碼，再用識別碼去尋找對應的子樹，而如果沒有找到對應子樹的話，就會產生一個新的子樹；反之，會使用找到的子樹。在取得子樹之後，就會去判斷這個子樹裡面是否存在要動態處理的 Provider，如果不存在就產生一個實例；反之，回傳已經存在的實例。圖 3-25 是我整理的流程圖，可供大家參考。

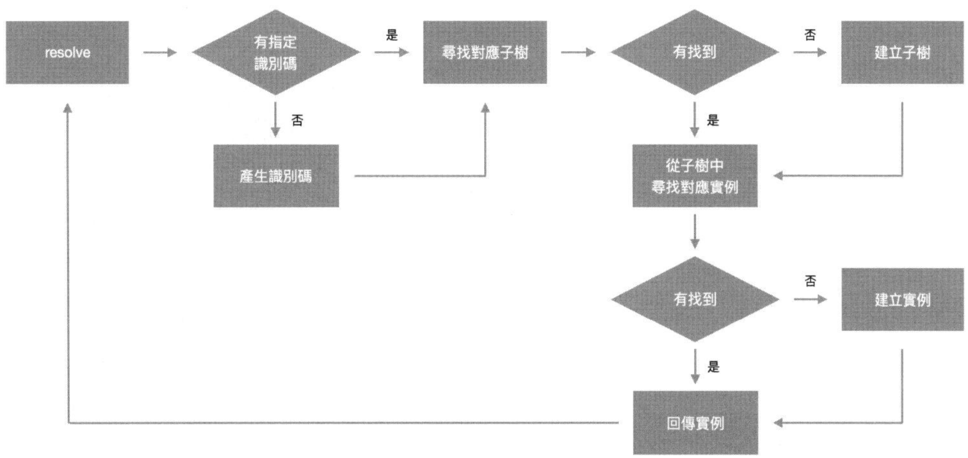

↑ 圖 3-25 動態處理 Provider 流程圖

從上述就可以知道，爲什麼每次呼叫 resolve 都會產生一個新的子樹，導致取得的 Provider 實例是不同的。不過，也有提到一件很重要的事情，**子樹是能夠被重複使用的**，只要指定識別碼，就能使用相同子樹來管理這些動態處理的 Provider，具體的作法可以看「3.3.4 動態處理 Provider 的手動配置識別碼」。

3.3.4 動態處理 Provider 的手動配置識別碼

在了解動態處理 Provider 和依賴注入容器子樹的關係後，可以得知子樹具有重用性，也就是說，resolve 這個方法可以讓我們自行指定識別碼，進而存取特定的子樹。那該如何產生識別碼呢？ NestJS 有設計 ContextIdFactory，透過其 create 方法就會產生一組識別碼。產生好識別碼後，該如何在 resolve 指定呢？非常簡單，把它帶入 resolve 的第二個參數即可。

> **注意** ContextIdFactory 歸納於 @nestjs/core 底下，若是編輯器沒有自動引入功能，則需要特別留意，避免不知道從何引入它。

以 AppController 爲例，將產生的識別碼分別帶入兩個 resolve 中，並比對實例：

```
...
@Controller()
```

```
export class AppController implements OnModuleInit {
  private appService: AppService;

  constructor(private readonly moduleRef: ModuleRef) {}

  async onModuleInit() {
    const contextId = ContextIdFactory.create();
    this.appService = await this.moduleRef.resolve(
      AppService,
      contextId
    );
    const appService = await this.moduleRef.resolve(
      AppService,
      contextId
    );
    const isSame = this.appService === appService;
    console.log(`is same: ${isSame}`);
  }
  ...
}
```

啓動應用程式後，會在終端機看到下方的比對結果，如圖 3-26 所示。

```
終端機 — node ‹ npm TMPDIR=/var/folders/bg/slmq_4p54c9_t6c_s2pdhvs40000gn/T/ __CFBundleIdenti...
[下午8:37:15] File change detected. Starting incremental compilation...

[下午8:37:15] Found 0 errors. Watching for file changes.

[Nest] 6526  - 2022/06/19 下午8:37:15     LOG [NestFactory] Starting Nest application...
[Nest] 6526  - 2022/06/19 下午8:37:15     LOG [InstanceLoader] StorageModule dependencies initialized +27ms
[Nest] 6526  - 2022/06/19 下午8:37:15     LOG [InstanceLoader] AppModule dependencies initialized +1ms
[Nest] 6526  - 2022/06/19 下午8:37:15     LOG [RoutesResolver] AppController {/}: +5ms
[Nest] 6526  - 2022/06/19 下午8:37:15     LOG [RouterExplorer] Mapped {/, GET} route +2ms
is same: true
[Nest] 6526  - 2022/06/19 下午8:37:15     LOG [NestApplication] Nest application successfully started +3ms
```

↑ 圖 3-26　比對結果

範例程式碼

https://github.com/hao0731/nestjs-book-examples/blob/module-reference/context-identifier/src/app.controller.ts

3.3.5 請求作用域與動態處理 Provider

請求作用域和動態處理 Provider 是有一項限制的，假設 AppService 是一個被 resolve 的請求作用域 Provider，那它會被依賴注入容器子樹給管理，並不是被 NestJS 的依賴注入機制所管理，這會導致 AppService 注入請求物件失效，永遠都只能拿到 undefined。

假如真的要在 AppService 中注入請求物件該怎麼辦？ NestJS 有特別為此設計一套機制，我們可以在動態處理 AppService 的元件上，先透過 ContextIdFactory 產生一組識別碼，接著透過 ModuleRef 的 registerRequestByContextId 方法將識別碼與請求物件綁定，並在 resolve 時指定該識別碼，這樣 AppService 就可以順利注入來自外部提供的請求物件。

這裡做個簡單的實驗，在 AppService 注入請求物件，並在 getHello 方法回傳請求的 method 與 originalUrl 組成的字串：

```
...
@Injectable({ scope: Scope.REQUEST })
export class AppService {
  constructor(
    @Inject(REQUEST) private readonly request: Request
  ) {}
  getHello(): string {
    const { originalUrl, method } = this.request;
    return `[${method.toUpperCase()}] ${originalUrl}`;
  }
}
```

接著，將 AppController 改為請求作用域並注入請求物件，然後調整 getHello，在這裡產生一組識別碼，並與請求物件綁定，再使用該識別碼來 resolve AppService：

```
...
@Controller({ scope: Scope.REQUEST })
export class AppController {
  private appService: AppService;
```

```
  constructor(
    private readonly moduleRef: ModuleRef,
    @Inject(REQUEST) private readonly request: Request,
  ) {}

  @Get()
  async getHello() {
    const contextId = ContextIdFactory.create();
    this.moduleRef.registerRequestByContextId(
      this.request,
      contextId
    );
    this.appService = await this.moduleRef.resolve(
      AppService,
      contextId
    );
    return this.appService.getHello();
  }
}
```

透過 Postman 進行測試，以 GET 方法存取 /，會收到下方訊息，如圖 3-27 所示。

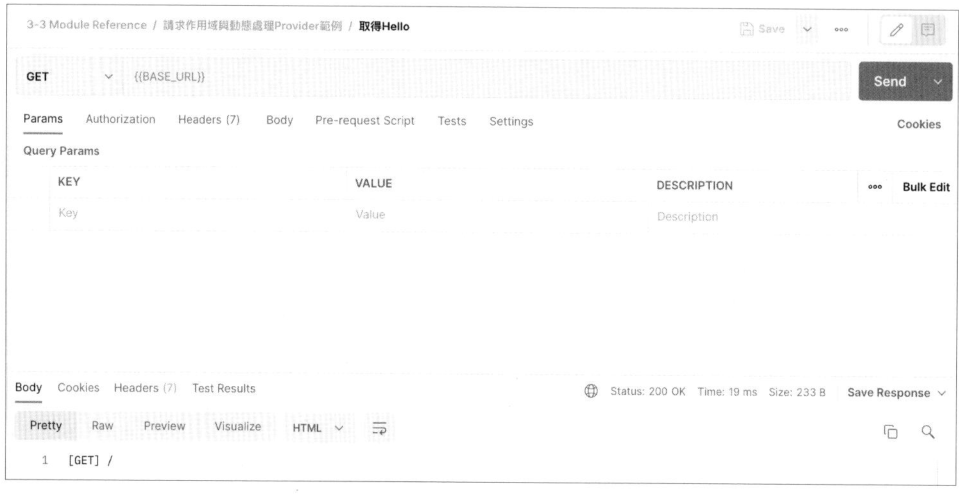

↑ 圖 3-27　取得請求物件的測試結果

範例程式碼

https://github.com/hao0731/nestjs-book-examples/blob/module-reference/register-request/src/app.controller.ts

3.3.6 請求作用域的共享依賴注入容器子樹

我們知道可以透過指定識別碼來存取相同的依賴注入容器子樹，但如果在請求作用域要指定識別碼，又要綁定請求物件與識別碼，維護上會比較麻煩，所以 NestJS 在 ContextIdFactory 裡面設計了一個叫「getByRequest」的方法，讓我們可以透過請求物件來產生一組識別碼。不僅如此，該方法不管呼叫幾次，產生出來的識別碼都會是相同的，也就是說，可以確保拿到的子樹會是同一個，達到共享子樹的效果。

以 AppController 爲例，在 getHello 方法透過請求物件產生兩組識別碼，並且分別帶入 resolve，來測試它們會不會是相同的實例：

```
...
@Controller({ scope: Scope.REQUEST })
export class AppController {
  private appService: AppService;

  constructor(
    private readonly moduleRef: ModuleRef,
    @Inject(REQUEST) private readonly request: Request,
  ) {}

  @Get()
  async getHello() {
    const contextId = ContextIdFactory.getByRequest(
      this.request
    );
    const contextId2 = ContextIdFactory.getByRequest(
      this.request
    );
    this.appService = await this.moduleRef.resolve(
      AppService,
```

```
      contextId
    );
    const appService = await this.moduleRef.resolve(
      AppService,
      contextId2
    );
    const isSame = this.appService === appService;
    console.log(`is same ${isSame}`);
    return this.appService.getHello();
  }
}
```

透過 Postman 進行測試，以 GET 方法存取 /，會在終端機看到下方的比對結果，如圖 3-28 所示。

```
終端機 — node ‹ npm TMPDIR=/var/folders/bg/slmq_4p54c9_t6c_s2pdhvs40000gn/T/__CFBundleIdenti...
[下午8:41:00] File change detected. Starting incremental compilation...

[下午8:41:00] Found 0 errors. Watching for file changes.

[Nest] 6614  - 2022/06/19 下午8:41:01     LOG [NestFactory] Starting Nest application...
[Nest] 6614  - 2022/06/19 下午8:41:01     LOG [InstanceLoader] StorageModule dependencies initialized +38
ms
[Nest] 6614  - 2022/06/19 下午8:41:01     LOG [InstanceLoader] AppModule dependencies initialized +1ms
[Nest] 6614  - 2022/06/19 下午8:41:01     LOG [RoutesResolver] AppController {/}: +4ms
[Nest] 6614  - 2022/06/19 下午8:41:01     LOG [RouterExplorer] Mapped {/, GET} route +1ms
[Nest] 6614  - 2022/06/19 下午8:41:01     LOG [NestApplication] Nest application successfully started +3m
s
is same: true
```

↑ 圖 3-28　比對結果

範例程式碼

https://github.com/hao0731/nestjs-book-examples/blob/module-reference/share-sub-tree/src/app.controller.ts

3.4 動態模組（Dynamic Module）

前面的章節有介紹過 Module 這個元件，它可以在 @Module 裝飾器中的 exports 指定要將哪些 Provider 匯出，並在其他 Module 將該 Module 引入，進而使用它提供的功能，這樣的設計讓重用性與擴展性大幅提升，而這種 Module 設計方式稱爲**靜態模組**（Static Module）。

不過，Static Module 並不能滿足所有的使用情境，因爲 Provider 在包裝起來的時候就已經定型了，較不容易針對不同情況去做不同的設定，於是就出現了**動態模組**（Dynamic Module）的概念。

用生活化的例子來說明兩者之間的差異，Static Module 就像一個專用遙控器，在沒有去改寫內部規則之前，它只能針對特定設備做控制；Dynamic Module 就像一個萬用遙控器，同樣是控制設備，它只需要一些設定步驟，就可以改變訊號的頻率，進而控制不同的設備。

由上述可以得出一個結論，Dynamic Module 就是將可能會變動的部分**參數化**，這樣在使用該 Module 的時候，就可以提供一些參數來針對不同情況去做設定，讓重用性與擴展性更上一層樓。

3.4.1 設計 Dynamic Module

我們知道 Module 是一個帶有 @Module 裝飾器的類別，那 Dynamic Module 要如何實作呢？其實，它也是一個 Module 元件，不同的是，會在該類別提供**靜態方法**（Static Method）來回傳一個型別爲 DynamicModule 的物件。在引入時，就去呼叫該靜態方法來提供必要的參數，讓 NestJS 根據 DynamicModule 物件來建立 Module，進而達到參數化的效果，如圖 3-29 所示。

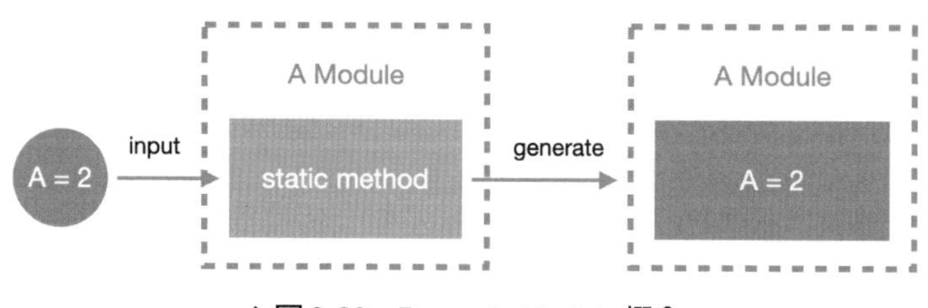

↑圖 3-29 Dynamic Module 概念

說明 靜態方法的名稱可以任意命名，但通常會使用 forRoot、register 等。

那 DynamicModule 物件格式長什麼樣子呢？它其實和 @Module 裝飾器中的 metadata 是差不多的，但還需要多帶一個 module 參數，帶入的值爲該 Module 的類別，假設要在 AModule 去實作 Dynamic Module，那 module 就是帶入 AModule。

```
...
{
  module: AModule,
  providers: [
    ...
  ],
},
...
```

注意 DynamicModule 歸納於 @nestjs/common 底下，若是編輯器沒有自動引入功能，則需要特別留意，避免不知道從何引入它。

簡單實作一個 Dynamic Module，透過 NestCLI 產生 AuthorModule 與 AuthorService：

```
$ nest generate module modules/author
$ nest generate service modules/author
```

產生完之後，在 AuthorModule 設計一個 register 靜態方法，將帶入的值用 token 爲「AUTHOR」的自訂 Provider 保存，並加到 DynamicModule 物件的 providers 裡，同時將 AuthorService 添加進去並匯出：

```
...
@Module({
  providers: [AuthorService],
  exports: [AuthorService],
})
export class AuthorModule {
  static register(author: string): DynamicModule {
    const authorProvider: Provider<string> = {
      provide: 'AUTHOR',
      useValue: author,
    };
    return {
      module: AuthorModule,
      providers: [AuthorService, authorProvider],
      exports: [AuthorService],
    };
  }
}
```

提示 Dynamic Module 並不需要設計 @Module 裝飾器內的 metadata，除非要支援 Static Module 的使用方式。

調整 AuthorService，將自訂 Provider 注入進來，這裡將它掛上 @Optional 裝飾器，原因是 AuthorModule 有設計 Static Module 的使用情境，但 Static Module 沒有自訂 Provider，所以這裡讓 author 預設為「Unknown」。另外，再設計一個 getAuthor 方法來取得自訂 Provider 的值：

```
...
@Injectable()
export class AuthorService {
  constructor(
    @Optional()
    @Inject('AUTHOR')
    private readonly author = 'Unknown',
  ) {}

```

```
  public getAuthor() {
    return this.author;
  }
}
```

接著去調整 AppController，將 AuthorService 注入並改變 getHello 的回傳值：

```
...
@Controller()
export class AppController {
  constructor(
    private readonly authorService: AuthorService
  ) {}

  @Get()
  getHello(): string {
    return this.authorService.getAuthor();
  }
}
```

透過 Postman 進行測試，以 GET 方法存取 /，會發現收到的值是「Unknown」，如圖 3-30 所示，原因是目前用 Static Module 的形式引入。

↑ 圖 3-30　未使用 Dynamic Module 的回傳結果

目前已經知道 AuthorModule 在 Static Module 下的結果爲何了，下一小節就來看如何使用 Dynamic Module。

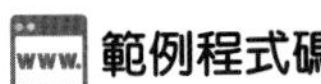

範例程式碼

https://github.com/hao0731/nestjs-book-examples/blob/dynamic-module/basic-dynamic-module/src/modules/author/author.module.ts

3.4.2 使用 Dynamic Module

假如要提供「HAO」作爲 AuthorModule 的 author 值，就要調整 AppModule 引入它的方式，在 imports 的地方改成呼叫 AuthorModule 的 register 方法，並帶入「HAO」：

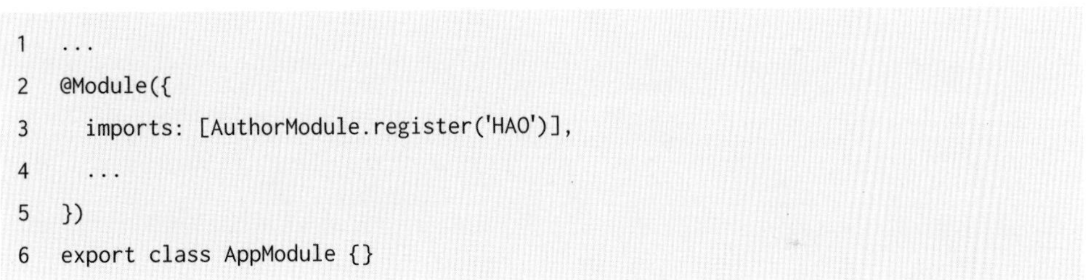

```
...
@Module({
  imports: [AuthorModule.register('HAO')],
  ...
})
export class AppModule {}
```

這時再透過 Postman 進行測試，以 GET 存取 /，會收到「HAO」，如圖 3-31 所示。

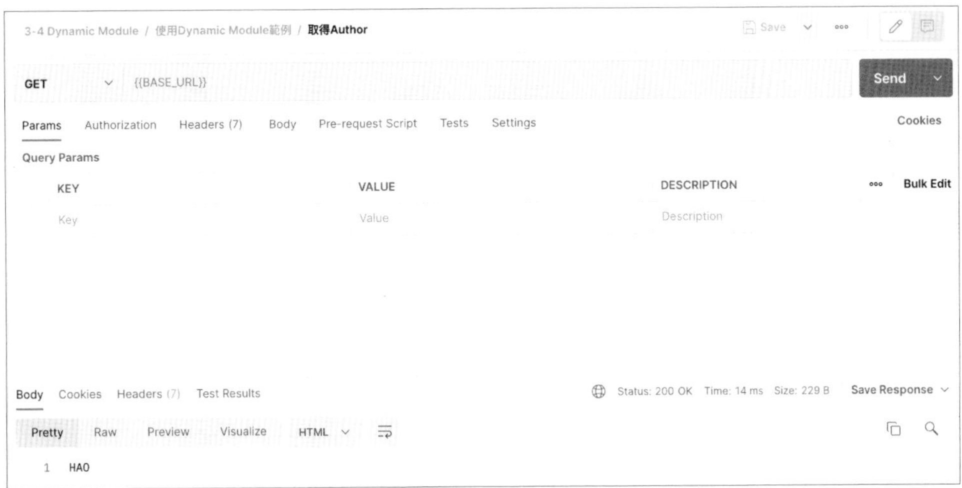

↑圖 3-31 使用 Dynamic Module 的回傳結果

Dynamic Module 是非常好用且實用的功能，常用在資料庫、環境變數管理等功能，後續介紹的功能也會看到這樣的用法。

範例程式碼

https://github.com/hao0731/nestjs-book-examples/blob/dynamic-module/use-dynamic-module/src/app.module.ts

CHAPTER 04

多元化功能

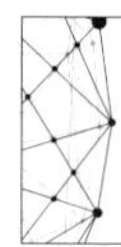

4.1 環境變數設定（Configuration）

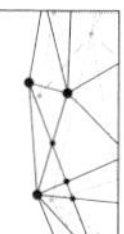

一套系統通常會執行在不同的環境上，最簡單可以區分爲「開發環境」與「正式環境」，會這樣區分的原因是我們不希望在測試系統的時候去影響到正式環境的資料，所以會將資料庫等配置分成兩組，也就會有兩組資料庫的資訊需要被記錄與使用，這時候要仔細想想該如何做好這些敏感資訊的配置，又能快速切換環境，將資訊直接寫在程式碼裡，絕對是不理想的方式，於是就有**環境變數**（Environment Variable）的概念。

環境變數與一般變數不同，環境變數是透過程式碼以外的地方做指定，這種變數可以直接在作業系統上設定，也可以透過指令的方式做設定，以 Node.js 爲例，可以直接在指令中設定：

```
$ NODE_ENV=production node index.js
```

如此一來，便可以透過 process.env 取得環境變數，但如果每次都要這樣輸入及取用，實在很難管理，於是就有環境變數檔的概念出現，Node.js 最常用的是 .env 檔，其設計方式很簡單，等號的左邊爲 key，右邊爲值：

```
USERNAME=HAO
```

> **注意** 環境變數檔通常會有敏感資訊，所以非常不建議加到 Git 做版控，可以將它添加到 .gitignore 裡，避免不小心 commit 進去。

這種環境變數檔可以透過第三方套件來讀取，在 Node.js 生態系裡最熱門的管理工具是 dotenv [*1]，可以透過它來讀取 .env 中的資訊，而 NestJS 基於 dotenv，實作了一套符合 NestJS 風格的環境變數管理工具：ConfigModule。

---

*1 dotenv GitHub：URL https://github.com/motdotla/dotenv。

這套工具 NestJS 並沒有內建，需要透過 npm 來安裝，指令如下：

```
$ npm install @nestjs/config
```

4.1.1 使用 ConfigModule

ConfigModule 是用 Dynamic Module 概念設計的，它提供了 forRoot 方法讓我們在 AppModule 去使用，預設情況下，ConfigModule 會在專案目錄下尋找 .env 檔並解析它，再將解析後的值進行管理。

下方是使用 ConfigModule 的範例，在 AppModule 去引入 ConfigModule：

```
...
@Module({
  imports: [ConfigModule.forRoot()],
  ...
})
export class AppModule {}
```

在專案目錄下新增 .env 檔，並設置一個 key 為「DB_USERNAME」、值為「HAO」的環境變數，讓 ConfigModule 去解析：

```
DB_USERNAME=HAO
```

現在已經引入 ConfigModule，並且新增了 .env 檔，那該如何取出由 ConfigModule 管理的環境變數呢？只要透過 ConfigModule 提供的 ConfigService 的 get 方法，並帶入 key 值即可。

以 AppController 為例，注入 ConfigService，在 getHello 透過 ConfigService 將 key 值為「DB_USERNAME」的環境變數取出，並回傳給客戶端：

```
...
@Controller()
export class AppController {
  constructor(
```

```
    private readonly configService: ConfigService
  ) {}

  @Get()
  getHello(): string {
    return this.configService.get<string>('DB_USERNAME');
  }
}
```

透過 Postman 進行測試，以 GET 方法存取 /，會收到正確「HAO」，如圖 4-1 所示。

↑ 圖 4-1　取得環境變數的測試結果

> **注意** 每當環境變數檔有改動時，就要重新啓動應用程式，才會讀取到最新的值。

範例程式碼

https://github.com/hao0731/nestjs-book-examples/tree/configuration/use-configuration

4.1.2 自訂環境變數檔

前面有提到預設情況是讀取專案目錄下的 .env 檔，如果想要自行命名環境變數檔的名稱也是可以的，ConfigModule 支援改變讀取的環境變數檔，只要在 forRoot 方法將指定的檔名帶入參數 envFilePath 即可。

假設現在有一個自訂的環境變數檔叫「development.env」：

```
DB_USERNAME=Development
```

要讓 ConfigModule 去讀取它，所以調整一下 AppModule：

```
...
@Module({
  imports: [
    ConfigModule.forRoot({ envFilePath: 'development.env' })
  ],
  ...
})
export class AppModule {}
```

透過 Postman 進行測試，以 GET 方法存取 /，會收到「Development」，如圖 4-2 所示。

↑ 圖 4-2 取得自訂環境變數檔之變數的測試結果

如果有多個環境變數檔，每次要根據環境去改變 envFilePath 的值很不方便，所幸 envFilePath 支援優先權的方式載入檔案，用陣列的方式把優先度高的檔名往前放，都定義好之後，在不同環境裡提供不同的環境變數檔即可，這樣就不用一直改動 envFilePath 的值了，非常方便。

假設現在多了一個 development.local.env：

```
DB_USERNAME=LocalDevelopment
```

development.local.env 的優先度比 development.env 高，將 envFilePath 的值改為陣列，並依照優先度排序：

```
...
@Module({
  imports: [
    ConfigModule.forRoot({
      envFilePath: [
        'development.local.env',
        'development.env',
      ],
    }),
  ],
  ...
})
export class AppModule {}
```

透過 Postman 進行測試，以 GET 方法存取 /，會收到「LocalDevelopment」，如圖 4-3 所示。

↑ 圖 4-3　讀取高優先度環境變數檔的測試結果

範例程式碼

https://github.com/hao0731/nestjs-book-examples/tree/configuration/custom-env-file

4.1.3 自訂設定檔

雖然環境變數檔可以幫我們整理會使用到的環境變數，但它並沒有很好的分類機制，全都以扁平的方式條列在環境變數檔裡面，如下所示：

```
DB_USERNAME=Admin
DB_PASSWORD=12345678
DB_HOST=example.com
PORT=3000
```

從範例可以看出有「DB」前綴的環境變數都與資料庫有關，但層級卻和其他環境變數是相同的，用物件格式來看的話會長這樣：

```
{
  DB_USERNAME: 'Admin',
```

```
  DB_PASSWORD: '12345678',
  PORT: '3000'
}
```

透過 ConfigService 取相關的環境變數，就顯得沒那麼優雅：

```
const username = this.configService.get('DB_USERNAME');
const password = this.configService.get('DB_PASSWORD');
```

那有沒有方法能夠幫這些環境變數做分類呢？ConfigModule 支援自訂設定檔的功能，透過工廠函式將環境變數用自訂結構保存，這樣就可以達到分類的效果了。

這裡做個實驗，我預期將上方的環境變數整理成下方的樣子：

```
{
  database: {
    username: 'Admin',
    password: '12345678',
  },
  port: '3000'
}
```

新增一個 config 資料夾，並在裡面建立 database.config.ts，匯出一個工廠函式，回傳的值爲帶有 database 屬性的物件，該物件含有 username 與 password，它們的值都從 process.env 取得：

```
export default () => ({
  database: {
    username: process.env.DB_USERNAME,
    password: process.env.DB_PASSWORD,
  },
});
```

接著去建立 server.config.ts，匯出一個工廠函式，回傳值爲帶有 port 屬性的物件，它的值就是 process.env.PORT：

```
export default () => ({
  port: process.env.PORT,
});
```

說明 自訂設定檔可以在工廠函式中使用 or 邏輯運算子來設置預設值，這樣就算沒有提供對應的環境變數，也可以採用預設值，通常會用在較不敏感的資訊，如：Port。

工廠函式做好了之後，添加 load 參數到 ConfigModule，load 支援陣列格式，可以一次讀取多個自訂設定檔，只要將工廠函式帶入即可：

```
...
@Module({
  imports: [
    ConfigModule.forRoot({
      load: [databaseConfig, serverConfig],
      ...,
    }),
  ],
  ...
})
export class AppModule {}
```

調整 AppController 的 getHello 方法，以 key 值「database」與「port」取出值，並將它們回傳：

```
...
@Controller()
export class AppController {
  constructor(
    private readonly configService: ConfigService
  ) {}

  @Get()
  getHello() {
    const database = this.configService.get('database');
```

```
    const port = this.configService.get('port');
    return { database, port };
  }
}
```

透過 Postman 進行測試，以 GET 方法存取 /，會順利取得預期的格式，如圖 4-4 所示。

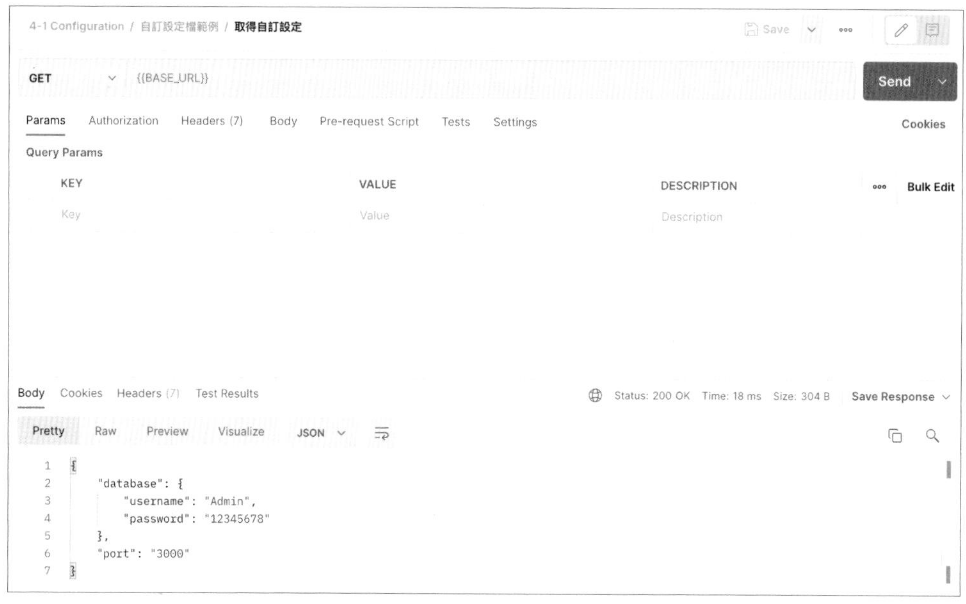

↑ 圖 4-4　自訂設定檔的測試結果

這裡補充一下，如果只想取得物件格式下的某些欄位，可以在 key 值的地方用「.」來表示：

```
const username = this.configService.get(
  'database.username'
);
```

範例程式碼

https://github.com/hao0731/nestjs-book-examples/tree/configuration/custom-config-file

4.1.4 自訂設定檔的命名空間

前面設計的 database.config.ts 將資料庫相關的環境變數都整理到 database 屬性裡，而這個「database」就是一個**命名空間 (Namespace)**。針對使用命名空間的自訂設定檔有另一種替代方案，就是使用套件提供的 registerAs 函式，該函式第一個參數即命名空間，第二個參數爲工廠函式。

以 database.config.ts 爲例：

```
import { registerAs } from '@nestjs/config';

export default registerAs('database', () => ({
  username: process.env.DB_USERNAME,
  password: process.env.DB_PASSWORD,
}));
```

透過 Postman 進行測試，以 GET 方法存取 /，會順利取得命名空間爲「database」的值，如圖 4-5 所示。

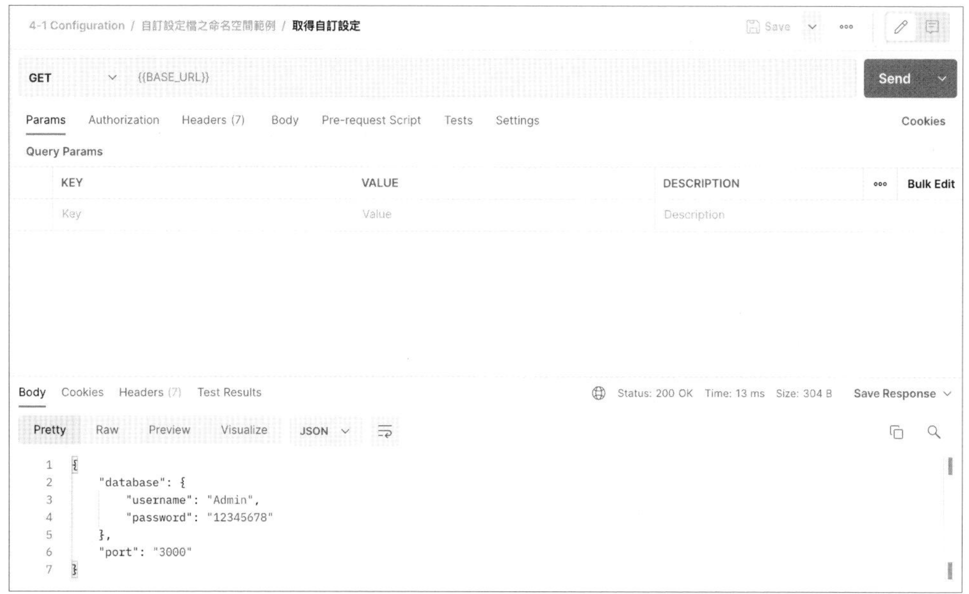

↑ 圖 4-5 命名空間的測試結果

 **範例程式碼**

https://github.com/hao0731/nestjs-book-examples/tree/configuration/custom-config-file-namespace

4.1.5 在應用程式外使用 ConfigService

前面我們在環境變數檔裡面設置了 PORT，用途就是要讓 HTTP Server 可以用這個值作爲啓動的 Port，但要使用的話，就必須在 main.ts 做處理，那要怎麼取得 ConfigService 來取值呢？其實 NestApplication 有提供 get 方法來提取被管理的元件，所以可以運用這個方法將 ConfigService 提取出來：

```
...
async function bootstrap() {
  const app = await NestFactory.create(AppModule);
  const configService = app.get(ConfigService);
  const port = configService.get<string>('port');
  await app.listen(port);
}
bootstrap();
```

範例程式碼

https://github.com/hao0731/nestjs-book-examples/blob/configuration/outside/src/main.ts

4.1.6 環境變數檔的擴展變數

有時候，環境變數之間是存在依賴關係的，以下方爲例：

```
APP_DOMAIN=example.com
APP_REDIRECT_URL=example.com/redirect_url
```

可以看出 APP_REDIRECT_URL 包含了 APP_DOMAIN，但環境變數檔並沒有宣告變數的功能，這樣在管理上會比較麻煩，還好 ConfigModule 有實作一個功能來彌補，透過指定參數 expandVariables 爲「true」來解析環境變數檔，讓環境變數檔有宣告變數的功能，透過 ${...} 來嵌入指定的環境變數。

以下方爲例，將 APP_DOMAIN 嵌入到 APP_REDIRECT_URL 中：

```
APP_DOMAIN=example.com
APP_REDIRECT_URL=${APP_DOMAIN}/redirect_url
```

然後調整 ConfigModule 的設定：

```
...
@Module({
  imports: [
    ConfigModule.forRoot({
      ...
      expandVariables: true,
    }),
  ],
  ...
})
export class AppModule {}
```

最後，調整 AppController 的 getHello 方法，將這兩個環境變數取出並回傳：

```
...
@Controller()
export class AppController {
  constructor(
    private readonly configService: ConfigService
  ) {}

  @Get()
  getHello() {
    const domain = this.configService.get(
      'APP_DOMAIN'
```

```
    );
    const redirectUrl = this.configService.get(
      'APP_REDIRECT_URL'
    );
    return { domain, redirectUrl };
  }
}
```

透過 Postman 進行測試，以 GET 方法存取 /，會順利取得嵌入的結果，如圖 4-6 所示。

↑ 圖 4-6　擴展變數的測試結果

範例程式碼

https://github.com/hao0731/nestjs-book-examples/tree/configuration/expand-variable

4.1.7 全域 ConfigModule

如果 ConfigModule 管理的環境變數會用在多個 Module 的話，可以將參數 isGlobal 設爲「true」，這樣就可以將它變成全域模組：

```
...
@Module({
  imports: [
    ConfigModule.forRoot({
      ...
      isGlobal: true,
    }),
  ],
  ...
})
export class AppModule {}
```

範例程式碼

https://github.com/hao0731/nestjs-book-examples/blob/configuration/global-config-module/src/app.module.ts

4.2 檔案上傳（File Upload）

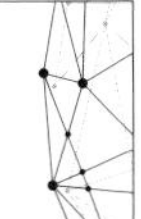

檔案上傳（File Upload）是一項很常見的功能，到處都可以看見它的蹤影，例如：某某社群網站可以上傳大頭貼、某某影音網站上傳影片等。檔案上傳功能最常使用的 HTTP Content-Type 爲 multipart/form-data，在 Express 的世界裡，會使用 Multer *2 這個套件來實現檔案上傳功能，它會在請求物件中添加 file 或 files 屬性，讓我們可以從中獲取上傳的檔案資訊，甚至可以將上傳的檔案保存起來，是非常簡單又強大的套件。

*2 Multer GitHub：URL https://github.com/expressjs/multer。

注意 Multer 無法處理 multipart/form-data 以外的表單格式。

NestJS 將 Multer 封裝成一個內建功能，並將它的功能定位在 Interceptor，讓我們可以用更 NestJS 的風格來使用 Multer。雖然包裝成內建功能，但還是建議各位安裝 Multer 的型別定義檔，指令如下：

```
$ npm install @types/multer -D
```

4.2.1 單一檔案上傳

如果表單只有一個檔案相關的欄位，並且只會有一個檔案，那就屬於這種上傳方式。使用 FileInterceptor 這個工廠函式可以幫我們產生 Interceptor，該函式接受兩個參數，分別是：

- fieldName：檔案在表單中的欄位名稱，讓 NestJS 知道要針對哪個欄位做處理。
- options：Multer 相關設定。

提示 詳細的 Multer 相關設定可以參考官方說明：URL https://github.com/expressjs/multer#multeropts。

透過工廠函式產生的 Interceptor，要在 Handler 上使用 @UseInterceptors 裝飾器來套用，並使用 @UploadedFile 參數裝飾器來獲取檔案資訊，取出的參數型別爲 Express.Multer.File。

注意 @UploadedFile 歸納於 @nestjs/common 底下，而 FileInterceptor 歸納於 @nestjs/platform-express，若是編輯器沒有自動引入功能，則需要特別留意，避免不知道從何引入它們。

以 AppController 爲例，假設檔案位於名稱爲「file」的欄位，將「file」帶入 FileInterceptor 第一個參數，並套用在 uploadSingleFile 這個 Handler 上，最後將取出的資訊直接回傳到客戶端：

```
...
@Controller()
export class AppController {
  @Post('single')
  @UseInterceptors(FileInterceptor('file'))
  uploadSingleFile(
    @UploadedFile() file: Express.Multer.File
  ) {
    return file;
  }
}
```

透過 Postman 進行測試，以 POST 方法存取 /single，將測試用檔案「example1.md」上傳，收到的回應會有 fieldname、originalname、mimetype 等檔案資訊，如圖 4-7 所示。

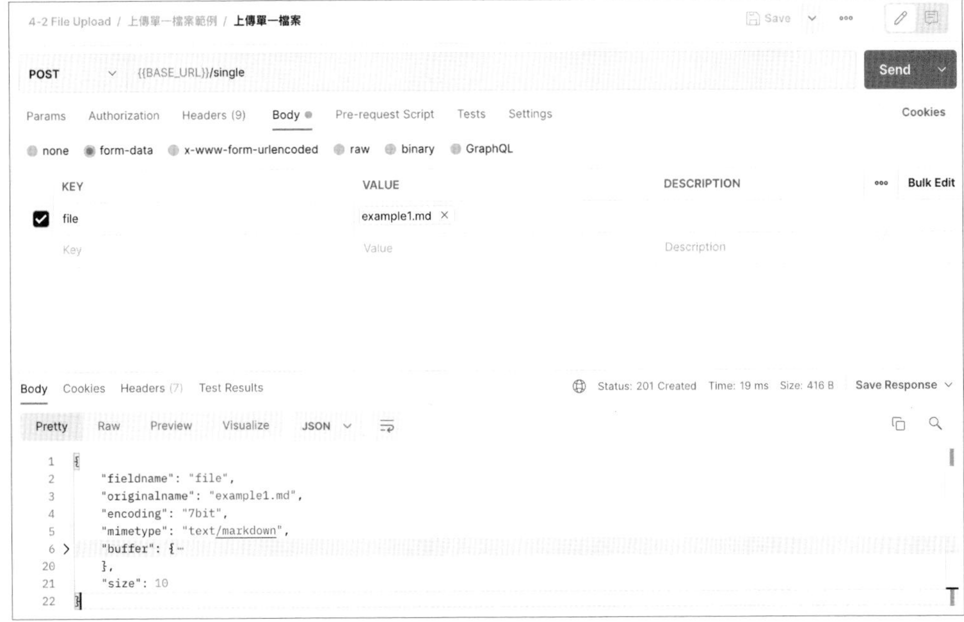

↑ 圖 4-7 單一檔案上傳的測試結果

範例程式碼

https://github.com/hao0731/nestjs-book-examples/blob/file-upload/single-file/src/app.controller.ts

4.2.2 單一欄位複數檔案上傳

如果表單只有一個檔案相關的欄位但會有複數檔案，那就屬於這種上傳方式。使用工廠函式 FilesInterceptor，它接受三個參數，分別是：

- fieldName：檔案在表單中的欄位名稱。
- maxCount：可接受檔案數量的上限。
- options：Multer 相關的設定。

這類型的上傳方式要使用 @UploadedFiles 參數裝飾器來獲取檔案資訊，型別爲 Express.Multer.File 陣列。

> **注意** @UploadedFiles 歸納於 @nestjs/common 底下，而 FilesInterceptor 歸納於 @nestjs/platform-express，若是編輯器沒有自動引入功能，則需要特別留意，避免不知道從何引入它們。

以 AppController 爲例，假設檔案位於名稱爲「files」的欄位，將「files」帶入 FilesInterceptor 第一個參數，並套用在 uploadMultipleFiles 這個 Handler 上，最後將取出的資訊直接回傳到客戶端：

```
...
@Controller()
export class AppController {
  ...
  @Post('multiple')
  @UseInterceptors(FilesInterceptor('files'))
  uploadMultipleFiles(
    @UploadedFiles() files: Express.Multer.File[]
  ) {
    return files;
  }
}
```

透過 Postman 進行測試，以 POST 方法存取 /multiple，將測試用檔案「example1.md」與「example2.md」上傳，收到的回應會是檔案資訊的陣列，如圖 4-8 所示。

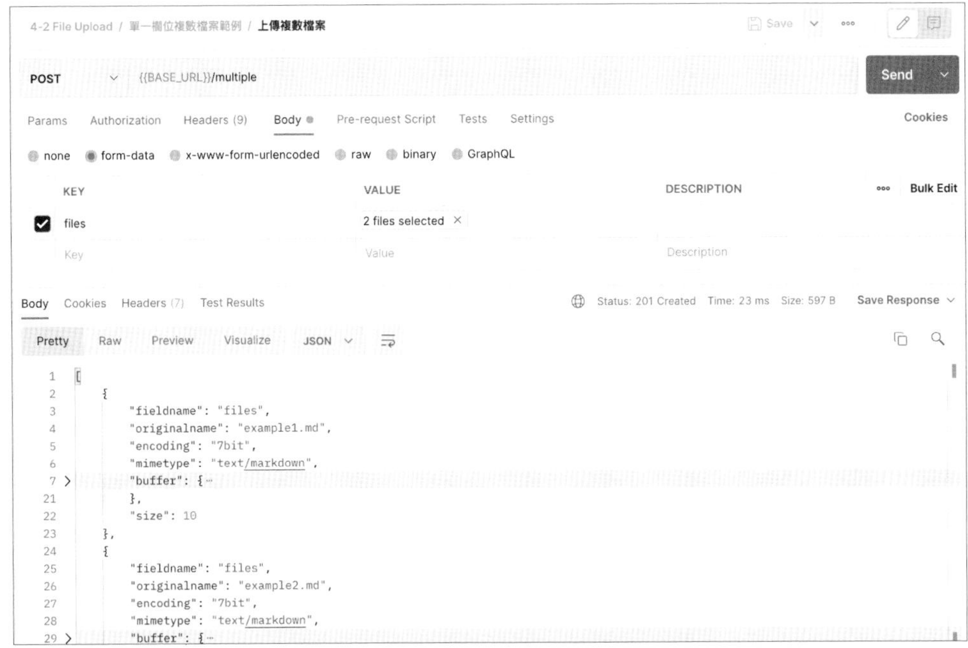

↑ 圖 4-8 單一欄位複數檔案上傳的測試結果

範例程式碼

https://github.com/hao0731/nestjs-book-examples/blob/file-upload/single-field-files/src/app.controller.ts

4.2.3 複數欄位複數檔案上傳

如果表單有多個檔案相關的欄位，並且會有多個檔案，那就屬於這種上傳方式。使用工廠函式 FileFieldsInterceptor，它接受兩個參數，分別是：

- uploadedFields：一個包含多個物件的陣列，物件需要擁有 name 屬性來指定欄位名稱，亦可以設置 maxCount 屬性來指定該欄位可接受的檔案數量上限。
- options：Multer 相關的設定。

這類型的上傳方式一樣使用 @UploadedFiles 參數裝飾器來獲取檔案資訊，不過型別是一個以指定欄位名稱作為屬性的物件，這些屬性的值型別為 Express.Multer.File 陣列。

> **注意** FileFieldsInterceptor 歸納於 @nestjs/platform-express，若是編輯器沒有自動引入功能，則需要特別留意，避免不知道從何引入它們。

以 AppController 為例，假設檔案位於名稱為「file1」與「file2」的欄位，將它們作為含有 name 屬性物件的值，以陣列的形式帶入 FileFieldsInterceptor 第一個參數，並套用在 uploadMultipleFiles，最後將取出的資訊直接回傳到客戶端：

```
...
@Controller()
export class AppController {
  ...
  @Post('multiple')
  @UseInterceptors(
    FileFieldsInterceptor([
      { name: 'file1', maxCount: 2 },
      { name: 'file2', maxCount: 2 },
    ]),
  )
  uploadMultipleFiles(
    @UploadedFiles() files: Record<string, Express.Multer.File[]>,
  ) {
    return files;
  }
}
```

透過 Postman 進行測試，以 POST 方法存取 /multiple，將測試用檔案「example1.md」與「example2.md」上傳，收到的回應會是一個含有欄位名稱的物件，並且值為檔案資訊的陣列，如圖 4-9 所示。

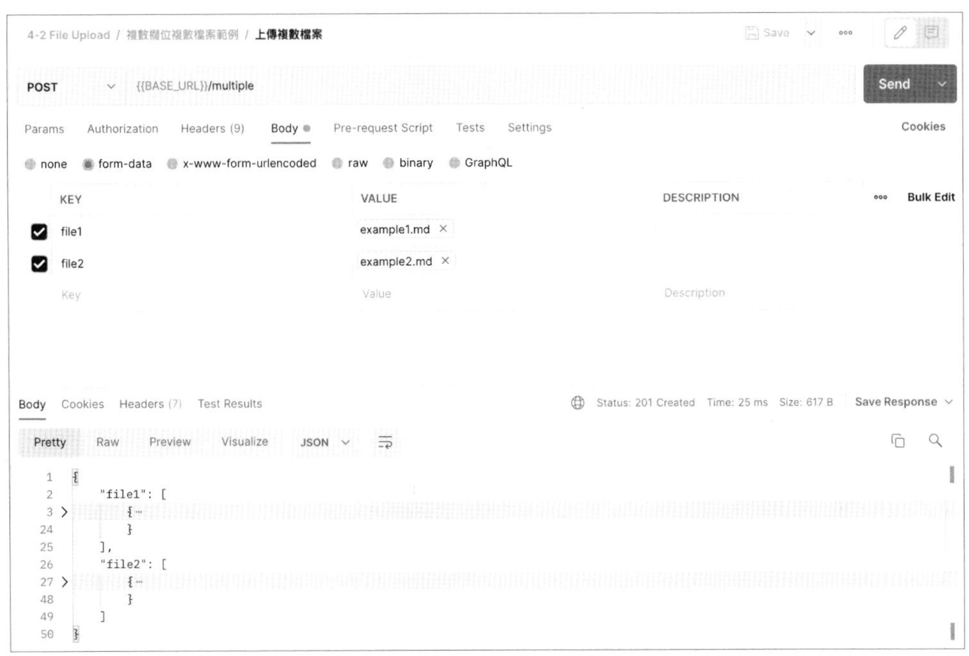

↑圖 4-9 複數欄位複數檔案上傳的測試結果

範例程式碼

https://github.com/hao0731/nestjs-book-examples/blob/file-upload/multi-fields-files/src/app.controller.ts

4.2.4 不分欄位檔案上傳

如果表單有多個檔案，但不需要依照欄位做分類的話，那就屬於這種上傳方式。使用工廠函式 AnyFilesInterceptor，它只接受 options 參數，也就是 Multer 相關的設定。

這類型的上傳方式一樣使用 @UploadedFiles 參數裝飾器來獲取檔案資訊，型別爲 Express.Multer.File 陣列。

注意 AnyFilesInterceptor 歸納於 @nestjs/platform-express，若是編輯器沒有自動引入功能，則需要特別留意，避免不知道從何引入它們。

以 AppController 為例，將 AnyFilesInterceptor 套用在 uploadMultipleFiles，並將取出的資訊直接回傳到客戶端：

```
...
@Controller()
export class AppController {
  ...
  @Post('multiple')
  @UseInterceptors(AnyFilesInterceptor())
  uploadMultipleFiles(
    @UploadedFiles() files: Express.Multer.File[]
  ) {
    return files;
  }
}
```

透過 Postman 進行測試，以 POST 方法存取 /multiple，將測試用檔案「example1.md」與「example2.md」分別帶入欄位「file1」與「file2」進行上傳，收到的回應會是檔案資訊的陣列，如圖 4-10 所示。

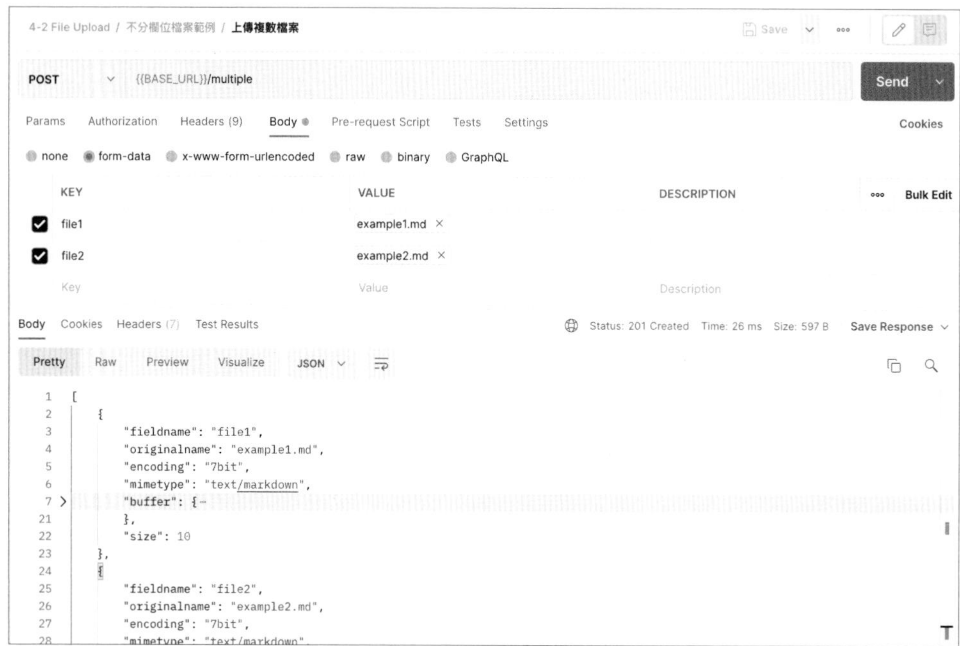

↑圖 4-10　不分欄位檔案上傳的測試結果

範例程式碼

https://github.com/hao0731/nestjs-book-examples/blob/file-upload/any-files/src/app.controller.ts

4.2.5 預設 Multer 設定

如果 Multer 的設定會在多數地方使用，每次都要在 Interceptor 工廠函式個別設定的話，實在太麻煩了，所以 NestJS 提供了 MulterModule，讓我們可以用 Dynamic Module 的方式來設置這些預設值，大幅減少重複的設定。

注意 MulterModule 歸納於 @nestjs/platform-express，若是編輯器沒有自動引入功能，則需要特別留意，避免不知道從何引入它們。

假如我們所有的檔案上傳都會針對使用者上傳的檔案類型進行過濾，那可以使用 fileFilter 屬性，該屬性的值爲函式，共有三個參數，分別是：

- req：請求物件。
- file：檔案資訊。
- callback：callback 函式，採用 Error First 的設計方式，假如發生錯誤，可以帶入 Error 物件到第一個參數；反之，帶入「null」。第二個參數則是決定要不要讓該檔案通過過濾條件。

以 AppModule 爲例，透過 register 方法帶入 fileFilter，並設計只接受 mimetype 爲「text/markdown」的檔案：

```
...
@Module({
  imports: [
    MulterModule.register({
      fileFilter: (req, file, callback) => {
        if (file.mimetype !== 'text/markdown') {
          callback(null, false);
```

```
          return;
        }
        callback(null, true);
      },
    }),
  ],
  ...
})
export class AppModule {}
```

透過 Postman 進行測試，以 POST 方法存取 /multiple，將測試用檔案「example1.md」與「example3.json」分別帶入欄位「file1」與「file2」進行上傳，收到的回應會只有「example1.md」的檔案資訊，如圖 4-11 所示。

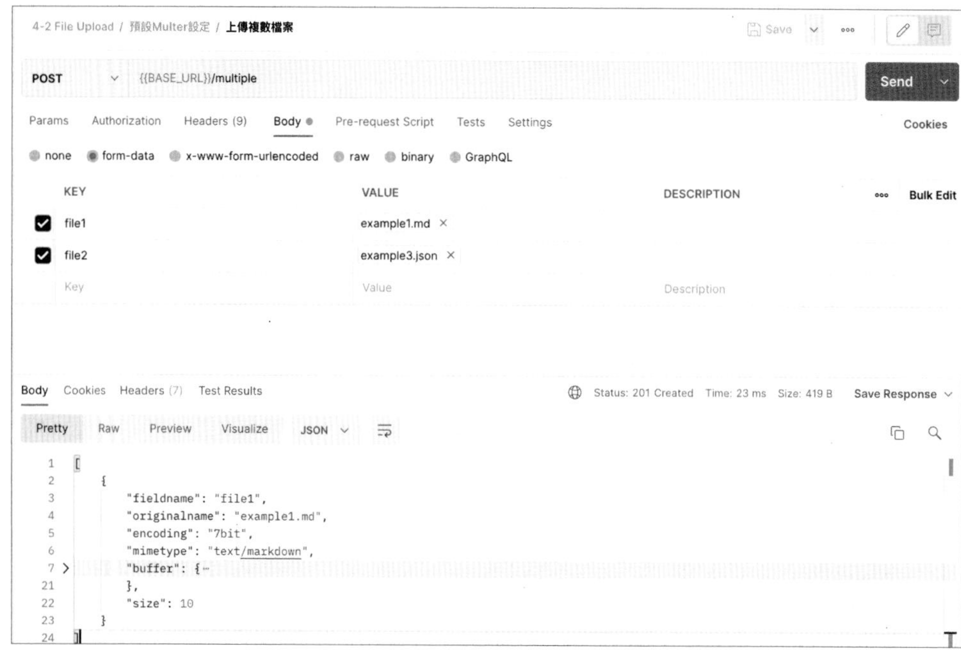

↑ 圖 4-11　預設 Multer 設定之檔案過濾的測試結果

範例程式碼

https://github.com/hao0731/nestjs-book-examples/blob/file-upload/default-option/src/app.module.ts

4.2.6 檔案儲存

Multer 在預設情況下會將檔案暫存在記憶體中，這也是爲什麼檔案資訊裡面會有一個 buffer 屬性，但這種處理方式非常消耗資源，於是 Multer 提供了另一種處理方式，讓我們可以把檔案儲存在硬碟中。

要將使用者上傳的檔案存到硬碟，可以使用 Multer 設定中的 dest 屬性來指定儲存位置。假設要將上傳的檔案存到專案目錄下的 upload 資料夾中，那就設定 dest 爲「./upload」。

以 AppModule 爲例，透過 MulterModule 將該設定作爲預設值：

```
...
@Module({
  imports: [
    MulterModule.register({
      dest: './upload',
    }),
  ],
  ...
})
export class AppModule {}
```

透過 Postman 進行測試，以 POST 方法存取 /multiple，將測試用檔案「example1.md」與「example2.md」分別帶入欄位「file1」與「file2」進行上傳，會在專案目錄下的 upload 資料夾中，看到兩個由隨機字串命名的檔案，如圖 4-12 所示。

↑ 圖 4-12 實作檔案儲存的測試結果

另外，可以看出檔案資訊裡面沒有 buffer 屬性，取而代之的是 destination、filename 以及 path，如圖 4-13 所示。

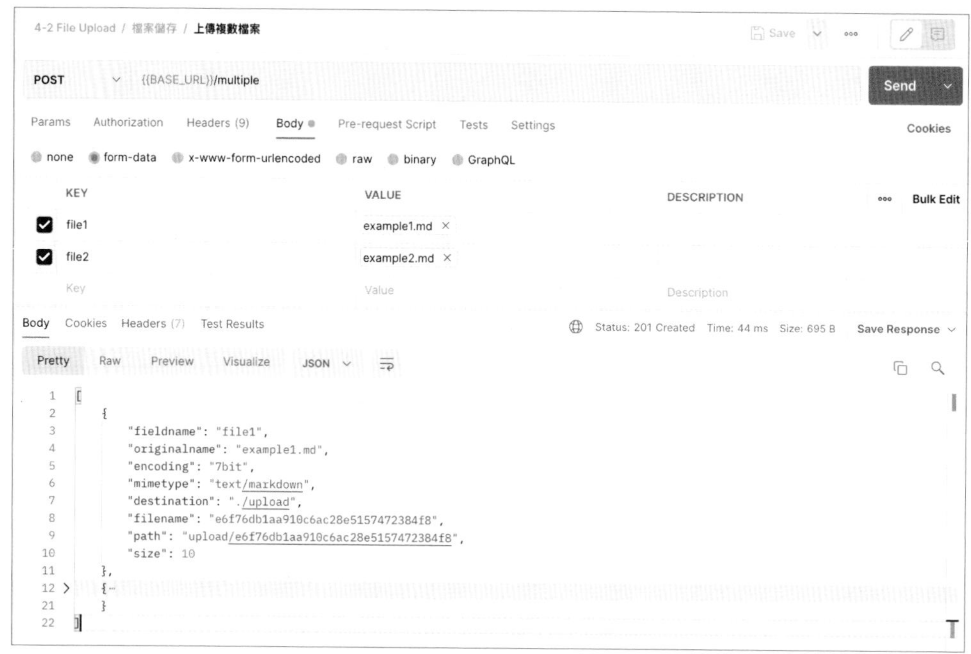

↑圖 4-13　儲存於硬碟的檔案資訊變化

> **提示** Multer 為了要讓儲存在硬碟中的檔案名稱不衝突，所以預設情況下會隨機命名檔案。

如果不希望 Multer 以隨機命名的方式存在硬碟中，想要客製化檔案名稱是可行的，不過是使用 storage 這個屬性，它可以讓我們自行決定檔案儲存的核心。Multer 本身有設計 diskStorage 函式產生核心，透過指定 destination 參數去自訂檔案儲存的位置，以及指定 filename 參數去自訂檔案名稱，這兩個屬性的值皆爲帶有三個參數的函式，與 fileFilter 的函式十分類似，第一個參數爲請求物件，第二個參數爲檔案資訊，第三個參數爲 callback 函式，差別只在於 callback 的第二個參數帶入的是檔案儲存位置與檔案名稱。

以 AppModule 爲例，透過 MulterModule，將該設定作爲預設值：

```
...
@Module({
  imports: [
```

```
    MulterModule.register({
      storage: diskStorage({
        destination: (req, file, callback) => {
          const path = join(__dirname, '../upload');
          callback(null, path);
        },
        filename: (req, file, callback) => {
          const { originalname } = file;
          const timestamp = Date.now();
          const filename = `${timestamp}-${originalname}`;
          callback(null, filename);
        },
      }),
    }),
  ],
  ...
})
export class AppModule {}
```

透過 Postman 進行測試，以 POST 方法存取 /multiple，將測試用檔案「example1.md」與「example2.md」分別帶入欄位「file1」與「file2」進行上傳，會在專案目錄下的 upload 資料夾中，看到客製化檔案名稱的檔案，如圖 4-14 所示。

↑圖 4-14　客製化檔案名稱與儲存位置的測試結果

範例程式碼

https://github.com/hao0731/nestjs-book-examples/blob/file-upload/file-storage/src/app.module.ts

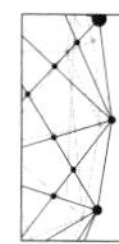

4.3 HTTP 模組（HTTP Module）

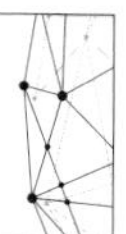

很多時候，我們會串接第三方的 API，例如：綠界科技的金流服務、Binance 的 API 等，這時如果第三方沒有提供相關的 SDK 讓我們使用的話，就必須自己用 HTTP Request 去存取對應的資料。早期的 Node.js 開發者可能會使用 request [*3] 套件來實作，但該函式庫棄用了，取而代之的是 node-fetch [*4] 或 axios [*5]。

NestJS 基於 axios 打造了 HttpModule，它提供了 HttpService 來間接使用 axios 的功能，讓開發者可以用更符合 NestJS 的風格來開發，並且省去選擇套件的時間。

在 NestJS 第 8 版之前，HttpModule 爲內建的功能，會歸納在 @nestjs/common 底下，但在第 8 版之後，需要透過 npm 進行安裝，指令如下：

```
$ npm install @nestjs/axios
```

4.3.1 使用 HTTP Module

HttpModule 的使用方式很簡單，在需要使用的 Module 引入即可。以 AppModule 爲例：

```
...
@Module({
  imports: [HttpModule],
  ...
})
export class AppModule {}
```

*3 Request GitHub：URL https://github.com/request/request。

*4 node-fetch GitHub：URL https://github.com/node-fetch/node-fetch。

*5 axios GitHub：URL https://github.com/axios/axios。

做個簡單的實驗，透過 HttpModule 提供的功能來存取第三方的 API，這裡借用一下 JSONPlaceholder [*6]，它是一個用於測試的免費模擬 API，提供六種資源的假資料，我們使用 /todos 作爲測試用的第三方 API。

在 AppService 注入 HttpService，並設計一個 getTodos 方法，我們要以 GET 方法去存取第三方的 /todos，所以使用 HttpService 的 get 方法，該方法接受兩個參數，分別是：

- url：帶入要存取的 URL。
- config：axios 相關設定。

提示 HttpService 提供的 get、post、patch、put、delete 對應到相同名稱的 HTTP Method，也對應到 axios 的方法。另外，axios 相關設定可以參考官方說明：URL https://github.com/axios/axios#request-config。

將「/todos」帶入第一個參數，第二個參數帶入一個含有 baseURL 屬性的物件，並將值設爲「https://jsonplaceholder.typicode.com」，這樣就會以 GET 方法去存取 URL https://jsonplaceholder.typicode.com/todos。需要特別注意，HttpService 會將對應的 axios 方法包裝成 Observable，回傳格式是 axios 定義的資料結構，資料會放在 data 欄位裡：

```
...
@Injectable()
export class AppService {
  constructor(private readonly httpService: HttpService) {}
  ...
  getTodos() {
    const baseUrl = 'https://jsonplaceholder.typicode.com';
    return this.httpService
      .get<ITodo>('/todos', { baseURL: baseUrl })
      .pipe(map(({ data }) => data));
  }
}
```

*6 JSONPlaceholder 官方網站：URL https://jsonplaceholder.typicode.com/。

在 AppController 設計一個 getTodos 方法，添加 @Get 裝飾器並帶入「todos」，來測試在 AppService 設計的功能：

```
...
@Controller()
export class AppController {
  constructor(private readonly appService: AppService) {}
  ...
  @Get('todos')
  getTodos() {
    return this.appService.getTodos();
  }
}
```

透過 Postman 進行測試，以 GET 方法存取 /todos，會收到來自 JSONPlaceholder 的假資料，如圖 4-15 所示。

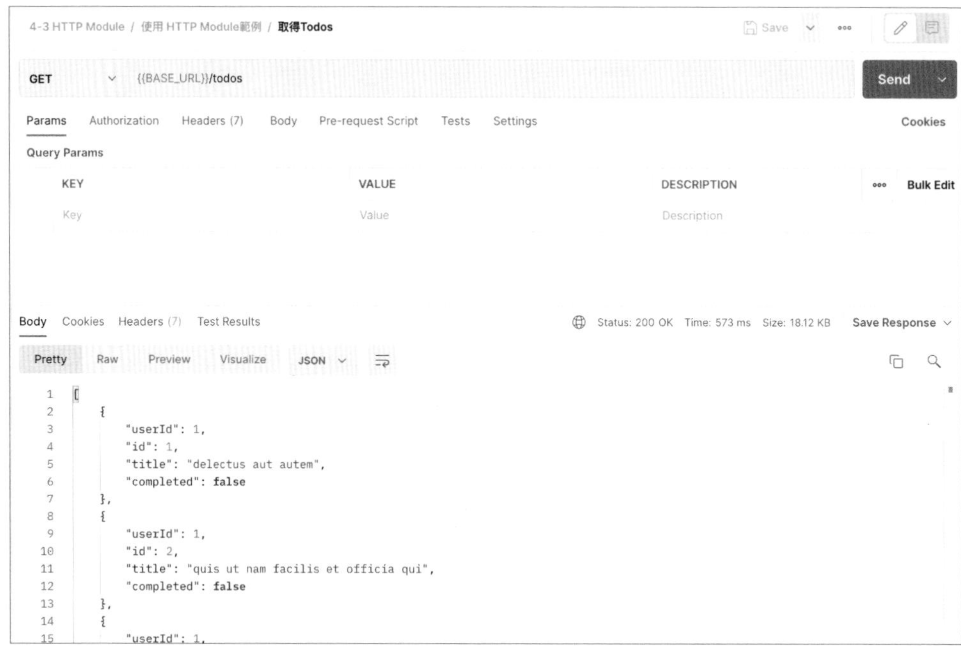

↑ 圖 4-15　透過 HttpService 呼叫第三方 API 的測試結果

 **範例程式碼**

https://github.com/hao0731/nestjs-book-examples/tree/http-module/use-http-module/src

4.3.2 預設 axios 設定

前面我們在 options 的地方使用了 baseURL，讓 axios 基於指定的 URL 去存取 API，但如果大多數地方使用的 baseURL 都一樣，則要重複輸入實在很不方便，所以 HttpModule 可以用 Dynamic Module 的方式來預設設定，可以透過 register 方法帶入含有 baseURL 的物件。以 AppModule 爲例：

```
...
@Module({
  imports: [
    HttpModule.register({
      baseURL: 'https://jsonplaceholder.typicode.com',
    }),
  ],
  ...
})
export class AppModule {}
```

將本來在 AppService 設定的 baseURL 拿掉後，透過 Postman 進行測試，以 GET 方法存取 /todos，一樣可以順利取得資料，如圖 4-16 所示。

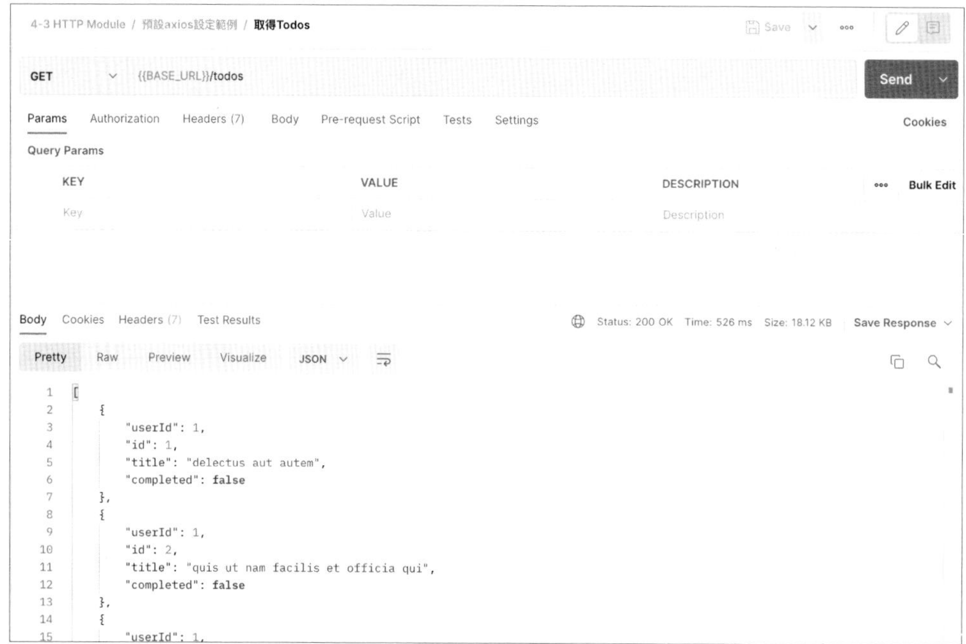

↑ 圖 4-16　預設 baseURL 的測試結果

範例程式碼

https://github.com/hao0731/nestjs-book-examples/blob/http-module/default-option/src/app.module.ts

4.3.3 與 ConfigModule 結合

可能有些設定會希望是從環境變數指定，則要如何在預設設定中使用環境變數呢？ HttpModule 提供了 registerAsync 方法，讓我們可以添加依賴，進而透過 useFactory 等方式來預設 HttpModule 的設定。

做個簡單的實驗，在專案目錄下新增 .env 檔，並且將 baseURL 的值放進來：

```
BASE_URL= https://jsonplaceholder.typicode.com
```

在 AppModule 使用 ConfigModule，並在 HttpModule 的 registerAsync 方法中填入 imports 屬性，將 ConfigModule 帶入，告訴 HttpModule 我們要使用 ConfigModule 的功能，然後在 inject 屬性帶入 ConfigService，這樣就可以在 useFactory 注入它，進而提取環境變數來設定 baseURL 的值：

```
...
@Module({
  imports: [
    ConfigModule.forRoot(),
    HttpModule.registerAsync({
      imports: [ConfigModule],
      useFactory: (configService: ConfigService) => ({
        baseURL: configService.get<string>('BASE_URL'),
      }),
      inject: [ConfigService],
    }),
  ],
  ...
})
export class AppModule {}
```

範例程式碼

https://github.com/hao0731/nestjs-book-examples/blob/http-module/config-module/src/app.module.ts

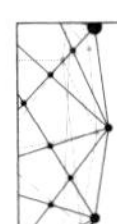

4.4 CORS

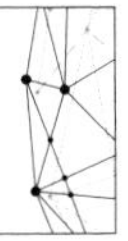

大部分的開發者在面對前後端是不同網域的時候，會碰上一個名爲**跨來源資源共享**（Cross-Origin Resource Sharing）的問題，如圖 4-17 所示，簡稱 CORS。

```
Access to fetch at 'http://localhost:3000/test' from origin 'https://ww (index):1
w.google.com' has been blocked by CORS policy: No 'Access-Control-Allow-Origin'
header is present on the requested resource. If an opaque response serves your
needs, set the request's mode to 'no-cors' to fetch the resource with CORS
disabled.
▸POST http://localhost:3000/test net::ERR_FAILED                        VM474:1
```

↑ 圖 4-17　被拒絕的跨域存取

CORS 是一個控管跨網域請求資源的機制，這個機制可以有效將合法與非合法的跨域存取隔開來，讓合法的跨域存取能夠順利取得資源，而這套機制主要是受到**同源政策**的影響。

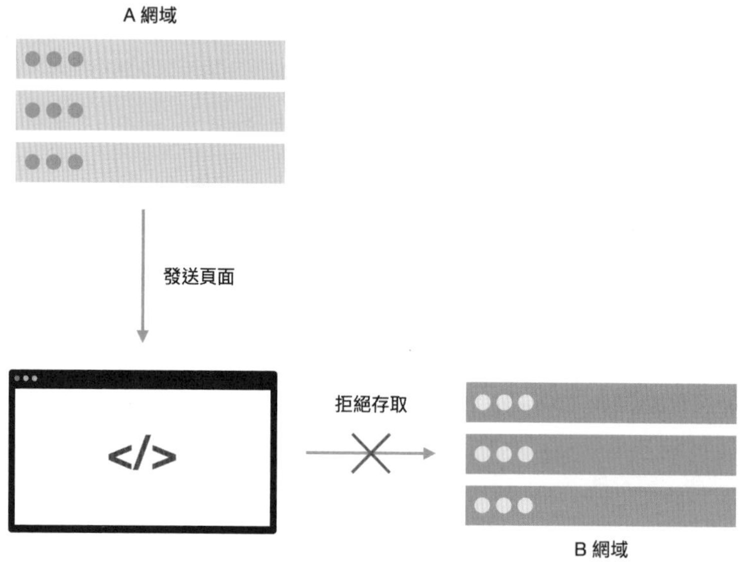

↑ 圖 4-18　跨域存取概念

4.4.1 認識同源政策

同源政策的概念很簡單，假設小華有現在很流行的 Switch，他的朋友小明很想玩，所以他可以直接拿來玩而不經過小華同意嗎？當然是不行囉，必須要經過小華的同意，才能夠借來玩。同理，假設 A 網域對 B 網域發出了資源請求，這時 B 網域同意了 A 網域的存取，那麼這個跨網域的存取才會成功，這就產生了所謂的 CORS 機制。

4.4.2 CORS 機制

CORS 其實是運用 HTTP Header 的資訊來實現的，關鍵資訊在於發送請求的時候，Origin 是不是和後端回傳的 Access-Control-Allow-Origin 匹配。CORS 機制還會針對不同狀況下的請求而有些微不同，請求狀況主要分成**簡單請求**與**非簡單請求**。

只要符合以下條件的請求，就會被認定是簡單請求：

- HTTP Method 為 GET、POST、HEAD 其中一個。
- HTTP Header 僅限於 Accept、Accept-Language、Content-Language、Last-Event-ID、DPR、Save-Data、Viewport-Width、Width。
- Content-Type 僅接受 application/x-www-form-urlencoded、multipart/form-data、text/plain。

圖 4-19 是簡單請求的示意圖，假如 Origin 不匹配，那瀏覽器就會將回應擋下，從這點也可以推論出後端還是會執行背後的商業邏輯，只是回應被客戶端的瀏覽器擋下而已。

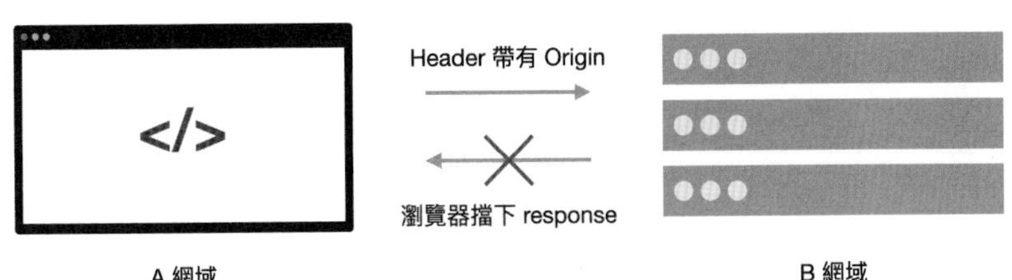

↑ 圖 4-19 簡單請求示意圖

如果不符合簡單請求的條件，那就會屬於非簡單請求，圖 4-20 是非簡單請求的示意圖，這類請求會先向跨域的伺服器端發送 OPTIONS 的請求，確認這個請求是否符合規則，符合才會送出眞正的請求到後端，原因是這類請求通常帶有副作用，例如：刪除資料，如果用簡單請求的處理方式會導致資料被刪除，因為會執行背後的商業邏輯，所以先用 OPTIONS 作為**預檢請求**（Preflighted）：

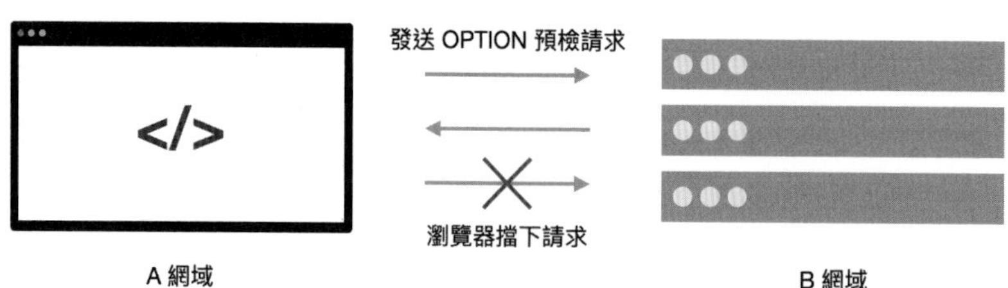

↑圖 4-20 非簡單請求示意圖

4.4.3 在 NestJS 啟用 CORS

NestJS 與 Express 一樣，預設是不允許跨域存取的，若要啓用的話，只需要在 main.ts 中做設定即可，NestApplication 有提供 enableCors 方法讓我們去設定 CORS 相關的規則，如果沒有帶入任何設定的話，會直接允許所有的跨域存取。

```
...
async function bootstrap() {
  const app = await NestFactory.create(AppModule);
  app.enableCors();
  await app.listen(3000);
}
bootstrap();
```

NestJS 的 CORS 相關功能其實也是將 Express 的 cors [*7] 套件進行打包，並且直接內建，所以 enableCors 帶入的設定會和 cors 是一樣的。

提示 cors 相關設定可以參考官方文件說明：URL https://github.com/expressjs/cors#configuration-options。

以下方爲例，設定只有在 Google 的網域下，才能跨域存取：

```
...
async function bootstrap() {
```

*7 cors GitHub：URL https://github.com/expressjs/cors。

```
  const app = await NestFactory.create(AppModule);
  app.enableCors({ origin: 'https://www.google.com' });
  await app.listen(3000);
}
bootstrap();
```

除了 enableCors 之外，也可以直接在 NestFactory 的 create 方法中帶入 cors，以下方爲例，直接帶入「true」，效果與 enabledCors() 相同：

```
...
async function bootstrap() {
  const app = await NestFactory.create(
    AppModule,
    { cors: true }
  );
  await app.listen(3000);
}
bootstrap();
```

範例程式碼

https://github.com/hao0731/nestjs-book-examples/blob/cors/enable-cors/src/main.ts

MEMO

CHAPTER **05**

MongoDB

5.1 什麼是 MongoDB？

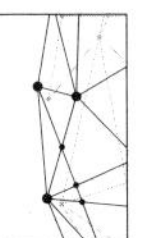

MongoDB（圖 5-1）是**文件導向（Document-oriented）**的 NoSQL 資料庫，為目前最熱門的 NoSQL 資料庫，它的優點如下：

- Schema-less 的儲存結構，具有極高的彈性。
- 性能表現優異，常用來處理大數據（Big data）。
- 易於水平擴展。
- 支援 JavaScript Shell，用 JavaScript 來操作 MongoDB。

↑ 圖 5-1　MongoDB *1

5.1.1 基本概念

MongoDB 的最小儲存單位是**文件（Document）**，每個 Document 都會以 Binary JSON（BSON）格式來儲存，基本上可以將它視為 JSON 格式，而每個 Document 必定會有 _id 欄位，它是主索引鍵。下方是一個簡單的 Document 範例：

```
{
  "_id": "7f0ead19e5036f18e4a5c42e",
  "name": "HAO",
  "email": "test@example.com"
}
```

注意 雖然 _id 看起來是字串，但它在 MongoDB 的世界裡其實是 ObjectId。

*1　圖片來源：URL https://zh.wikipedia.org/wiki/MongoDB。

如果有一群相似性質的 Document，就會形成**集合**（Collection），一個**資料庫**（Database）會由一個或多個 Collection 組成。如果上述的說明不容易理解，這裡我將它們的關係繪製成圖 5-2 供參考。

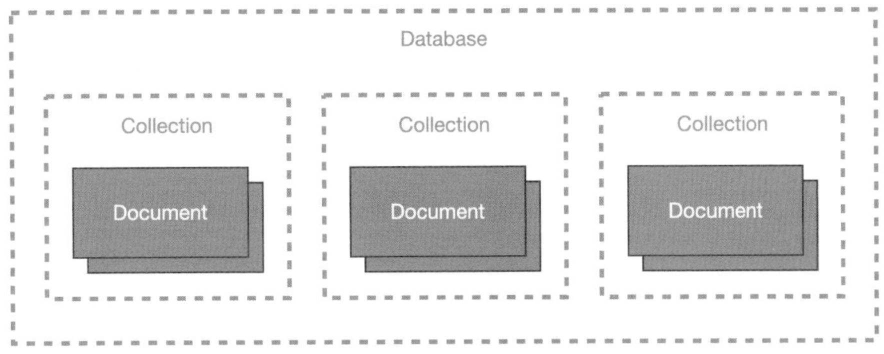

↑圖 5-2 MongoDB **基本概念**

5.1.2 MongoDB Atlas

最傳統的 MongoDB 建置方式就是在自己的設備上建置環境，自由度最高，但需要花較多的建置成本，於是雲端空間就是另一個選擇。其中，MongoDB 提供了免費的空間給大家使用，它叫「MongoDB Atlas」（圖 5-3），在這個平台上，每個免費主機有 512MB 的額度，對於做個人應用或是測試都還算夠用，相當佛心。

MONGODB ATLAS

MongoDB Atlas.
The multi-cloud developer data platform.

An integrated suite of cloud database and data services to accelerate and simplify how you build with data.

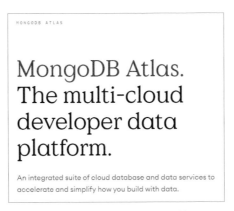

↑圖 5-3 MongoDB Atlas*2

*2 圖片來源：URL https://www.mongodb.com/atlas。

在 MongoDB Atlas 註冊後，就可以建立新專案。

01 輸入專案名稱，如圖 5-4 所示。

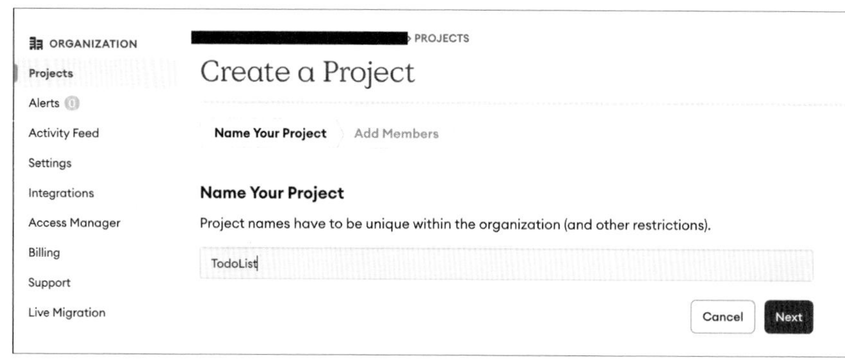

↑圖 5-4　輸入專案名稱

02 添加專案成員，並給予權限，如圖 5-5 所示。

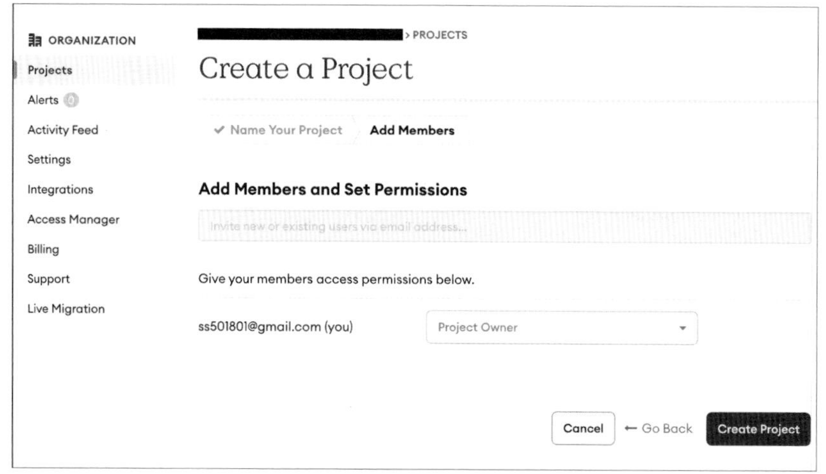

↑圖 5-5　增加專案成員與權限

03 建置完專案之後，需要建立資料庫，點擊「Build a Database」按鈕，即可進入建立程序，如圖 5-6 所示。

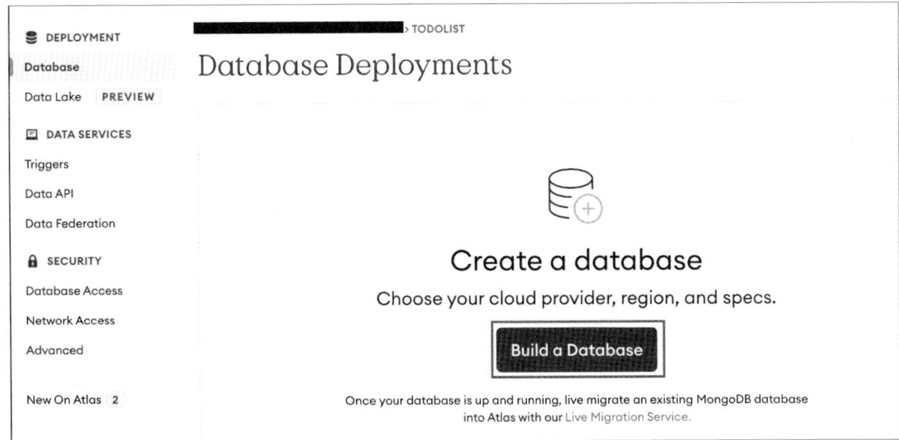

↑圖 5-6　建立資料庫

04 進入程序後，要先選擇方案，這裡選擇免費的「Shared」即可，若使用上很滿意，要改成付費方案也是可以的，如圖 5-7 所示。

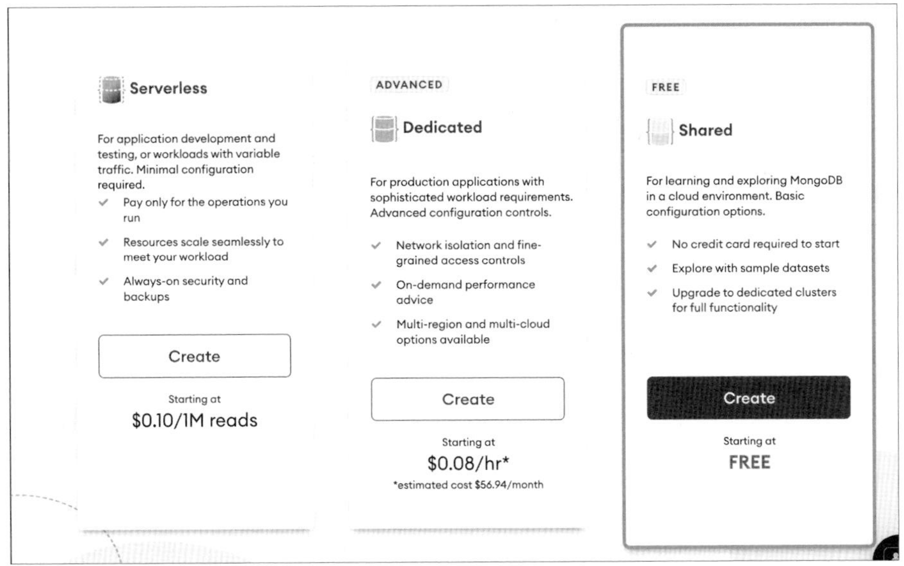

↑圖 5-7　選擇方案

05 可以選擇雲端服務商與地區，這裡有個小訣竅，選擇離伺服器較近的，假設伺服器位於臺灣，那就可以選擇「Google Cloud」，並選擇地區「Taiwan」。設定好了之後，就可以點擊下方的「Create Cluster」，如圖 5-8 所示。

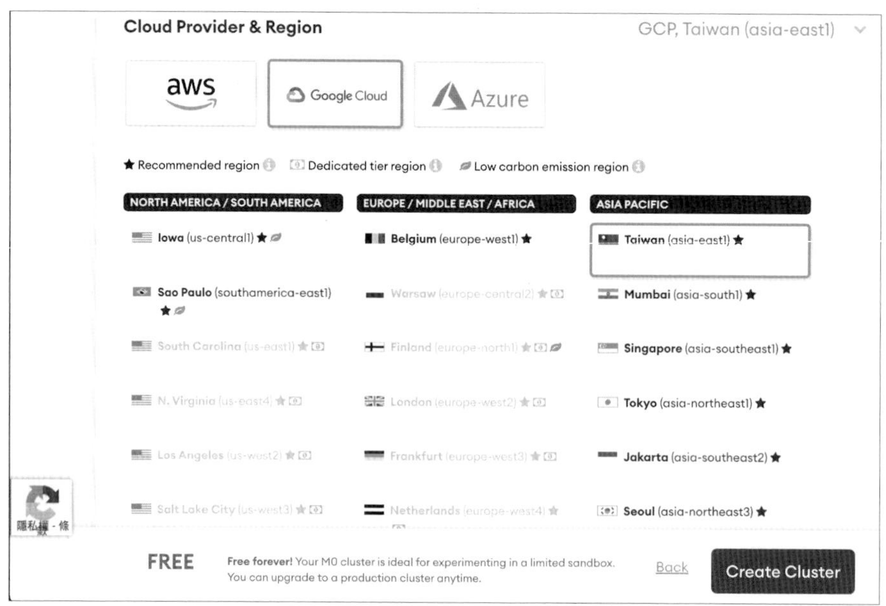

↑ 圖 5-8　選擇雲端服務商以及建立 Cluster

06 點擊後必須等待幾分鐘，在這等待的時間可以設置資料庫的使用者以及 IP 白名單，如圖 5-9、5-10 所示。

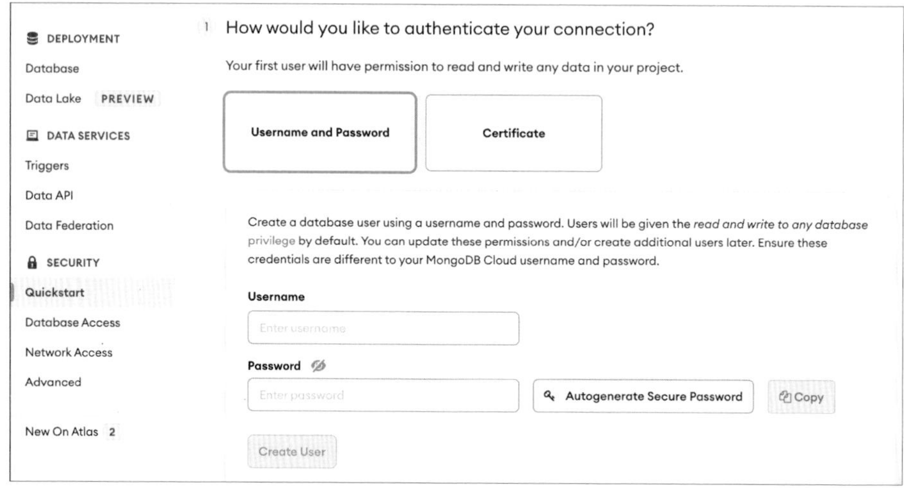

↑ 圖 5-9　設置資料庫使用者

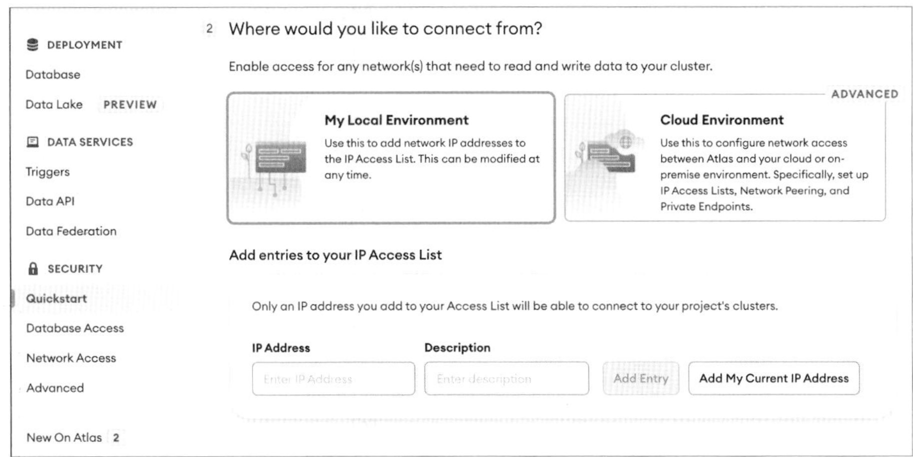

↑圖 5-10　設置 IP 白名單

07 Cluster 建置完畢後，可以從 Dashboard 點擊「Connect」，會跳出一個視窗，點擊「Connect your application」獲得連線用的 URL，如圖 5-11 所示。

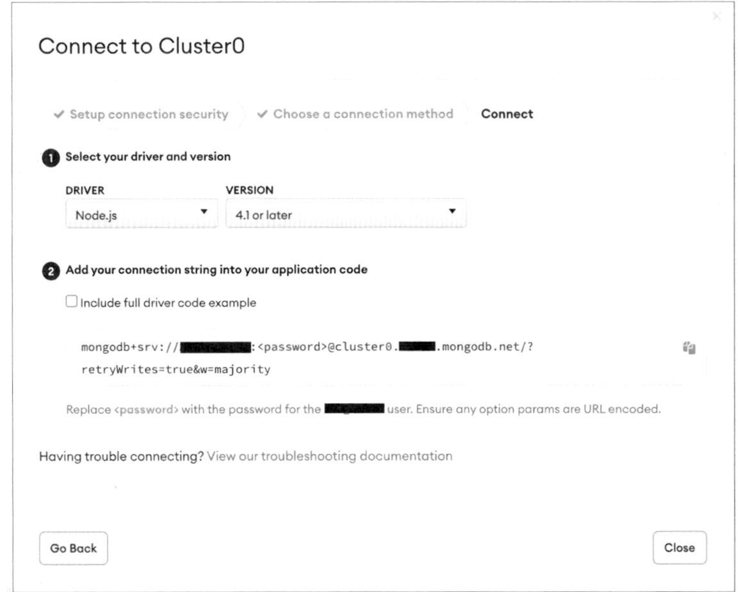

↑圖 5-11　獲取連線的 URL

提示 URL 含有使用者名稱、密碼、Cluster 的資源以及一些參數，其中的密碼需要用 URL encoded 進行編碼。

5.2 什麼是 Mongoose？

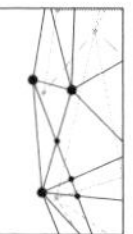

前一小節介紹了 MongoDB，但要怎麼讓 NestJS 和 MongoDB 之間連線且互動呢？在 Node.js 生態圈中，有一個非常熱門的函式庫在處理這件事，它叫「Mongoose」（圖 5-12）。

mongoose

↑ 圖 5-12 Mongoose *3

Mongoose 是一個 MongoDB 的 ODM，就像關聯式資料庫使用的 ORM，目的都是為了降低開發和維護成本。Mongoose 採用 Schema-based 的設計方式，並且有資料驗證等功能，解決過去撰寫 MongoDB 驗證器與資料轉換的痛點，是非常強大的函式庫。

NestJS 將 Mongoose 封裝成 MongooseModule，讓開發者可以用更貼近 NestJS 風格的方式來使用 Mongoose。我們需透過 npm 進行安裝，並且要連同 Mongoose 一起安裝：

```
$ npm install @nestjs/mongoose mongoose
```

5.2.1 基本概念

Mongoose 主要是由兩大元素構成：**綱要（Schema）**和**模型（Model）**。Schema 是用來制定 Collection 下 Document 的欄位與欄位規則，但它並沒有存取資料庫的功能，需要透過 Schema 建置出 Model 來存取，Model 可以存取 Schema 對應的 Collection 下的 Document，所有的新增、修改、查詢都會根據 Schema 制定欄位來操作，如圖 5-13 所示。

*3 圖片來源：URL https://mongoosejs.com/。

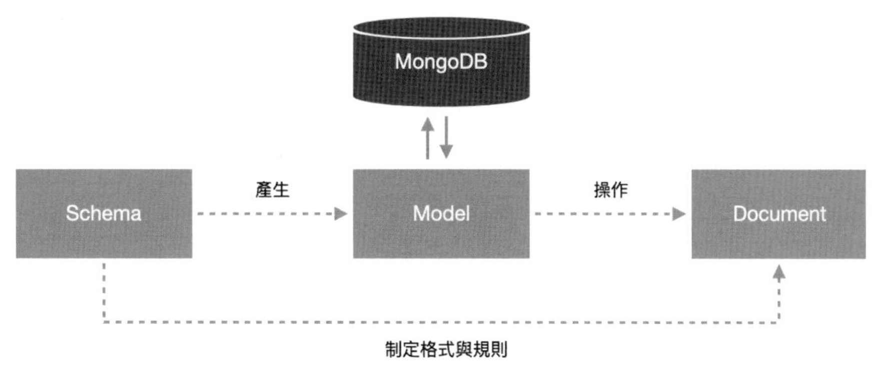

↑ 圖 5-13 Mongoose 基本概念

5.2.2 連線 MongoDB

透過 MongooseModule 連線 MongoDB 十分簡單，它採用 Dynamic Module 的方式，提供了 forRoot 讓我們帶入相關參數，這樣在啓動應用程式時就會進行連線，不過通常資料庫的連線資訊都屬於敏感資訊，所以會放在環境變數中，但單純用 forRoot 無法取出被 ConfigModule 管理的環境變數，這裡建議使用 forRootAsync，它可以讓我們引入 ConfigModule，透過 useFactory 的方式注入 ConfigService，並從環境變數取出資料庫相關資訊來作爲連線參數。

做個簡單的實驗，將 MongoDB Atlas 連線的 URL 進行拆解，將使用者名稱、密碼、Cluster 資源寫入環境變數檔中：

```
MONGO_USERNAME=<YOUR_MONGO_USERNAME>
MONGO_PASSWORD=<YOUR_MONGO_PASSWORD>
MONGO_CLUSTER=<YOUR_MONGO_CLUSTER>
```

接著，用命名空間的方式管理 MongoDB 相關的環境變數，將它們歸類於命名空間「database」底下，並在這裡將資訊組合成連線的 URL：

```
...
export default registerAs('database', () => {
  const username = process.env.MONGO_USERNAME;
  const password = process.env.MONGO_PASSWORD;
```

```
  const cluster = process.env.MONGO_CLUSTER;
  const encodedPassword = encodeURIComponent(password);
  const uri = `
    mongodb+srv://${username}:${encodedPassword}@${cluster}
    /?retryWrites=true&w=majority
  `;
  return { username, password, cluster, uri };
});
```

在 AppModule 引入 MongooseModule，使用其 forRootAsync 方法，並透過 useFactory 的方式注入 ConfigService，透過它取出「database」底下的「uri」環境變數，作爲連線參數 uri 的值：

```
...
@Module({
  imports: [
    ...
    MongooseModule.forRootAsync({
      imports: [ConfigModule],
      inject: [ConfigService],
      useFactory: (configService: ConfigService) => ({
        uri: configService.get<string>('database.uri'),
      }),
    }),
  ],
  ...
})
export class AppModule {}
```

啓動應用程式後，沒有報任何錯誤，即表示連線成功。

範例程式碼

https://github.com/hao0731/nestjs-book-examples/blob/mongoose/connect-mongodb/src/app.module.ts

5.3 實戰 Mongoose

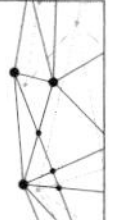

本小節要設計 Mongoose 的 Schema，並透過 Model 來實現基礎的新增、查詢、修改、刪除。在 NestJS 設計 Schema 有兩種方式，一種是採用 Mongoose 原生的作法，另一種則是用 NestJS 設計的裝飾器，本小節會以 NestJS 裝飾器爲主。

5.3.1 設計 Schema

Schema 爲標準的類別，需要使用 @Schema 裝飾器讓它變成 Mongoose 的 Schema，該裝飾器可以接受 Schema 的相關設定，例如：timestamps 可以開啓建立與更新的時間戳記。

> 提示 詳細的 Schema 相關設定，可以參考官方文件：URL https://mongoosejs.com/docs/guide.html#options。

下方是一個 Schema 的範例：

```
...
@Schema({ timestamps: true })
export class Todo {}
```

接著定義 Schema 的欄位，只需要在類別裡面添加屬性，並使用 @Prop 裝飾器，就可以讓該屬性變成 Schema 的欄位，它擁有基本的型別推斷功能，讓開發者在面對簡單的型別不需要特別做指定，但如果是陣列或巢狀物件等複雜的型別，則需要在 @Prop 裝飾器帶入相關設定來指定其型別。另外，欄位的驗證規則也會在這裡做設定。

> 提示 詳細的 Schema 欄位相關設定，可以參考官方文件：URL https://mongoosejs.com/docs/schematypes.html。

下方是一個定義 Schema 欄位的範例，共有 title、description、completed 以及 tags 欄位，其中，title 與 completed 爲必填，title 最多接受「20」字、description 最多接受「200」字：

```
...
@Schema({ timestamps: true })
export class Todo {
  @Prop({ required: true, maxlength: 20 })
  title: string;

  @Prop({ maxlength: 200 })
  description?: string;

  @Prop({ required: true })
  completed: boolean;

  @Prop({ type: [String] })
  tags: string[];
}
```

設計完 Schema 後，需要透過 SchemaFactory 的 createForClass 方法幫我們把類別轉換成 Schema 的實例，這樣 Mongoose 才能產生對應的 Model。

下方範例將 Todo 建立出 Schema 實例，並用 TodoSchema 儲存：

```
...
export const TodoSchema = SchemaFactory.createForClass(Todo);
```

範例程式碼

https://github.com/hao0731/nestjs-book-examples/blob/mongoose/design-schema/src/models/todo.model.ts

5.3.2 Schema 與巢狀物件型別

前面有提到如果 Schema 欄位是巢狀物件型別，就需要特別處理，可以使用 raw 這個函式，以 Mongoose 原生寫法來定義該欄位的型別與規則。

這樣說可能很難理解，以下方程式碼爲例，User 這個 Schema 有一個 name 欄位，它的資料型別對應到 IUserName 介面，可以看出含有 firstName 與 lastName 欄位，這時候在 @Prop 裝飾器中使用 raw 函式，以原生 Mongoose 的寫法來定義這兩個欄位，並且型別都是字串：

```
...
export interface IUserName {
  firstName: string;
  lastName: string;
}

@Schema({ timestamps: true })
export class User {
  @Prop(
    raw({
      firstName: { type: String },
      lastName: { type: String },
    }),
  )
  name: IUserName;
}
...
```

範例程式碼

https://github.com/hao0731/nestjs-book-examples/blob/mongoose/raw-prop/src/models/user.model.ts

5.3.3 自訂驗證器

有時，Mongoose 提供的驗證規則可能不符合需求，那就需要使用 Mongoose 提供的自訂驗證器功能，只要在 @Prop 裝飾器中使用 validate 參數，並指定值爲含有 validator 屬性的物件，該屬性的值是一個函式，它有一個參數爲輸入值，我們可以在該函式針對輸入值做驗證，如果驗證通過就回傳「true」。

以下方程式碼爲例，在 User 新增一個 email 的欄位，它須符合電子信箱的格式，所以用自訂驗證器搭配 class-validator 的 isEmail 來實現：

```
...
@Schema({ timestamps: true })
export class User {
  ...
  @Prop({
    required: true,
    validate: {
      validator: (input: string) => isEmail(input),
    },
  })
  email: string;
}
...
```

範例程式碼

https://github.com/hao0731/nestjs-book-examples/blob/mongoose/custom-validator/src/models/user.model.ts

5.3.4 Schema 與關聯

在實務上，會遇到資料之間有關聯的情況，身爲非關聯式資料庫的 MongoDB 是否可以實現關聯呢？事實上，是可以做到類似效果的，只要將 Schema 的某個欄位記錄關聯 Document 的 id，就可以在取資料的時候，透過 populate 方法找到對應的 Document 並嵌入。

以下方程式碼爲例，在 Todo 新增一個 owner 欄位，它會和 User 產生關聯，所以在 @Prop 裝飾器帶入參數 type 爲 ObjectId，並指定參數 ref 爲 User 的 name，即字串「User」，讓 Mongoose 知道該從哪個 Collection 取資料。需要特別注意，owner 欄位型別指派要是 User，因爲嵌入後該欄位就會變成關聯的 Document：

```
...
@Schema({ timestamps: true })
export class Todo {
  ...
  @Prop({ type: Types.ObjectId, ref: User.name })
  owner: User;
}
...
```

> **注意** Types 歸納於 mongoose 底下，若是編輯器沒有自動引入功能，則需要特別留意，避免不知道從何引入它。

範例程式碼

https://github.com/hao0731/nestjs-book-examples/blob/mongoose/relation/src/models/todo.model.ts

5.3.5 使用 Model

在設計完 Schema 之後，就要基於 Schema 來產生 Model，進而存取對應的 Collection，而產生的 Model 會以依賴注入機制進行管理。

實作方式非常簡單，在使用 Model 的 Module 引入 MongooseModule，並使用 forFeature 方法來定義要使用的 Model，定義的方式就是在第一個參數帶入一個陣列，該陣列的每個元素都是帶有 name 屬性以及 schema 屬性的物件，這個 name 屬性決定 Model 的 token 以及對應的 Collection 名稱，而對應的 Collection 會是「name 的值 + s」，通常 name 屬性會帶 Schema 的類別名稱，以 User 來說，就是帶入 User.name，其對應到的 Collection 會是「Users」：

```
...
@Module({
  imports: [
    MongooseModule.forFeature([
      { name: User.name, schema: UserSchema },
    ]),
  ],
  ...
})
export class UserModule {}
```

在注入 Model 之前，要先替 Model 操作的 Document 定義型別，爲什麼呢？前面有提到 Model 會存取對應 Collection 下的 Document，這些 Document 都是基於 Schema 的資料結構產生的，當我們注入 Model 時，就需要指派它存取的 Document 型別，這樣在使用上會更嚴謹。

以 User 來說，我們會定義一個 UserDocument，它是 Mongoose 的 Document 與 User 的聯集：

```
...
export type UserDocument = Document & User;
...
```

注意 Document 歸納於 mongoose 底下，若是編輯器沒有自動引入功能，則需要特別留意，避免不知道從何引入它。

最後，就是在要使用 Model 的元件中，透過 @InjectModel 裝飾器將 Model 注入進來，以 User 來說，前面定義它的 name 爲 User.name，這裡就將它帶入 @InjectModel 裝飾器裡，並將型別指派爲 Mongoose 的 Model，該型別可以帶入要操作的 Document 型別，所以這裡帶入 UserDocument：

```
...
@Injectable()
export class UserService {
```

```
  constructor(
    @InjectModel(User.name)
    private readonly userModel: Model<UserDocument>,
  ) {}
}
```

注意 Model 歸納於 mongoose 底下，若是編輯器沒有自動引入功能，則需要特別留意，避免不知道從何引入它。

範例程式碼

https://github.com/hao0731/nestjs-book-examples/tree/mongoose/use-model/src/features/user

5.3.6 新增（Create）

透過 Model 的 create 方法，就可以新增一筆 Document 到 Collection，其接受的參數即所需的欄位，該方法是非同步的，所以回傳的是一個 Promise，resolve 後會收到 Document。

以下方程式碼爲例，在 createUser 方法呼叫 userModel 的 create 方法，並將它回傳：

```
...
@Injectable()
export class UserService {
  constructor(
    @InjectModel(User.name)
    private readonly userModel: Model<UserDocument>,
  ) {}

  public createUser(dto: CreateUserDto) {
    const { firstName, lastName, email } = dto;
    const name: IUserName = { firstName, lastName };
    return this.userModel.create({ name, email });
```

```
  }
}
```

在 UserController 注入 UserService，並設計一個 createUser 來回傳 UserService 的 createUser 結果，NestJS 會自動去等待該 Promise 完成，並將 Document 解析為 JSON：

```
...
@Controller('users')
export class UserController {
  constructor(private readonly userService: UserService) {}

  @Post()
  createUser(@Body() dto: CreateUserDto) {
    return this.userService.createUser(dto);
  }
}
```

透過 Postman 進行測試，以 POST 方法存取 /users，並根據 DTO 的格式提供使用者資訊，便會順利收到建立後的使用者資訊，如圖 5-14 所示。

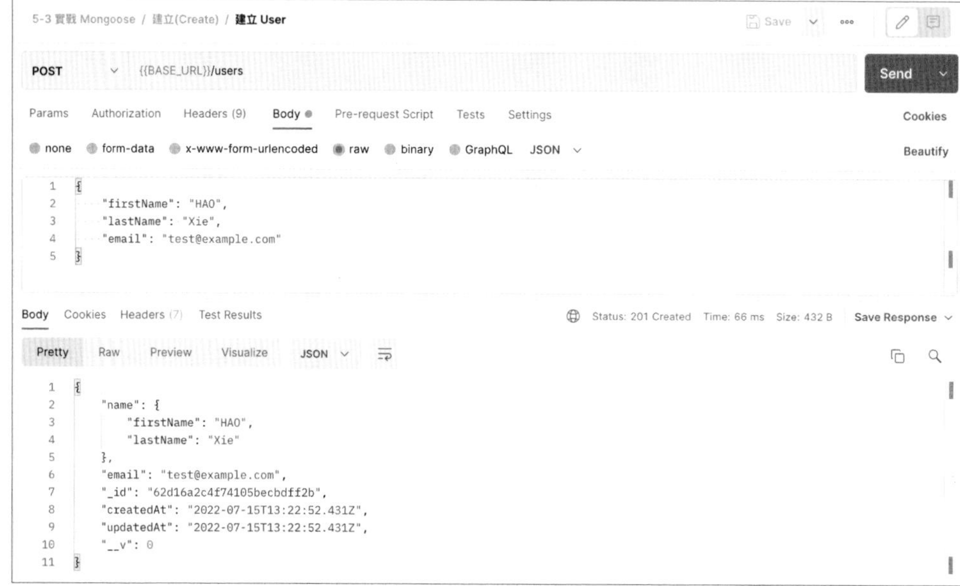

↑圖 5-14 新增使用者資訊之測試結果

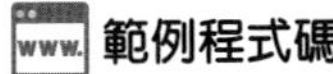

https://github.com/hao0731/nestjs-book-examples/blob/mongoose/create/src/features/user/user.service.ts

5.3.7 查詢（Read）

透過 Model 的 find 方法，可以從對應的 Collection 取得條件相符的 Document，該方法接受用物件給篩選條件，如果不需要設置篩選條件，則無須帶入任何參數。

提示 Mongoose 的篩選條件可以參考 MongoDB 的查詢說明文件：URL https://www.mongodb.com/docs/manual/tutorial/query-documents。

find 方法回傳的值會是 Mongoose 的查詢物件（Query Object），該物件可以透過 Function Chaining 的方式將部分條件加入篩選條件中，例如：限制存取筆數的 limit、指定跳過幾筆資料的 skip 等，篩選條件都設置完之後，使用 exec 方法來執行查詢的動作，這時候回傳的就會是 Promise，resolve 後會得到 Document 陣列。

以下方程式碼爲例，在 getUsers 方法呼叫 userModel 的 find 方法，並使用 skip 與 limit，再將呼叫 exec 方法的結果回傳：

```
...
@Injectable()
export class UserService {
  constructor(
    @InjectModel(User.name)
    private readonly userModel: Model<UserDocument>,
  ) {}
  ...
  public getUsers(limit = 30, skip = 0) {
    return this.userModel
      .find()
      .skip(skip)
      .limit(limit)
      .exec();
```

```
  }
}
```

在 UserController 設計一個 getUsers，來回傳 UserService 的 getUsers 結果：

```
...
@Controller('users')
export class UserController {
  ...
  @Get()
  getUsers(
    @Query('limit') limit: number,
    @Query('skip') skip: number,
  ) {
    return this.userService.getUsers(limit, skip);
  }
}
```

透過 Postman 進行測試，以 GET 方法存取 /users，會收到一個陣列，裡面含有先前建立的使用者資訊，如圖 5-15 所示。

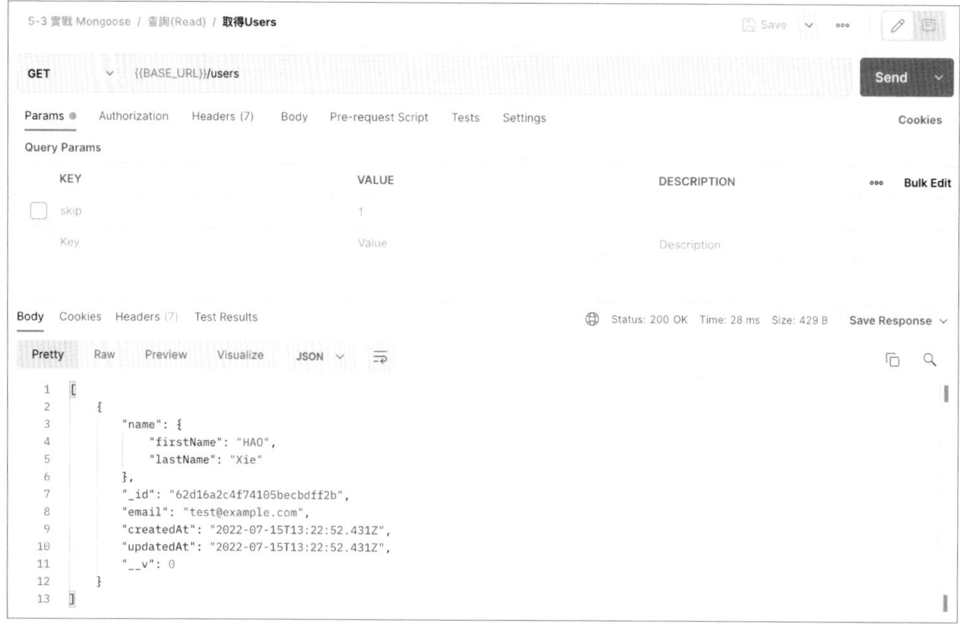

↑ 圖 5-15　查詢使用者資訊之測試結果

上面的查詢會得到符合條件的Document列表，那能不能只取得單筆資料呢？假如要透過id來查詢對應的Document，可以使用Model的findById方法，該方法只需要帶入Document的id即可，它回傳的值也是查詢物件，要使用exec方法執行查詢的動作，resolve後會得到Document。

以下方程式碼為例，在getUser方法呼叫userModel的findById方法，並將呼叫exec方法的結果回傳：

```
...
@Injectable()
export class UserService {
  ...
  public getUser(id: string) {
    return this.userModel.findById(id).exec();
  }
}
```

在UserController設計一個getUser，來回傳UserService的getUser結果：

```
...
@Controller('users')
export class UserController {
  ...
  @Get(':id')
  getUser(@Param('id') id: string) {
    return this.userService.getUser(id);
  }
}
```

透過Postman進行測試，以GET方法存取/user/<USER_ID>，id帶入先前建立的使用者資訊的id，就會收到對應的使用者資訊，如圖5-16所示。

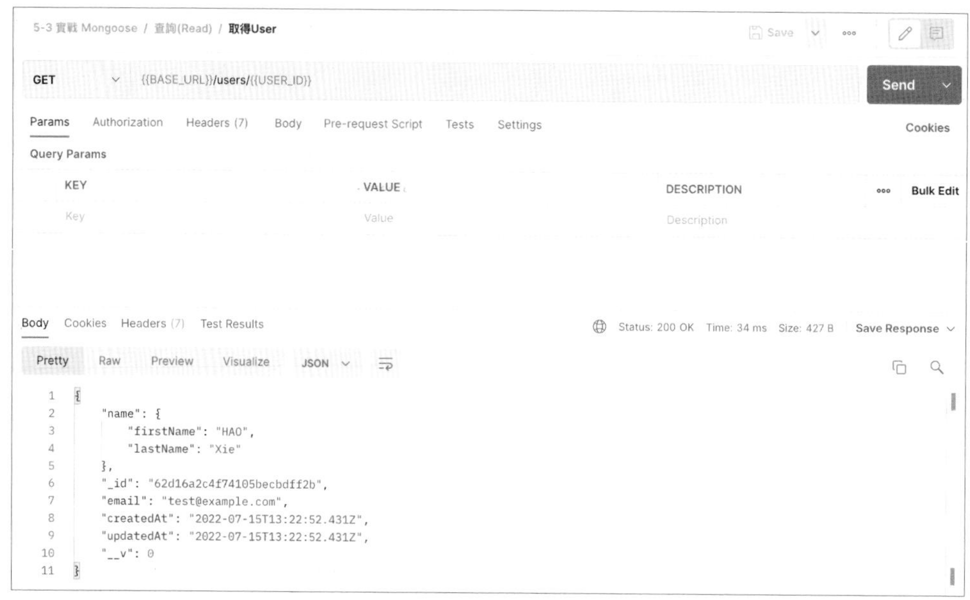

↑圖 5-16　查詢使用者資訊的測試結果

範例程式碼

https://github.com/hao0731/nestjs-book-examples/blob/mongoose/read/src/features/user/user.service.ts

5.3.8 修改（Update）

透過 Model 的 findByIdAndUpdate 方法，可以用 id 找到對應的 Document，並根據提供的資料進行更新，該方法接受三個參數，分別是：

- id：Document 的 id。
- update：要更新的資料。
- options：查詢物件的相關設定，這在該方法是很常用的參數。

findByIdAndUpdate 方法回傳的值也是查詢物件，要使用 exec 方法執行查詢與更新的動作，resolve 後會得到 Document，但需要特別注意，該方法在預設情況下可取得的 Document 會是更新前的結果，如果要取得更新後的結果，要在 options 帶上 new 屬性為「true」的物件。

另外，如果有巢狀物件的資料，需要特別做處理，因爲在預設情況下，巢狀物件的值會直接覆蓋成指定的值，而不會保留原本的資料，那該如何做處理呢？這時可以使用 $set 運算符，它是 MongoDB 提供的功能，讓我們更改特定欄位的值。假設要更新使用者 lastName 欄位的值，它是在 name 底下的欄位，我們需要將這樣的資料結構扁平化（Flat），扁平化後的 update 會長這樣：

```
{
  $set: {
    'name.lastName': 'NewLastName'
  }
}
```

扁平化可以使用 flat 的套件輔助我們將物件扁平化，省去自己處理的時間。它需要透過 npm 進行安裝：

```
$ npm install flat
$ npm install @types/flat -D
```

這裡以下方程式碼爲例，在 updateUser 方法將 UpdateUserDto 中的資料轉換爲 Document 的資料結構，再透過 flat 的 flatten 函式將物件扁平化，最後呼叫 userModel 的 findByIdAndUpdate 方法，然後將呼叫 exec 方法的結果回傳：

```
...
@Injectable()
export class UserService {
  ...
  public updateUser(id: string, dto: UpdateUserDto) {
    const { firstName, lastName, email } = dto;
    const data = {
      email,
      name: { firstName, lastName },
    };
    const obj = flatten(data);
    return this.userModel
      .findByIdAndUpdate(id, { $set: obj }, { new: true })
      .exec();
```

```
  }
}
```

在 UserController 設計一個 updateUser，來回傳 UserService 的 updateUser 結果：

```
...
@Controller('users')
export class UserController {
  ...
  @Patch(':id')
  updateUser(
    @Param('id') id: string,
    @Body() dto: UpdateUserDto,
  ) {
    return this.userService.updateUser(id, dto);
  }
}
```

透過 Postman 進行測試，以 PATCH 方法存取 /user/<USER_ID>，id 帶入先前建立的使用者資訊的 id，並提供要更新的資料，就會收到更新後的使用者資訊，如圖 5-17 所示。

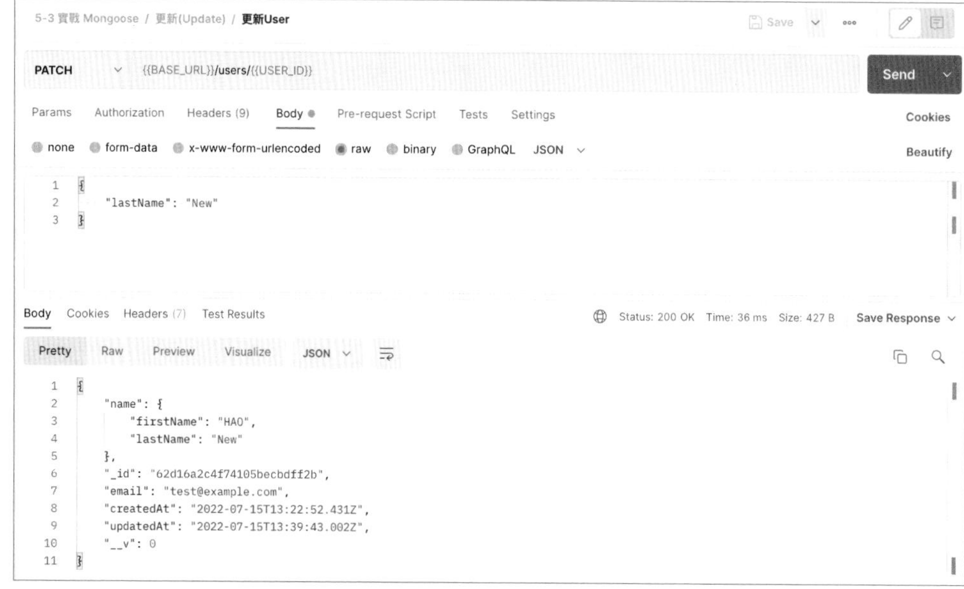

↑ 圖 5-17　更新使用者資訊之測試結果

範例程式碼

https://github.com/hao0731/nestjs-book-examples/blob/mongoose/update/src/features/user/user.service.ts

5.3.9 刪除（Delete）

透過 Model 的 findByIdAndDelete 方法，可以用 id 將對應的 Document 刪除。

findByIdAndDelete 方法回傳的值也是查詢物件，要使用 exec 方法執行查詢與刪除的動作，resolve 後會得到被刪除的 Document。

以下方程式碼爲例，在 deleteUser 方法呼叫 userModel 的 findByIdAndDelete 方法，並將呼叫 exec 方法的結果回傳：

```
...
@Injectable()
export class UserService {
  ...
  public deleteUser(id: string) {
    return this.userModel.findByIdAndDelete(id).exec();
  }
}
```

在 UserController 設計一個 deleteUser，來回傳 UserService 的 deleteUser 結果：

```
...
@Controller('users')
export class UserController {
  ...
  @Delete(':id')
  deleteUser(@Param('id') id: string) {
    return this.userService.deleteUser(id);
  }
}
```

透過 Postman 進行測試，以 DELETE 方法存取 /user/<USER_ID>，id 帶入先前建立的使用者資訊的 id，就會收到被刪除的使用者資訊，如圖 5-18 所示。

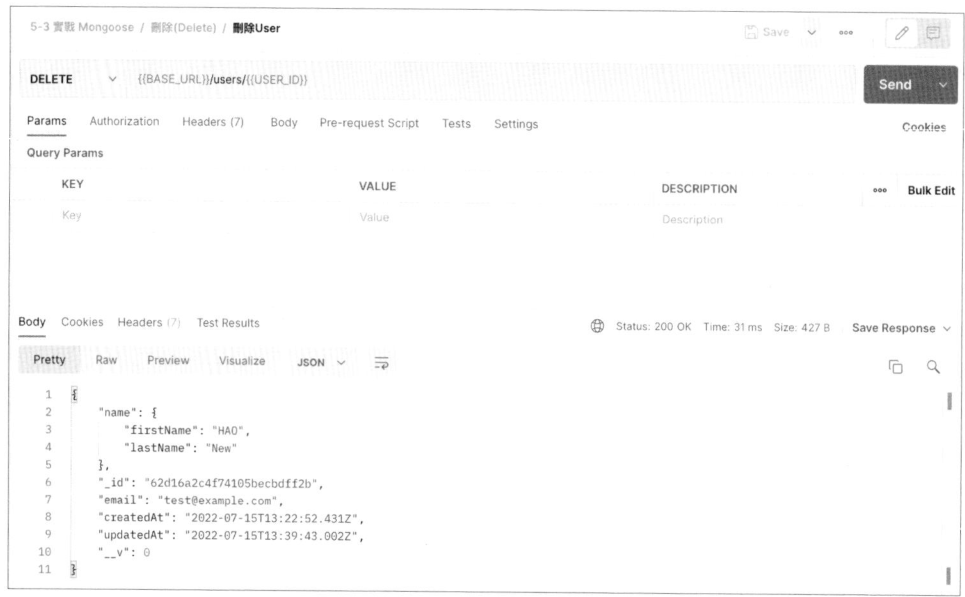

↑ 圖 5-18 刪除使用者資訊的測試結果

範例程式碼

https://github.com/hao0731/nestjs-book-examples/blob/mongoose/delete/src/features/user/user.service.ts

5.3.10 Mongoose Hooks

Mongoose 提供 Hooks 讓開發者使用，可以用來實作許多功能。比如說，我希望在儲存前可以在終端機將內容印出來等，都可以透過此功能來實現。

說明 事實上，Mongoose 有兩種 Hook，分別是 Pre Hook 及 Post Hook，但本小節只交代 Mongoose Hooks 怎麼在 NestJS 中實作，所以僅以 Pre Hook 做說明，如果想了解更多有關 Mongoose Hooks 的東西，可以參考 Mongoose Hooks 官方說明：URL https://mongoosejs.com/docs/middleware.html。

Hook的註冊要在Model建立之前，以Pre Hook爲例，透過Schema實例的pre方法即可註冊，那該在什麼地方註冊呢？將本來MongooseModule的forFeature方法換成forFeatureAsync方法，就可以透過useFactory的方式來提供schema的值，因爲是工廠函式，所以我們可以在這裡去註冊Hook，再將Schema實例回傳。

pre方法有兩個參數，分別是：

- method：Hook觸發的方式。
- fn：Callback函式。

下方爲使用者資訊儲存前印出該筆資料的Pre Hook範例，使用的method爲「save」：

```
...
@Module({
  imports: [
    MongooseModule.forFeatureAsync([
      {
        name: User.name,
        useFactory: () => {
          UserSchema.pre(
            'save',
            function (this: UserDocument, next) {
              console.log(this);
              next();
            }
          );
          return UserSchema;
        },
      },
    ]),
  ],
  ...
})
export class UserModule {}
```

 **範例程式碼**

https://github.com/hao0731/nestjs-book-examples/blob/mongoose/hooks/src/features/user/user.module.ts

CHAPTER 06

身分驗證 (Authentication)

6.1 什麼是 Passport？

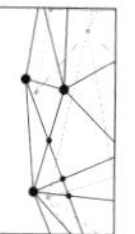

在使用各大網站提供的功能時，經常需要註冊帳號來獲得更多的使用體驗，例如：Google、Facebook 等，這種帳戶機制可說是非常重要的一環，在現今的應用上已經可以視爲標配。

而一個應用程式可能會有非常多種的登入方式，例如：在平台本身註冊的帳戶（本地帳戶）、使用 Facebook 帳戶、使用 Google 帳戶等，每一種登入方式都有一套自己的**策略**（Strategy）來驗證身分，因此怎麼管理各種**身分驗證**（Authentication）策略也是非常重要的，我們會希望各種策略都能採用同一套標準來進行開發，這時就可以透過一些工具來輔助我們處理這件事，在 Node.js 圈子中，最熱門的身分驗證管理工具即 Passport.js（簡稱 Passport）。

↑圖 6-1　Passport *1

NestJS 將 Passport 封裝成 PassportModule，透過它可以讓開發者用符合 NestJS 的風格進行開發。需透過 npm 進行安裝，並且連同 Passport 一起安裝：

```
$ npm install @nestjs/passport passport
```

6.1.1 基本概念

整個身分驗證流程可以拆成兩個部分，分別是「Passport」與「Passport Strategy」。Passport 本身是用來處理**驗證流程**的，而 Passport Strategy 則是**驗證機制**，兩者缺一不可，從這裡可以看出 Passport 是採用**策略模式**來管理各種不同的驗證機制，如圖 6-2 所示。整個 Passport 生態系有上百種的驗證機制讓開發者使用，

*1　圖片來源：URL https://www.passportjs.org/。

例如：Facebook 驗證策略、Google 驗證策略、本地驗證策略等，完美解決各種驗證機制的處理。

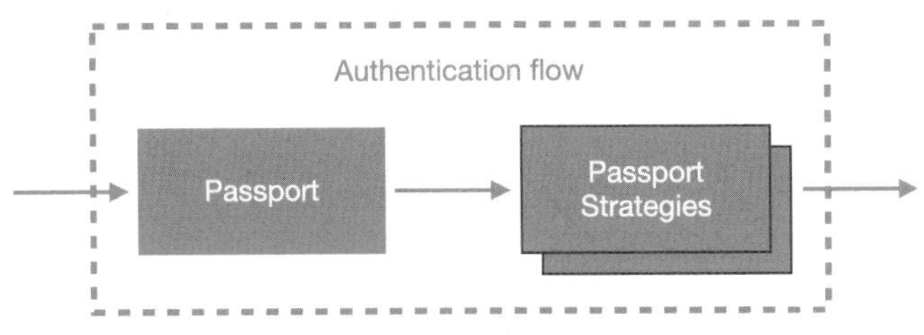

↑ 圖 6-2　Passport 的驗證流程

> **提示**　Passport Strategy 並不包含在 Passport 套件裡，而是需要另外安裝，這部分在後面會有更詳細的說明。

在 NestJS 使用 Passport 的驗證流程，會將 Passport Strategy 與 Guard 進行搭配，NestJS 有實作 AuthGuard 來讓我們指定要使用哪個 Passport Strategy，這樣就會基於該 Passport Strategy 來做驗證，非常方便，如圖 6-3 所示。

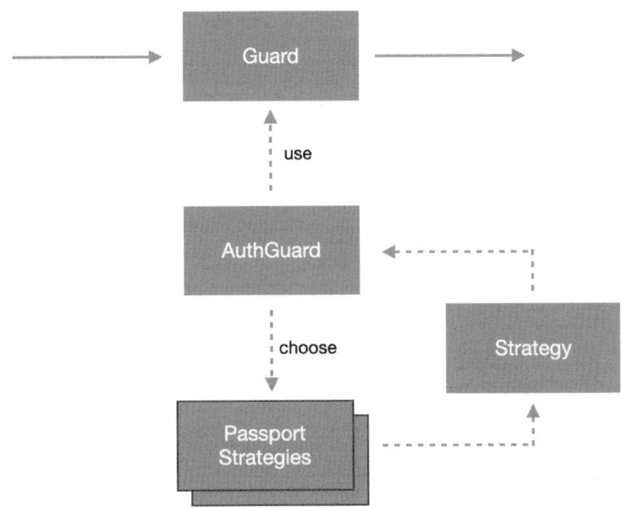

↑ 圖 6-3　Passport Strategy 與 AuthGuard

提示 Passport 是一套身分驗證的工具，並不會去處理註冊的部分，只專注於登入時的身分驗證，也就是說，如果要設計本地帳戶功能，就必須自行設計相關的 API 與註冊流程，而本地帳戶的驗證功能，Passport 有提供相關的 Passport Strategy，讓開發者可以自行設計驗證策略。

6.2 密碼加密與驗證

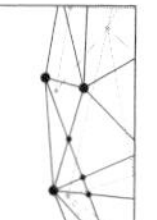

如果今天要設計本地帳戶功能，就必須注意密碼的保存方式，因為這些使用者資訊都會存在自己的資料庫裡，必須加密後再儲存，不像使用 Google 驗證策略，是由 Google 負責保存使用者資訊的。

6.2.1 加鹽加密

加鹽加密經常用在密碼管理，它的概念就是讓使用者輸入的密碼和一個隨機值進行加密，這個隨機值就叫**鹽**（Salt），加密後會產生一個**雜湊值**（Hash），將雜湊值與鹽存入資料庫中，就完成加鹽加密的處理了，如圖 6-4 所示。

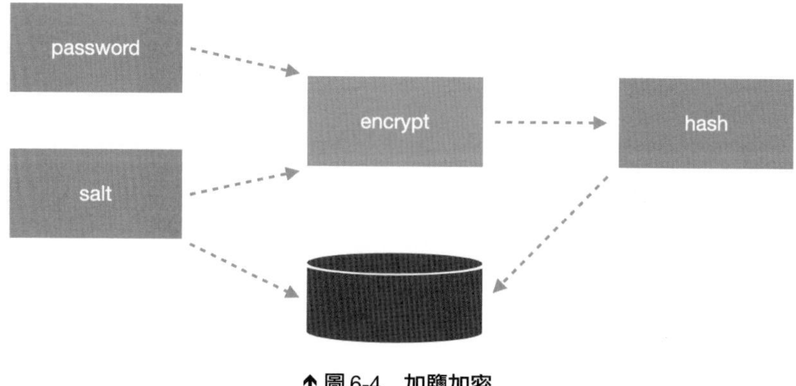

↑ 圖 6-4　**加鹽加密**

6.2.2 驗證原理

既然存到資料庫裡面的不是密碼，那要怎麼透過雜湊值與鹽來驗證使用者輸入的密碼是不是正確的呢？這就要來探討驗證的原理了。

首先，要先從資料庫中找到使用者資訊，然後將雜湊值與鹽提取出來，再以使用者輸入的密碼和鹽進行加密，這時候會取得一個雜湊值，我們要將該雜湊值與資料庫中的雜湊值進行比對，如果比對結果是相等的，就表示使用者輸入的密碼有極高機率是正確的，這就是密碼的驗證原理，如圖 6-5 所示。

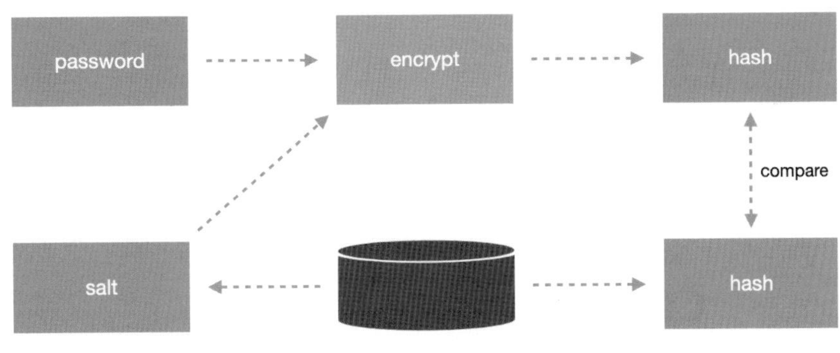

↑圖 6-5　密碼驗證原理

6.2.3 bcrypt

加密的部分，bcrypt 是不錯的選擇，它是基於加鹽加密的雜湊算法，並且可以透過增加迭代次數來提升運算成本，有效降低暴力破解法的成功率，大幅提升安全性。

下方的字串即為 bcrypt 產生的值，這個值共分成四個區塊：

$2b	12	ZbrSBjuPTmEBteYmXNJyC.	IjBbWW5HMsDVSgs3sh41blzOslginbq

這些區塊由左到右所代表的意義如下：

- 演算法的標誌。
- 加密的迭代程度，以上圖的例子來說就是「12」，越高越安全，但也算得越慢。

- 鹽，長度固定 22 字元。
- 雜湊值。

從 bcrypt 的特點可以看出，我們只要把產生的值存入資料庫中即可，因爲它將鹽、雜湊值與算法等資訊都記錄在字串中，能夠直接以這些資訊來實現驗證。

6.2.4 使用 bcrypt

Node.js 生態圈中，已經有 bcrypt 的套件可以使用，透過 npm 安裝 bcrypt 與型別定義檔，指令如下：

```
$ npm install bcrypt
$ npm install @types/bcrypt -D
```

下方程式碼是透過 bcrypt 進行加密的範例，透過 bcrypt 的 hash 方法來產生值，第一個參數是要加密的密碼，第二個參數是迭代程度，而 hash 方法的回傳值會是 Promise，resolve 後即 bcrypt 產生的值，回傳值爲 Promise，是因爲會消耗大量的運算資源，所以採用非同步的處理方式：

```
import * as bcrypt from 'bcrypt';
const encrypt = (password: string) => {
  return bcrypt.hash(password, 12); // Promise<string>;
};
```

說明 我通常會將迭代程度設為「12」。

透過 bcrypt 的 compare 方法，可比對使用者輸入的密碼是否正確，第一個參數是要比對的密碼，第二個參數是存在資料庫中 bcrypt 產生的值，compare 方法會幫我們做前面提到的驗證機制，回傳的值一樣會是 Promise，resolve 後會得到比對結果：

```
const compare = (password: string, value: string) => {
  return bcrypt.compare(password, value) // Promise<boolean>;
};
```

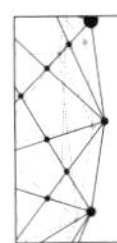

6.3 實作註冊功能

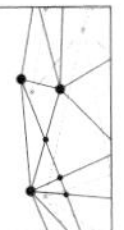

本小節會實作本地帳戶功能，在「6.4 實作登入功能」小節中，會基於本小節去實現身分驗證。基本上，註冊功能算是驗收前面所學，就是設計 API 並與 MongoDB 互動。

本小節會將焦點放在註冊功能上，關於 MongoDB、環境變數等設定，將不會出現在本小節中。

6.3.1 定義 Schema

帳戶註冊和使用者息息相關，所以要建立使用者的 Schema 叫 User，它共有下方三個欄位：

- username：使用者名稱，為必填，最小長度為「3」，最大長度為「20」。
- email：電子信箱，為必填，必須符合電子信箱格式。
- password：密碼，為必填，這裡要存的是 bcrypt 產生的值。

另外，在 @Schema 裝飾器中，設置 timestamps 參數為「true」來添加時間戳記，並設置 versionKey 為「false」來將 Document 中出現的 _v 移除：

```
...
export type UserDocument = User & Document;

@Schema({ versionKey: false, timestamps: true })
export class User {
  @Prop({
    required: true,
    minlength: 3,
    maxlength: 20,
  })
  username: string;
```

```
  @Prop({
    required: true,
    validate: {
      validator: (input: string) => isEmail(input),
    },
  })
  email: string;

  @Prop({ required: true })
  password: string;
}

export const UserSchema = SchemaFactory.createForClass(User);
```

6.3.2 使用者模組設計

設計完Schema之後，就要實作註冊相關的API與功能，總共會設計兩個Module，分別是：UserModule與AuthModule。UserModule是用來處理與使用者相關的操作，而AuthModule則是處理與身分驗證與註冊相關的操作。AuthModule與UserModule為依賴關係，AuthModule會藉助UserModule提供的功能，來新增成功註冊的使用者。

先實作UserModule的部分，透過NestCLI產生UserModule與UserService：

```
$ nest generate module features/user
$ nest generate service features/user
```

UserModule會提供UserService給AuthModule使用，所以要將UserService匯出，並在UserService設計操作使用者相關的方法，進而操作由UserSchema產生的Model，在注入Model之前，需要先在UserModule去引入MongooseModule，並使用forFeature來做設置：

```
...
@Module({
```

```
  imports: [
    MongooseModule.forFeature([
      { name: User.name, schema: UserSchema },
    ]),
  ],
  providers: [UserService],
  exports: [UserService],
})
export class UserModule {}
```

根據使用者的 Schema，可以設計一個 CreateUserDto 來當作新增使用者所需的參數，這裡的驗證規則與 Schema 大致相同，唯一不同的是 password 有設最小長度爲「8」，最大長度爲「20」。爲什麼 DTO 需要設限制，而 Schema 卻不需要呢？因爲存入資料庫的是 bcrypt 產生的值，但 DTO 的 password 是使用者輸入的明文密碼，故 DTO 需設置限制：

```
...
export class CreateUserDto {
  @IsString()
  @MinLength(3)
  @MaxLength(20)
  username: string;

  @IsString()
  @IsEmail()
  email: string;

  @IsString()
  @MinLength(8)
  @MaxLength(20)
  password: string;
}
```

提示 可以設置全域 ValidationPipe 來實現 DTO 的驗證功能。

接著，在 UserService 注入 Model，並設計 createUser 方法來建立使用者，這裡要注意 password 需要透過 bcrypt 的 hash 方法進行加密，再存入資料庫中：

```
...
@Injectable()
export class UserService {
  constructor(
    @InjectModel(User.name)
    private readonly userModel: Model<UserDocument>,
  ) {}

  public async createUser(dto: CreateUserDto) {
    const { username, email, password } = dto;
    const encrypted = await bcrypt.hash(password, 12);
    return this.userModel.create({
      username,
      email,
      password: encrypted,
    });
  }
}
```

另外，需設計 isExistUser 方法來檢查 username 或 email 是否使用過，使用 userModel 的 exists 方法，並設計篩選條件，如果有找到符合條件的 Document，會回傳含有 _id 的物件；反之，回傳「null」。所以可以看 exists 的回傳值是不是 Truly，來判斷是否已經存在：

```
...
@Injectable()
export class UserService {
  ...
  public async isExistUser(username: string, email: string) {
    const exist = await this.userModel
      .exists({ $or: [{ username }, { email }] })
      .exec();
    return !!exist;
  }
}
```

6.3.3 驗證模組設計

有了 UserModule 後，要來實作 AuthModule 的部分，透過 NestCLI 產生 AuthModule 與 AuthController：

```
$ nest generate module features/auth
$ nest generate controller features/auth
```

在 AuthModule 引入 UserModule，進而使用 UserService 提供的功能：

```
...
@Module({
  imports: [UserModule],
  controllers: [AuthController],
})
export class AuthModule {}
```

接著，在 AuthController 注入 UserService 並設計 signup 方法，先透過 UserService 的 isExistUser 檢查 username 和 email 是否使用過，如果有找到存在的使用者資訊，就拋出 BadRequestException，否則就執行 UserService 的 createUser 方法來建立使用者，並將使用者資訊回傳：

```
...
@Controller('auth')
export class AuthController {
  constructor(private readonly userService: UserService) {}

  @Post('signup')
  async signup(@Body() dto: CreateUserDto) {
    const { username, email } = dto;
    const isExist = await this.userService.isExistUser(
      username,
      email
    );

    if (isExist) {
```

```
      const message = 'username or email is already exists.';
      throw new BadRequestException(message);
    }

    return this.userService.createUser(dto);
  }
}
```

透過 Postman 進行測試，以 POST 存取 /auth/signup，並帶上 username、email 與 password 資訊，收到的回應會是存入資料庫中的使用者資訊，如圖 6-6 所示。

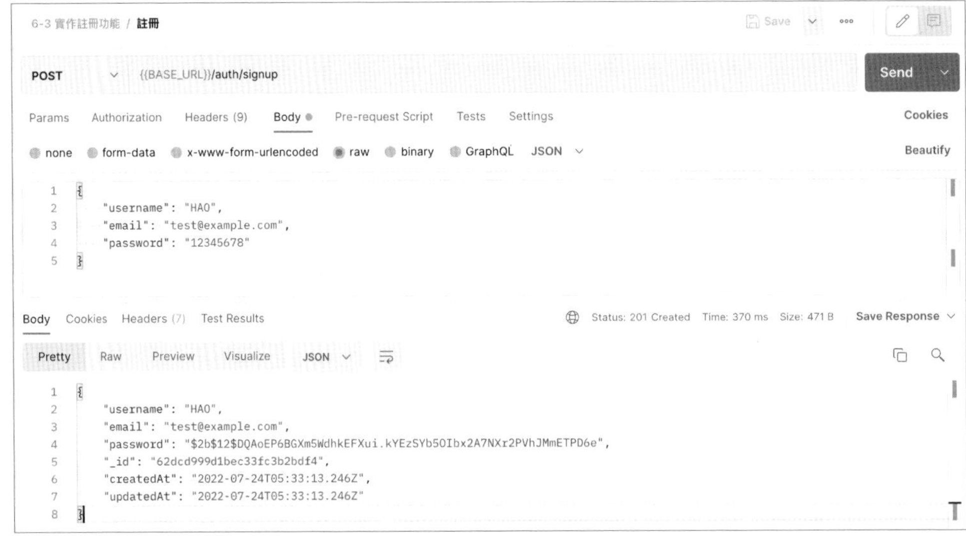

↑ 圖 6-6　註冊的測試結果

說明 回傳的使用者資訊通常不會含 password，範例只是將結果呈現出來而已，千萬不能在正式環境中這麼做喔！

範例程式碼

https://github.com/hao0731/nestjs-book-examples/tree/authentication/signup/src

6.4 實作登入功能

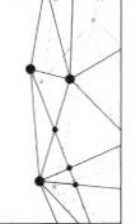

本小節會使用 Passport 來實現身分驗證，也就是登入功能。首先，必須安裝本地帳戶驗證所需的 Passport Strategy，透過 npm 進行安裝，指令如下：

```
$ npm install passport-local
$ npm install @types/passport-local -D
```

提示 記得安裝 Passport 相關套件，可以參考「6.1 什麼是 Passport？」小節。

6.4.1 驗證策略設計

驗證使用者的最基本流程就是去比對帳號密碼是不是正確的，這就會跟前面提到的密碼驗證原理有關，我們必須從資料庫中找到對應的使用者資訊，再進行密碼的比對，當比對結果是相等的，就會通過身分驗證。

由上述可以得知，我們需要設計一個 findUser 方法在 UserService，讓我們可以去找到 username 相同的使用者資訊，才能進行密碼的比對，這裡使用 userModel 的 findOne 方法進行查詢：

```
...
@Injectable()
export class UserService {
  ...
  public findUser(filter: FilterQuery<UserDocument>) {
    return this.userModel.findOne(filter).exec();
  }
}
```

接著，透過 NestCLI 產生 AuthService：

```
$ nest generate service features/auth
```

AuthService 會提供 validateUser 方法來針對帳號密碼做檢查，如果找不到對應的使用者，或是有找到但密碼比對不正確，就回傳「null」；如果通過驗證，則回傳使用者資訊：

```
...
@Injectable()
export class AuthService {
  constructor(private readonly userService: UserService) {}

  public async validateUser(
    username: string,
    password: string
  ) {
    const user = await this.userService.findUser({
      username
    });

    if (!user) {
      return null;
    }

    const pass = await bcrypt.compare(
      password,
      user.password
    );

    if (!pass) {
      return null;
    }

    return user;
  }
}
```

而這個驗證的方法要用在什麼地方呢？我們要自行設計一個驗證策略，讓我們的驗證流程可以照著 Passport 的流程走。那麼該如何設計策略呢？我們需要設計一個 Provider，這個 Provider 會去繼承 PassportStrategy 函式產生的值，該函式需要帶入 Passport Strategy，以本地帳戶來說，這裡要帶的就是 passport-local 套件中的 Strategy。

> **注意** PassportStrategy 歸納於 @nestjs/passport 底下，若是編輯器沒有自動引入功能，則需要特別留意，避免不知道從何引入它。

所有用於驗證策略的 Provider 都需要設計 validate 方法，該方法就是驗證策略的進入點，它的回傳值會被寫入請求物件中的 user 屬性，方便我們在 Controller 中取得通過驗證的使用者資訊。也就是說，只要有回傳值，就會認定通過驗證策略的驗證，如果要處理不通過的情況，就必須用拋出 Exception 的方式來中斷流程。

至於 validate 方法的參數，則會因爲實作的驗證策略有所不同，以本地帳戶來說，預設參數會是 username 與 password。當設計一個有驗證功能的本地帳戶驗證策略，就需要在 validate 方法中，使用 AuthService 的 validateUser 方法來驗證使用者，如果不通過就會收到「null」，所以可以設計一個判斷，如果不是使用者資訊的話，就拋出 UnauthorizedException；如果是使用者資訊，則將 id 與 username 回傳：

```
...
@Injectable()
export class LocalStrategy extends PassportStrategy(Strategy) {
  constructor(private readonly authService: AuthService) {
    super();
  }

  async validate(username: string, password: string) {
    const user = await this.authService.validateUser(
      username,
      Password
    );

    if (!user) {
      throw new UnauthorizedException();
    }

    const payload: IUserPayload = {
```

```
      id: user._id,
      username: user.username,
    };

    return payload;
  }
}
```

6.4.2 實現身分驗證

設計完驗證策略，就要將該策略套用到 Passport 的驗證流程中，前面有提到是透過 AuthGuard 來選擇要採用哪種驗證策略，所以我們在 AuthController 設計 signin 方法，並在該方法使用 AuthGuard 來達到驗證的效果。

> **注意** AuthGuard 歸納於 @nestjs/passport 底下，若是編輯器沒有自動引入功能，則需要特別留意，避免不知道從何引入它。

AuthGuard 是一個函式，透過指定策略名稱來選擇套用的策略，進而產生對應的 Guard，由於我們的範例是採用本地帳戶驗證策略，所以指定的值爲「local」：

```
...
@Controller('auth')
export class AuthController {
  ...
  @UseGuards(AuthGuard('local'))
  @Post('signin')
  signin(@UserPayload() user: IUserPayload) {
    return user;
  }
}
```

根據元件的執行順序，當 Guard 通過之後，就會進入到 Pipe 與 Handler 的部分（範例沒有使用 Interceptor 與 Middleware），上方的程式碼使用了 @UserPayload 裝飾器來取得請求物件中 user 屬性的資料，並將值進行回傳。

提示 @UserPayload 裝飾器是一個自訂的參數裝飾器，這部分可以參考「2.9 自訂裝飾器（Custom Decorator）」小節，就不再贅述。

完成後即可透過 Postman 進行測試，以 POST 方法存取 /auth/signin，並帶上先前註冊的 username 與 password，通過驗證就會收到含有 id 與 username 的物件，如圖 6-7 所示。

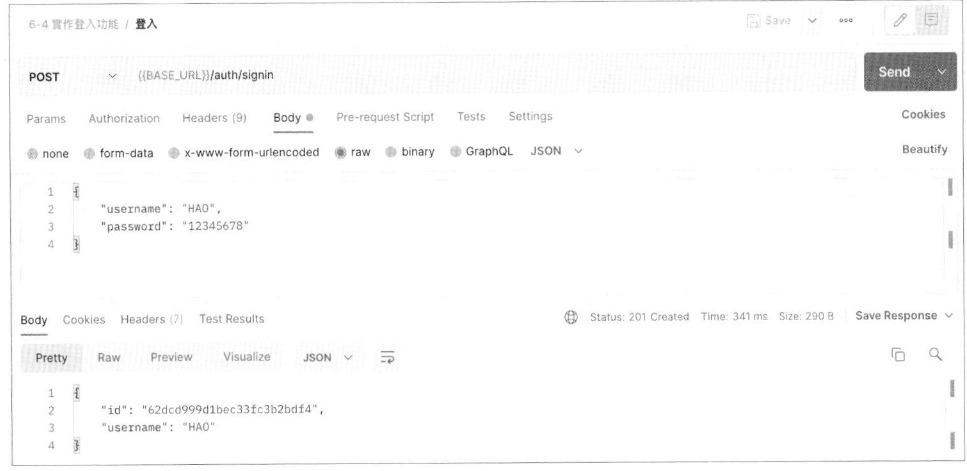

↑圖 6-7　登入的測試結果

範例程式碼

https://github.com/hao0731/nestjs-book-examples/tree/authentication/signin/src

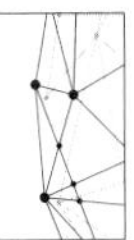

6.5 JWT 驗證機制

在前面的小節中，已經處理好註冊與登入的部分，但一個完整的帳戶機制還需要包含登入後的身分識別，而為什麼登入後還要做身分識別呢？試想今天如果只有註冊與登入功能的話，當使用者登入後，要在系統上使用某個會員功能時，該如何辨識這個使用者是誰呢？要實作這樣的識別功能方法有很多種，Token 正是其中一個被廣泛運用的方案。

6.5.1 Token 概念

我們可以把 Token 想成是一個識別證，只要我們持有這個 Token，系統就可以判斷我們是什麼身分，也就是說，只要在客戶端發送請求的時候，帶上這個 Token，系統就可以識別出此操作的使用者是誰，如圖 6-8 所示。

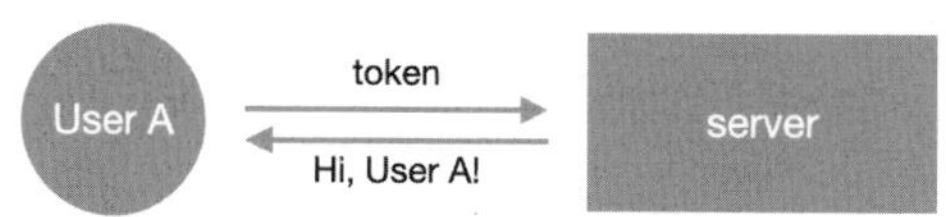

↑ 圖 6-8　Token 概念

在近幾年，有一項 Token 技術非常熱門，其名為「Json Web Token」（簡稱為 JWT），本章的身分識別便是會用 JWT 來實作。

6.5.2 什麼是 JWT？

JWT（圖 6-9）是一種較新的 Token 設計方法，它的最大特點是可以在 Token 中帶有使用者資訊，不過僅限於較不敏感的內容，例如：使用者名稱等，原因是 JWT 是用 Base64 進行編碼，使用者資訊可以透過 Base64 進行還原，使用上需要特別留意。

↑ 圖 6-9　JWT [*2]

下方是一個 JWT 的範例，會發現整個字串被兩個「.」切割成三段：

```
eyJhbGciOiJIUzI1NiIsInR5cCI6IkpXVCJ9.eyJzdWIiOiIxMjM0NTY3ODkwIiwibmFtZSI6IkhBTyIsImFkbWluIjp0cnVlLCJpYXQiOjE1MTYyMzkwMjJ9.d704zBOIq6KNcexbkfBTS5snNa9tXz-RXo7Wi4Xf6RA
```

---

*2　圖片來源：URL https://jwt.io/。

第一段的部分是「標頭」（Header），內容記錄了 Token 的類型以及加密演算法。將上頁範例的標頭以 Base64 解碼，會得到下方資訊：

```
{
  "alg": "HS256",
  "typ": "JWT"
}
```

第二段的部分是「內容」（Payload），通常這裡會放一些簡單的使用者資訊。將上頁範例的內容以 Base64 解碼，會得到下方資訊：

```
{
  "sub": "1234567890",
  "name": "HAO",
  "admin": true,
  "iat": 1516239022
}
```

第三段的部分是「簽章」（Signature），用來防止 JWT 的內容被竄改，在後端需要維護一組密鑰（Private key）來替 JWT 進行簽章，密鑰需要妥善保存，避免被有心人士獲取。

6.5.3 Passport 與 JWT 驗證策略

現在我們知道 JWT 可以用來驗證使用者身分，同時可以存放一些使用者資訊，那要怎麼將 JWT 融入 Passport 的驗證流程呢？這裡可以拆成兩個部分來看，分別是「發行 JWT」與「驗證 JWT」。「發行 JWT」的部分會使用 NestJS 封裝的 JwtModule，而「驗證 JWT」的部分，則會使用 JWT 相關的 Passport Strategyy 來和 Passport 結合。

透過 npm 安裝相關套件，指令如下：

```
$ npm install @nestjs/jwt passport-jwt
$ npm install @types/passport-jwt -D
```

在實作之前，可以先到環境變數檔定義 JWT 簽章用的密鑰：

```
JWT_SECRET=YOUR_SECRET
```

這裡可以使用環境變數的命名空間技巧，將密鑰進行整合：

```
import { registerAs } from '@nestjs/config';

export default registerAs('secret', () => {
  const jwt = process.env.JWT_SECRET;
  return { jwt };
});
```

完成密鑰的配置後，就可以在 AuthModule 引入 JwtModule，進而使用 JwtService 提供的功能。由於我們將密鑰交給 ConfigModule 進行管理，所以這裡使用 registerAsync 方法，讓我們能透過 useFactory 的方式來指定 secret 的值。另外，通常 Token 都會有一個過期的時間，JwtModule 提供了 signOptions，讓我們可調整與簽章相關的設定，其中的 expiresIn 就是用來設置過期時間的，以下方範例來說，「60s」即 60 秒：

```
...
@Module({
  imports: [
    JwtModule.registerAsync({
      imports: [ConfigModule],
      inject: [ConfigService],
      useFactory: (configService: ConfigService) => ({
        secret: configService.get('secret.jwt'),
        signOptions: {
          expiresIn: '60s',
        },
      }),
    }),
  ...
  ],
  ...
```

```
})
export class AuthModule {}
```

提示 JwtModule 提供了非常多的參數可以設定，詳細內容可以參考官方文件（URL https://github.com/nestjs/jwt/blob/master/README.md）以及 node-jsonwebtoken（URL https://github.com/auth0/node-jsonwebtoken#usage）。

接著，調整登入成功的回傳值，我們要將 JWT 回傳到客戶端，這樣客戶端才能在每個請求中帶上 JWT，進而使用會員功能。在 AuthController 注入 JwtService，並將 signin 方法的回傳值改成 JwtService 的 sign 方法的回傳結果，該方法帶入的值會放到 JWT 的內容區塊，以下方程式碼來說，就是帶入請求物件中 user 屬性的值：

```
...
@Controller('auth')
export class AuthController {
  constructor(
    private readonly jwtService: JwtService,
    private readonly userService: UserService,
  ) {}
  ...
  @UseGuards(AuthGuard('local'))
  @Post('signin')
  signin(@UserPayload() user: IUserPayload) {
    return this.jwtService.sign(user);
  }
}
```

說明 如果註冊後會立即以該帳戶進行登入，那也可以將註冊的部分換成回傳 JWT。

透過 Postman 進行測試，以 POST 方法存取 /auth/signin，並帶上 username 與 password，會收到一組 JWT，如圖 6-10 所示。

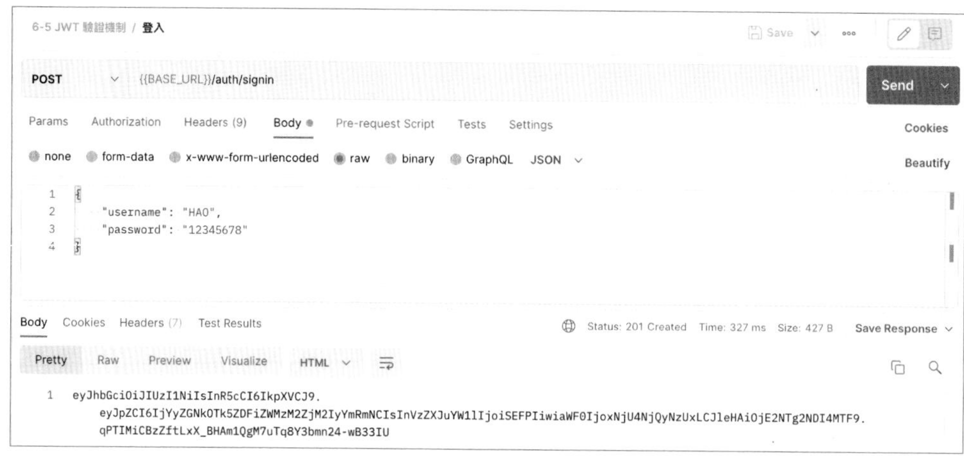

↑ 圖 6-10　回傳 JWT 的測試結果

接下來要實作 JWT 驗證的部分，因爲要和 Passport 結合，所以和本地帳戶策略一樣，要建立一個 Provider 並繼承 PassportStrategy 產生的值，不過帶入的 Passport Strategy 爲 passport-jwt 提供的 Strategy：

```
...
@Injectable()
export class JwtStrategy extends PassportStrategy(Strategy) {
  constructor(configService: ConfigService) {
    super({
      jwtFromRequest: ExtractJwt
        .fromAuthHeaderAsBearerToken(),
      ignoreExpiration: false,
      secretOrKey: configService.get('secret.jwt'),
    });
  }

  validate(payload: Record<string, any>) {
    const { id, username } = payload;
    const userPayload: IUserPayload = {
      id,
      username,
    };
    return userPayload;
  }
}
```

可發現上方程式碼和本地帳戶策略有些不同，以 super 帶入的參數來說，這裡帶了含有三個參數的物件，它們分別是：

- jwtFromRequest：指定從請求中的哪裡提取 JWT，這裡可以使用 ExtractJwt 來輔助配置，以上方範例來說，會從 Header 爲「Authorization」的地方取出，並且該 JWT 是以 Bearer 的形式傳送的。
- ignoreExpiration：是否忽略過期的 JWT。
- secretOrKey：放入 JWT 簽章用的密鑰。

注意 ExtractJwt 歸納於 passport-jwt 底下，若是編輯器沒有自動引入功能，則需要特別留意，避免不知道從何引入它。

提示 super 提供的參數是 JWT Passport Strategy 的相關設定參數，詳細內容可以參考：URL https://github.com/mikenicholson/passport-jwt#configure-strategy。

注意一下 validate 這個方法，基本上 JWT 在流程上就已經驗證了其合法性以及是否過期，故這裡可以不用進行額外的檢查，但如果要在這裡向資料庫提取更多的使用者資訊也是可以的。另外，validate 方法參數會是內容區塊解析後的結果，上方程式碼將回傳值調整成跟本地帳戶策略相同。

設置好 JWT 驗證策略後實際測試看看。以 AppController 爲例，在 getHello 方法套用 AuthGuard，由於是採用 JWT 驗證策略，所以帶入 AuthGuard 的值爲「jwt」：

```
...
@Controller()
export class AppController {
  ...
  @UseGuards(AuthGuard('jwt'))
  @Get()
  getHello(): string {
    return this.appService.getHello();
  }
}
```

透過 Postman 進行測試，以 GET 方法存取 /，並不帶入任何的 JWT 到 Header 中，則會收到如圖 6-11 所示的錯誤訊息。

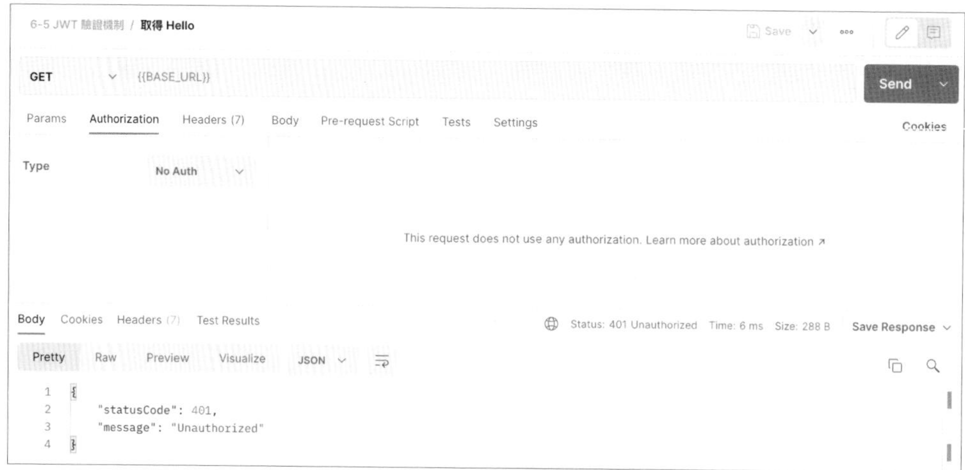

↑ 圖 6-11　未通過驗證的測試結果

如果將未過期的 JWT 帶入 Header，則會順利收到預期的結果，如圖 6-12 所示。

↑ 圖 6-12　通過驗證的測試結果

範例程式碼

https://github.com/hao0731/nestjs-book-examples/tree/authentication/jwt/src

CHAPTER **07**

授權驗證 (Authorization)

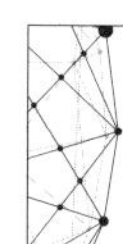

7.1 RBAC 介紹

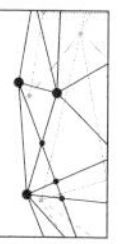

企業會使用一些管理系統來管理人力等資源，而這些管理系統通常都會有所謂的**權限設計**（Permission）來幫助企業做好權限的控管，以免發生權限過大所造成的風險問題。這裡舉另一種權限設計的例子，影音平台 YouTube 推出了 YouTube Premium 機制，只要每個月付點費用就可以享受沒有廣告的高級體驗。

權限設計的實作方式非常多種，這些方式的核心概念就是賦予用戶權限，並設計**授權驗證機制**（Authorization），通過驗證的使用者就能夠使用相關功能。本章會以經典的權限設計—**以角色為基礎的存取控制**（Role-based access control，**簡稱** RBAC）作爲主軸。

7.1.1 基本概念

RBAC 的概念很簡單，以企業用的管理系統來說，很常將各個使用者賦予特定的**角色**（Role），例如：管理者、員工等，而每種角色所擁有的權限都會有些不同，如圖 7-1 所示。比如說，管理者可以刪除員工，但員工不得刪除員工與管理者，這種以角色爲基礎的權限配置方式就是 RBAC。

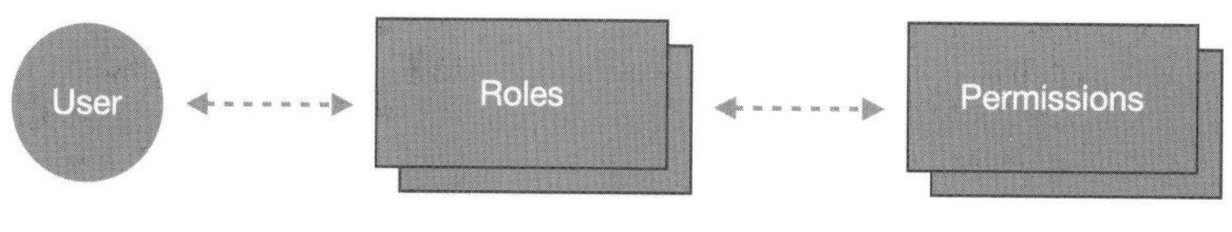

↑ 圖 7-1 RBAC 概念

7.1.2 RBAC 設計方式

通常在設計一套 RBAC 的系統時，都會根據需求來設計，所以難免會有所不同，難易度也會不同，我認爲可粗略歸類成兩種，分別是「靜態權限」與「動態權限」。

「靜態權限」屬於較簡單的設計方式，如果權限、角色等配置不會隨意改變，就可以用這種設計方式。舉例來說，假設今天有一套系統，有管理員、員工這兩個角色，他們能做的事情並不會隨意變更的，那就可以用設定檔等方式將權限都定義好，程式只需依照該設定檔來驗證使用者屬於哪種角色，進而判斷是否有權限。

「動態權限」則屬於較複雜的設計方式，如果權限、角色等是可以讓使用者自行配置的，便可以用這種設計方式。舉例來說，AWS 提供的服務有非常複雜的權限配置，每個角色都可以透過勾選的方式來配置它的權限。

RBAC 的實作方式非常多樣，最傳統的作法就是設計資料庫，並將使用者、角色、權限等資料做關聯，當然也有很多套件在處理這方面的配置。而我們如何實作 RBAC 呢？下一小節將會帶各位認識一個叫「Casbin」的套件，並在後面的小節用它來實作 RBAC。

7.2 什麼是 Casbin？

Casbin（圖 7-2）是一個專門處理權限設計的函式庫，它的最大特色就是用設定的方式來實現驗證規則，大幅降低撰寫驗證規則的難度，而且可以實作 ACL、RBAC、ABAC 等授權機制，已經有非常多企業使用，例如：Intel、Docker、Cisco 等，是近年來非常熱門的函式庫。

↑圖 7-2 Casbin[*1]

看到 Logo 可能會覺得很熟悉，它和 Golang 有很大的關係，一開始 Casbin 是 Golang 的函式庫，後來實現了跨平台的設計，現在 Node.js、PHP、Python 等皆可使用。

在開始用 Casbin 之前，有一些基本知識需要先了解，Casbin 主要會由兩個部分組成，分別是**存取控制模型**（Access Control Model）與**政策模型**（Policy Model），接下來會說明它們是什麼東西，以及它們是如何運作的。

---

*1 圖片來源：URL https://github.com/casbin/casbin。

7.2.1 存取控制模型（Access Control Model）

簡單來說，「存取控制模型」就是用來定義怎麼做驗證的地方，也就是驗證規則的制定。在 Casbin 中，我們會製作一個 <FILE_NAME>.conf 的設定檔，它是基於 **PERM 模型**來進行配置，如圖 7-3 所示，讓驗證規則只需要用一個設定檔就可以解決，那什麼是 PERM 模型呢？它是由這四個元素所構成：**請求**（Request）、**政策**（Policy）、**驗證器**（Matcher）、**效果**（Effect），不過，RBAC 還會多一種叫**角色定義**（Role Definition）的元素。

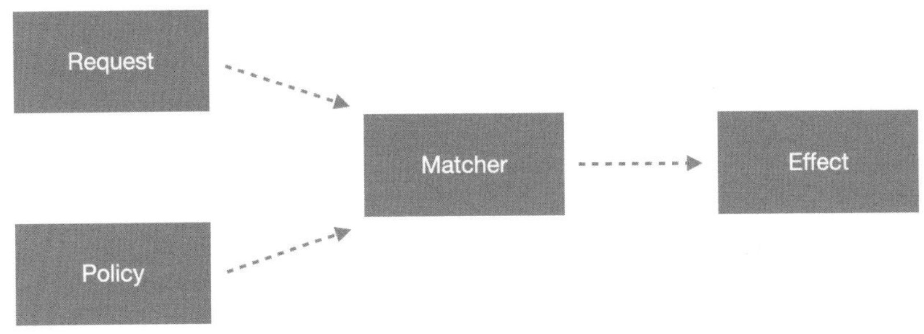

↑圖 7-3　PERM 模型

請求（Request）

「請求」是定義驗證時所需使用的參數與順序，必須包含：主題 / 實體（Subject）、對象 / 資源（Object）以及操作 / 方式（Action）。下方為請求在設定檔中的範例：

```
[request_definition]
r = sub, obj, act
```

這裡解釋一下各個參數的意義：

- [request_definition]：定義請求時，需要以此作為開頭。
- r：變數名稱，因為使用了 [request_definition]，該變數就代表了請求。
- sub：代表主題，通常主題可以是使用者、角色等。
- obj：代表對象，通常對象可以是資源等。
- act：代表操作，通常操作會是針對資源所執行的動作名稱。

用白話文來解釋的話，可以說成：「**請求**（r）提供了**誰**（sub）想要對**什麼東西**（obj）做**什麼動作**（act）的資訊」。如果用RBAC的角度重新解釋，可以說：「**請求**（r）提供了**角色**（sub）想要對**某個資源**（obj）做**特定操作**（act）的資訊」。

政策（Policy）

「政策」是定義政策模型的骨架（Schema），未來可以依照該骨架來制定政策模型。下方爲政策在設定檔中的範例：

```
[policy_definition]
p = sub, obj, act, eft
```

這裡解釋一下各個參數的意義：

- [policy_definition]：定義政策時，需要以此作爲開頭。
- p：變數名稱，因爲使用了[policy_definition]，該變數就代表了政策。
- sub：代表主題。
- obj：代表對象。
- act：代表操作。
- eft：代表**允許**（allow）或**拒絕**（deny），非必要項目，預設值爲「allow」。

用白話文來解釋的話，可以說：「**政策**（p）制定了**誰**（sub）**可不可以**（eft）對**什麼東西**（obj）做**什麼動作**（act）的規則描述」。如果用RBAC的角度重新解釋，可以說：「**政策**（p）制定了**某個角色**（sub）**可不可以**（eft）對**某個資源**（obj）做**特定操作**（act）的規則描述」。

驗證器（Matcher）

「驗證器」是用來驗證請求帶來的資訊是否與政策模型制定的規則吻合，是一個條件敘述式，在執行驗證流程時，會將請求與政策模型的值帶入進行驗證。下方爲驗證器在設定檔中的範例：

```
[matchers]
m = r.sub == p.sub && r.act == p.act && r.obj == p.obj
```

這裡解釋一下各個參數的意義：

- [matchers]：定義驗證器時，需要以此作爲開頭。
- m：變數名稱，因爲使用了 [matchers]，該變數就代表了驗證器。
- r：變數名稱，前面已經透過 [request_definition] 將它宣告成請求。
- p：變數名稱，前面已經透過 [policy_definition] 將它宣告成政策。
- r.sub：代表請求的主題。
- p.sub：代表政策的主題。
- r.obj：代表請求的對象。
- p.obj：代表政策的對象。
- r.act：代表請求的操作。
- p.act：代表政策的操作。

用白話文來解釋的話，可以說：「**請求主題**（r.sub）必須與**政策主題**（p.sub）相同、**請求操作**（r.act）必須與**政策操作**（p.act）相同以及**請求對象**（r.obj）必須與**政策對象**（p.obj）相同。」

另外，在驗證器可以使用函式來輔助驗證，Casbin 內建一些函式提供給我們使用，這裡將最基本的三種函式整理成下表：

函式名稱	描述
keyMatch	可以用 * 來比對路徑是否符合規則，如：/todos/*。
keyMatch2	可以用 : 來比對路徑是否符合規則，如：/todos/:id。
keyMatch3	可以用 {} 來比對路徑是否符合規則，如：/todos/{id}。

以 keyMatch2 爲例，可以用在對象的比對，當政策模型的對象爲 /todos/:id 且請求的對象爲 /todos/1 時，這樣的比對就是合法的：

```
[matchers]
m = r.sub == p.sub && r.act == p.act && keyMatch2(r.obj, p.obj)
```

效果（Effect）

「效果」是針對驗證結果再進行一個額外的驗證。下方為效果在設定檔中的範例：

```
[policy_effect]
e = some(where (p.eft == allow))
```

這裡解釋一下各個參數的意義：

- [policy_effect]：定義效果時，需要以此作為開頭。
- e：變數名稱，因為使用了 [policy_effect]，該變數就代表了效果。
- p.eft：政策的許可值。
- allow：eft 的結果之一。

這裡需要特別解釋一下 some(where (p.eft == allow)) 這個語法，它代表的意義是「在驗證結果中，只要有一個政策許可值為 allow，就表示通過」，看起來好像是使用了 some 和 where 這兩個函式，並帶入條件判斷式。事實上，Casbin 是以寫死（Hard Code）的方式提供給開發者使用，也就是說，它其實只是一串字而已，Casbin 團隊認為在效果上不需要太多的彈性，使用他們制定的五個效果就很夠用。

> 提示 Casbin 提供的五大效果語法，可以參考 Casbin Effect 官方文件：URL https://casbin.org/docs/zh-CN/syntax-for-models#policy-effect%E5%AE%9A%E4%B9%89。

角色定義（Role Definition）

最後，要來說明「角色定義」的部分，它是用來實現角色繼承的定義，不是必要的配置項目。下方為角色定義在設定檔中的範例：

```
[role_definition]
g = _, _
```

這裡解釋一下各個參數的意義：

- [role_definition]：定義角色定義時，需要以此作爲開頭。
- g：變數名稱，因爲使用了 [role_definition]，該變數就代表了角色定義。

這裡要特別解釋一下 _, _ 這個語法，我們可以把它視爲有兩個參數的函式，這兩個參數帶入的會是角色，這個函式的作用就是讓前項的角色繼承後項角色的權限，可以運用這個方式來綁定角色和資源的關係。

7.2.2 政策模型（Policy Model）

政策模型是制定角色與資源存取關係的地方，也就是哪些角色可以對哪些資源做哪些操作的明確定義。

在 Casbin 的世界裡，會採用適配器（Adapter）的方式來讀取與保存政策模型，最簡單的實作方法就是使用內建的 File Adapter，它可以讀取 csv 檔，讓 Casbin 拿到定義的政策模型，Casbin 也支援各種不同的 Adapter，例如：SQL Adapter、MongoDB Adapter 等，讓我們透過資料庫來維護這些政策模型，不過這些 Adapter 都需要額外安裝。

> **說明** 接下來的內容會以最基礎的 File Adapter 進行介紹與呈現。

前面有提到政策是政策模型的骨架，所以政策模型需要根據政策來設計，以前面定義的政策 p = sub, obj, act 來說，我們需要在 csv 檔聲明要使用 p 這個政策，並依序帶入主題、對象、操作。下方爲使用政策 p 定義的模型，該模型的主題爲「staff」、對象爲「/todos」、操作爲「read」，表示「staff 可以對資源 /todos 做 read 的操作」：

```
p, staff, /todos, read
```

如果有一個角色叫「manager」，他同時也是「staff」的身分，那要如何設計政策模型呢？前面提到的角色定義可以實驗角色繼承，運用繼承的方式讓「manager」繼承「staff」，所以在 csv 檔裡面使用 g 這個角色定義，並依序帶入「manager」與「staff」：

```
p, staff, /todos, read
p, manager, /todos, write

g, manager, staff
```

這樣在政策模型上他們就是繼承關係了，但還有一個地方需要去調整，就是驗證器的部分，它也必須使用 g 來爲角色做檢查：

```
m = g(r.sub, p.sub) && r.act == p.act && r.obj == p.obj
```

7.3 NestJS 與 Casbin

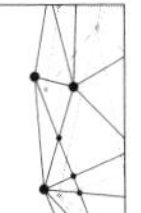

Casbin 有實作一套給 Node.js 使用的版本，比較可惜的是 NestJS 官方並沒有封裝 Casbin，所以需要自行安裝且自行設計一個 Module 來使用，安裝指令如下：

```
$ npm install casbin
```

7.3.1 基本用法

在實作 Module 以前，需要先了解 Casbin 的基本用法，Casbin 無論在哪個平台上，都需要建置 Enforcer 物件來讀取存取控制模型與政策模型的 Adapter，進而使用 Casbin 的功能。

Enforcer 會使用 newEnforcer 函式產生，該函式採用非同步的方式處理，它需要帶入的參數分別爲 <FILE_NAME>.conf 檔與 Adapter，以 File Adapter 來說，只需要帶入 csv 檔的路徑即可：

```
import { newEnforcer } from 'casbin';
const enforcer = await newEnforcer(
  'model.conf',
```

```
    'policy.csv'
);
```

有了 Enforcer 物件之後，就要透過它來做驗證，它提供了 enforce 方法，讓我們可以**依照存取控制模型中的請求格式來帶入參數**，進而執行 Casbin 的驗證流程，該方法採用非同步的方式處理，最終會收到是否通過的結果。以「r = sub, obj, act」的請求格式來說，就會分別帶入這三個參數到 enforce 方法中：

```
const allow = await enforcer.enforce(subject, object, action);
```

7.3.2 模組實作

現在我們知道 Casbin 的基本用法之後，會發現 Casbin 這種第三方物件非常適合用自訂 Provider 的方式進行處理，並且需要提供足夠的彈性，

讓開發者可以自行帶入存取控制模型以及政策模型的 Adapter，根據這些特點，使用 Dynamic Module 的形式將 Casbin 封裝是很好的選擇。

圖 7-4 是封裝的 Module（AuthorizationModule）的設計與使用方式，首先在 AuthorizationModule 建立一個自訂 Provider 來管理 Enforcer，並將它注入到整合且對外開放的 AuthorizationService 裡，這個 Service 會注入到 RoleGuard 中使用，讓 RoleGuard 來判斷是否有通過授權驗證，最後會在 AppModule 進行註冊。

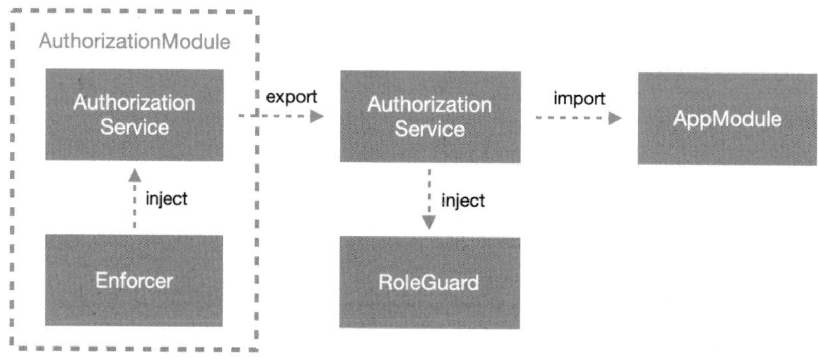

↑ 圖 7-4　AuthorizationModule 的設計與使用方式

現在就來動手實作吧！透過 NestCLI 產生 AuthorizationModule 與 AuthorizationService 來串接 Casbin 的功能：

```
$ nest generate module common/modules/authorization
$ nest generate service common/modules/authorization
```

建立好之後，先替 Enforcer 建立一個 token，讓它可以用自訂 Provider 的方式來管理：

```
export const CASBIN_ENFORCER = 'casbin_enforcer';
```

接下來，要定義 AuthorizationModule 的 register 靜態方法所需的參數，讓開發者自行帶入存取控制模型、政策模型的 Adapter 以及是否設定爲全域模組，所以定義了一個叫「RegisterOptions」的介面：

```
export interface RegisterOptions {
  modelPath: string;
  policyAdapter: any;
  global?: boolean;
}
```

modelPath 爲存取控制模型的路徑，也就是 <FILE_NAME>.conf 的所在位置，而 policyAdapter 是帶入政策模型的 Adapter，型別爲 any 是因爲 Enforcer 支援多種不同的 Adapter，或是可以帶 csv 檔的路徑。

接著在 AuthorizationModule 實作 register 靜態方法，並匯出 AuthorizationService：

```
...
@Module({})
export class AuthorizationModule {
  static register(options: RegisterOptions): DynamicModule {
    const { modelPath, policyAdapter, global } = options;
    const enforcer: Provider = {
      provide: CASBIN_ENFORCER,
      useFactory: () => {
        return newEnforcer(modelPath, policyAdapter);
```

```
      },
    };

    return {
      global,
      module: AuthorizationModule,
      providers: [enforcer, AuthorizationService],
      exports: [AuthorizationService],
    };
  }
}
```

在 AuthorizationService 會實作 mappingAction 方法，來將 HTTP Method 轉換成政策模型的操作詞綴，原因是 HTTP Method 是對某項資源的操作方式，與政策模型的操作是有緊密關聯的，不過在政策模型中經常會使用「read」、「create」等語意化的詞綴，比較少用 HTTP Method，所以我們可以先設計一個 enum 來定義政策模型具體會有哪些操作：

```
export enum AuthorizationAction {
  CREATE = 'create',
  READ = 'read',
  UPDATE = 'update',
  DELETE = 'delete',
}
```

接著，我們要在 AuthorizationService 注入 Enforcer，並設計 mappingAction 與 checkPermission 方法，checkPermission 方法會有三個參數，分別為主題、對象與操作，將這三個參數依序帶入 Enforcer 的 enforce 方法中，再將結果進行回傳：

```
...
@Injectable()
export class AuthorizationService {
  constructor(
    @Inject(CASBIN_ENFORCER)
    private readonly enforcer: Enforcer
  ) {}
```

```

  public checkPermission(
    subject: string,
    object: string,
    action: AuthorizationAction,
  ) {
    return this.enforcer.enforce(subject, object, action);
  }

  public mappingAction(method: string) {
    const table: Record<string, AuthorizationAction> = {
      GET: AuthorizationAction.READ,
      POST: AuthorizationAction.CREATE,
      PUT: AuthorizationAction.UPDATE,
      PATCH: AuthorizationAction.UPDATE,
      DELETE: AuthorizationAction.DELETE,
    };

    return table[method.toUpperCase()];
  }
}
```

最後，就是要實作RoleGuard的部分。一般來說，能走到授權驗證，就表示通過了身分驗證，所以在請求物件中會有user屬性，可以從這裡提取使用者的角色，同時也能從請求物件中提取HTTP Method與路徑，如此一來，就能運用這些資訊與AuthorizationService提供的功能來進行授權驗證：

```
...
@Injectable()
export class RoleGuard implements CanActivate {
  constructor(private readonly authorizationService: AuthorizationService) {}

  canActivate(
    context: ExecutionContext,
  ): boolean | Promise<boolean> | Observable<boolean> {
    const ctx = context.switchToHttp();
    const request = ctx.getRequest<Request>();
```

```
    const { user, method, path } = request;
    const { role } = user as IUserPayload;
    const action = this.authorizationService.mappingAction(
      method
    );
    return this.authorizationService.checkPermission(
      role,
      path,
      action
    );
  }
}
```

提示 在「第 6 章 身分驗證」中，IUserPayload 並沒有設計 role，這部分會在下一小節進行調整。

範例程式碼

https://github.com/hao0731/nestjs-book-examples/tree/authorization/casbin-module/src/common

7.4 實作授權驗證

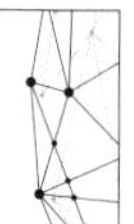

完成了封裝 Casbin 的 AuthorizationModule 後，就要運用它與 RoleGuard 來實作授權驗證功能。

7.4.1 模型設計

首先，要設計存取控制模型的部分，需要明確定義請求、政策、驗證器與效果，由於我們會實作 RBAC，所以還可以設計角色定義來實現角色繼承：

```
[request_definition]
r = sub, obj, act

[policy_definition]
p = sub, obj, act

[role_definition]
g = _, _

[policy_effect]
e = some(where (p.eft == allow))

[matchers]
m = g(r.sub, p.sub) && keyMatch2(r.obj, p.obj) && (r.act == p.act || p.act == '*')
```

從上方的驗證器可以看出，政策模型會使用 keyMatch2 的方式來驗證存取的路徑，針對操作的部分額外設定了「*」，當政策模型的操作是「*」，就會直接認定操作是合法的。

接著來設計政策模型的部分，我預期會有三種角色，分別是「admin」、「manager」與「staff」，其中的 staff 只能讀取 Todo 相關資訊，manager 則繼承了 staff 的功能，但它還可以新增與修改 Todo：

```
p, admin, /todos, *
p, admin, /todos/:id, *
p, staff, /todos, read
p, staff, /todos/:id, read
p, manager, /todos, create
p, manager, /todos/:id, update

g, manager, staff
```

7.4.2 實裝授權驗證

定義好存取控制模型與政策模型之後，需要設計 Todo 相關的功能，共會有五個 API，我將它們整理成下表：

API	描述
[GET] /todos	取得 Todo 列表，所有角色皆可存取。
[GET] /todos/:id	取得指定 Todo，所有角色皆可存取。
[POST] /todos	新增 Todo，僅有 admin 與 manager 可以存取。
[PATCH] /todos/:id	更新特定 Todo，僅有 admin 與 manager 可以存取。
[DELETE] /todos/:id	刪除特定 Todo，僅有 Admin 可以存取。

提示 Todo 的功能就不在此處列出實作方式，可以自行設計或是參考範例程式碼。

有了這些功能後，可以定義一組列出所有角色的 enum，讓我們在其他的地方可以使用：

```
export enum Role {
  ADMIN = 'admin',
  MANAGER = 'manager',
  STAFF = 'staff',
}
```

接著要調整 User 的結構，會多一個 role 的欄位來記錄使用者角色，型別是 Role，預設情況下會直接給 Role.STAFF：

```
...
@Schema({ versionKey: false, timestamps: true })
export class User {
  ...
  @Prop({
    enum: Object.values(Role),
    default: Role.STAFF,
    required: true,
  })
  role: Role;
}
...
```

由於授權驗證會在身分驗證之後，所以可以在 JWT 中添加 role 的資訊，如此一來，就可以透過解析 JWT 後拿到的資訊來驗證該使用者的角色是否有權限可以執行操作，所以先調整 IUserPayload，在這裡添加 role：

```
export interface IUserPayload {
  id: string;
  username: string;
  role: Role;
}
```

提示 還需要針對 LocalStrategy、JwtStrategy 的 validate 方法做調整，要讓它們的回傳值也包含 role，這樣才會符合 IUserPayload 的格式，進而從請求物件中的 user 拿到 role 的資訊，還有 AuthController 中的 signup 也需要做調整，讓 payload 符合 IUserPayload 的格式，這樣產生出來的 JWT 才會含有 role。

接下來，在 AppModule 使用 AuthorizationModule 與 TodoModule，針對給檔案路徑的部分，使用了 Node.js 提供的 path 功能來讀取 model.conf 與 policy.csv：

```
...
@Module({
  imports: [
    ...
    AuthorizationModule.register({
      global: true,
      modelPath: join(
        __dirname,
        '../casbin/model.conf'
      ),
      policyAdapter: join(
        __dirname,
        '../casbin/policy.csv'
      ),
    }),
    TodoModule,
    ...
```

```
  ],
  ...
})
export class AppModule {}
```

最後就是在 TodoController 使用 @UseGuards 裝飾器，並帶入 AuthGuard 與自行設計的 RoleGuard，這樣就會針對整個 TodoController 裡面的所有 Handler 進行套用：

```
...
@UseGuards(AuthGuard('jwt'), RoleGuard)
@Controller('todos')
export class TodoController {
  ...
}
```

7.4.3 實測結果

01 透過 Postman 進行測試，先以 POST 方法存取 /auth/signup 來註冊帳戶，並使用拿到的 JWT 去用 POST 方法存取 /todos，會收到「403」的錯誤，如圖 7-5 所示，原因是我們在定義 User 的時候，設定了 role 的預設值為 Role.STAFF，也就是 staff，所以無法建立 Todo。

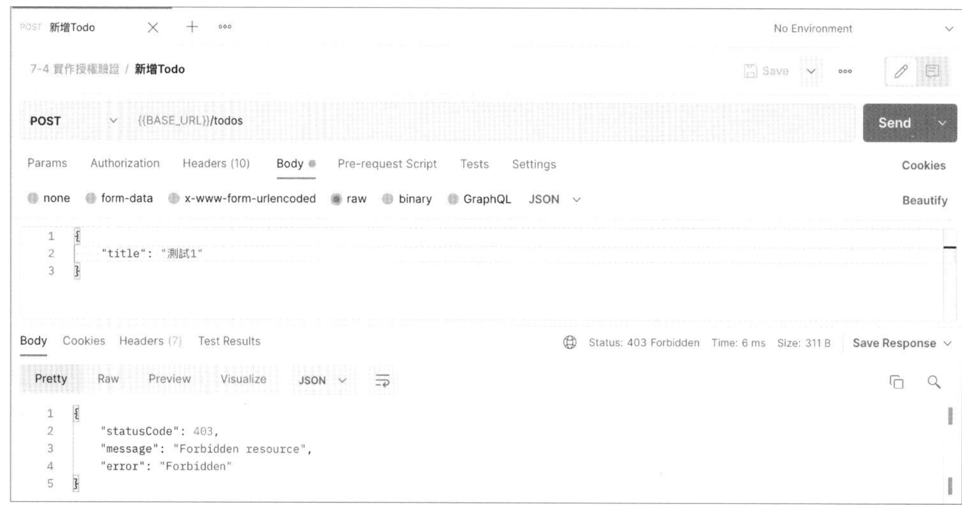

↑ 圖 7-5 角色權限不足的測試結果

02 如果我們將該角色的 role 調整成 manager，就可以順利建立 Todo，由於我們是使用 MongoDB Atlas，所以可以直接透過介面來修改，如圖 7-6 所示。

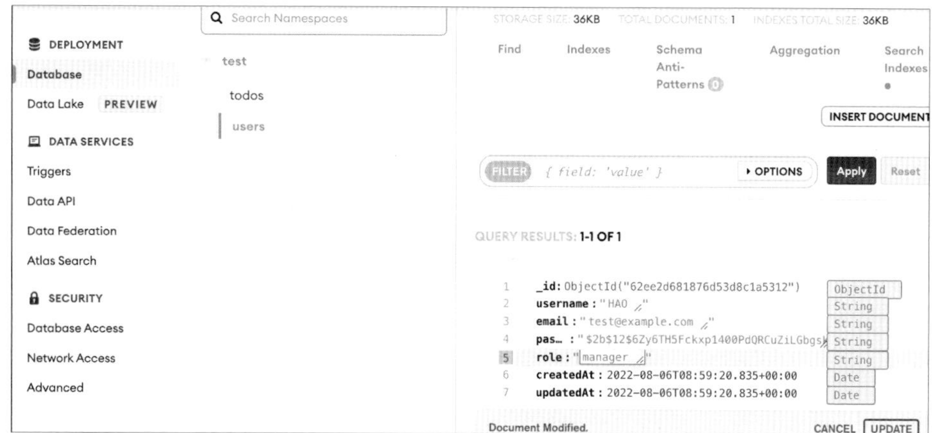

↑ 圖 7-6　在 MongoDB Atlas 修改 Document

03 修改完之後，透過 POST 方法存取 /auth/signin 進行登入，透過拿到的 JWT 去建立 Todo，收到 Todo 的資訊就表示建立成功，如圖 7-7 所示。

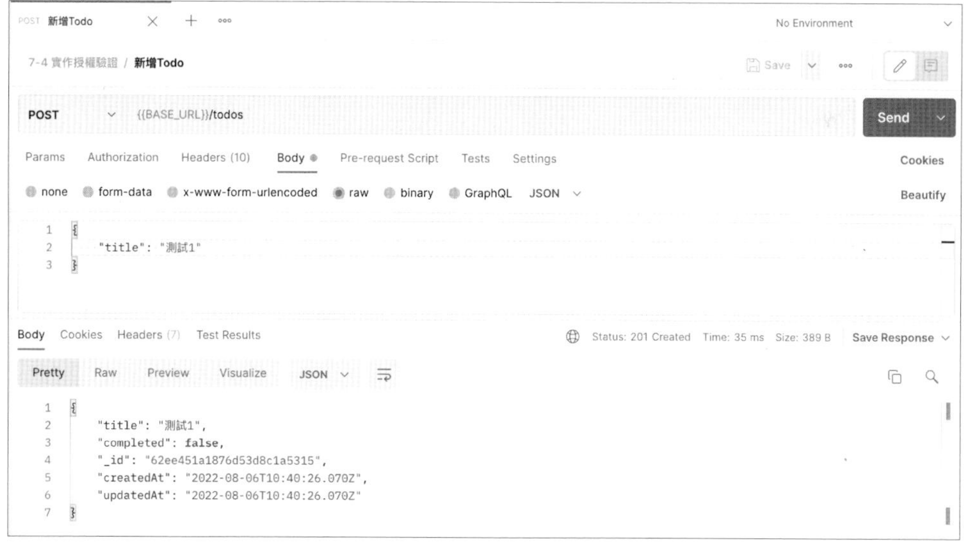

↑ 圖 7-7　成功建立 Todo 的測試結果

 **範例程式碼**

https://github.com/hao0731/nestjs-book-examples/tree/authorization/use-casbin-module/src

CHAPTER **08**

Swagger

8.1 什麼是 Swagger？

8.2 初探 Swagger

8.3 API 參數設計

8.4 API 操作設計

8.5 API 授權設計

8.1 什麼是 Swagger？

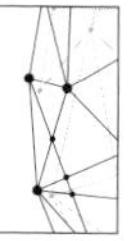

如果你是一名前端工程師，那麼應該會有向後端要 API 文件的經驗，如果你是一名後端工程師，那你應該會有寫 API 文件的需求，相信很多人都不喜歡花時間在寫文件，甚至要保存與維護每個版本的文件，實在是耗時耗力，難道就沒有其他方法來解決這個問題嗎？答案是有的，解決方案就是 Swagger。

↑圖 8-1　Swagger *1

Swagger 是一套把 API 用視覺化方式呈現的工具，目前在全球已經被多個企業採用，例如：Microsoft、National Geographic、HomeAway 等。Swagger 會以頁面的形式將各個 API 條列出來，包含 API 所需的參數以及參數格式等，甚至可以透過這個頁面直接對後端的 API 做操作，達到了 Postman 的效果，大幅降低 API 文件的維護成本，更可以促進團隊的開發效率。

Swagger 可以在多種平台上使用，想當然 Node.js 是其中之一，不過會根據使用的框架而有所不同，NestJS 有針對 Swagger 進行封裝，安裝指令如下：

```
$ npm install @nestjs/swagger
```

如果底層是使用 Express，那還需要另外安裝 Express 用的 Swagger：

```
$ npm install swagger-ui-express
```

如果底層是 Fastify，那就要安裝 Fastify 的 Swagger：

```
$ npm install fastify-swagger
```

*1　圖片來源：URL https://swagger.io/。

8.2 初探 Swagger

安裝相關套件後，要在 main.ts 進行 Swagger 初始化，透過 DocumentBuilder 產生基本的文件格式，可以設置的內容大致上有標題、描述、版本等。

```
const builder = new DocumentBuilder();
const config = builder
  .setTitle('TodoList')
  .setDescription('This is a basic Swagger document.')
  .setVersion('1.0')
  .build();
```

基本格式建立完之後，需要去建立更完整的文件內容，所以透過 SwaggerModule 的 createDocument 方法將完整的文件產生出來，該方法至少需要帶入兩個參數，分別是「NestApplication 的實例」以及「透過 DocumentBuilder 產生的基本文件格式」。

```
const document = SwaggerModule.createDocument(app, config);
```

最後，透過 SwaggerModule 的 setup 方法來啓動 Swagger 的頁面，該方法共接受四個參數：

- path：Swagger UI 的路徑。
- app：帶入 NestApplication 實例。
- document：放入初始化文件，即 createDocument 產生的文件。
- options：UI 配置選項，爲選填項目，接受的參數格式爲 SwaggerCustomOptions。

提示 UI 配置選項稍後會再說明。

下方是初始化 Swagger 的範例，在設置基本文件格式時，透過 setTitle 來設置標題、setDescription 設置描述以及 setVersion 設置版本，並透過 build 將其產生，接著再產出完整的文件，最後指定 SwaggerUI 的路徑為「api」並啟動：

```
...
async function bootstrap() {
  const app = await NestFactory.create(AppModule);
  setupSwagger(app);
  await app.listen(3000);
}

function setupSwagger(app: INestApplication) {
  const builder = new DocumentBuilder();
  const config = builder
    .setTitle('TodoList')
    .setDescription('This is a basic Swagger document.')
    .setVersion('1.0')
    .build();
  const document = SwaggerModule.createDocument(app, config);
  SwaggerModule.setup('api', app, document);
}

bootstrap();
```

啟動應用程式後，透過瀏覽器查看 URL http://localhost:3000/api，會看到如圖 8-2 所示的結果。

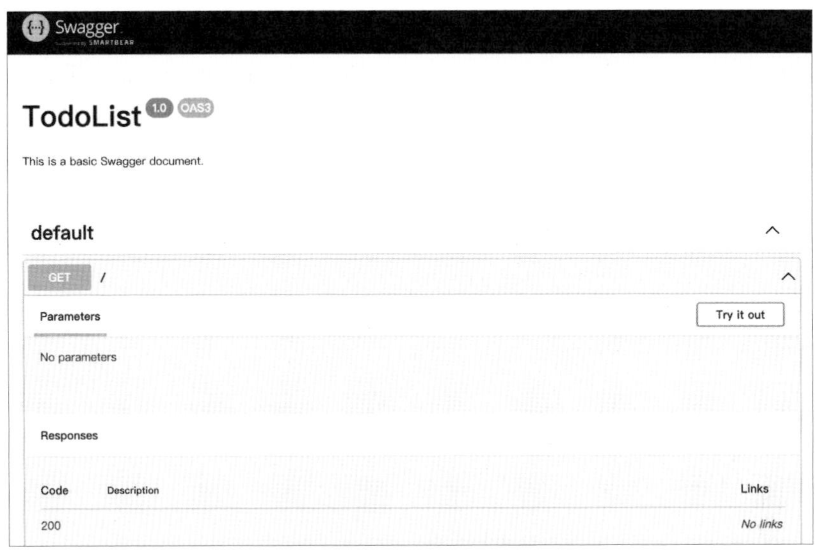

↑ 圖 8-2　Swagger 頁面

假如要取得該Swagger的文件JSON檔，可以透過URL http://localhost:3000/<PATH>-json來取得，以上方範例爲例，path爲「api」，透過Postman存取URL http://localhost:3000/api-json，就可以獲得文件JSON檔，如圖8-3所示。

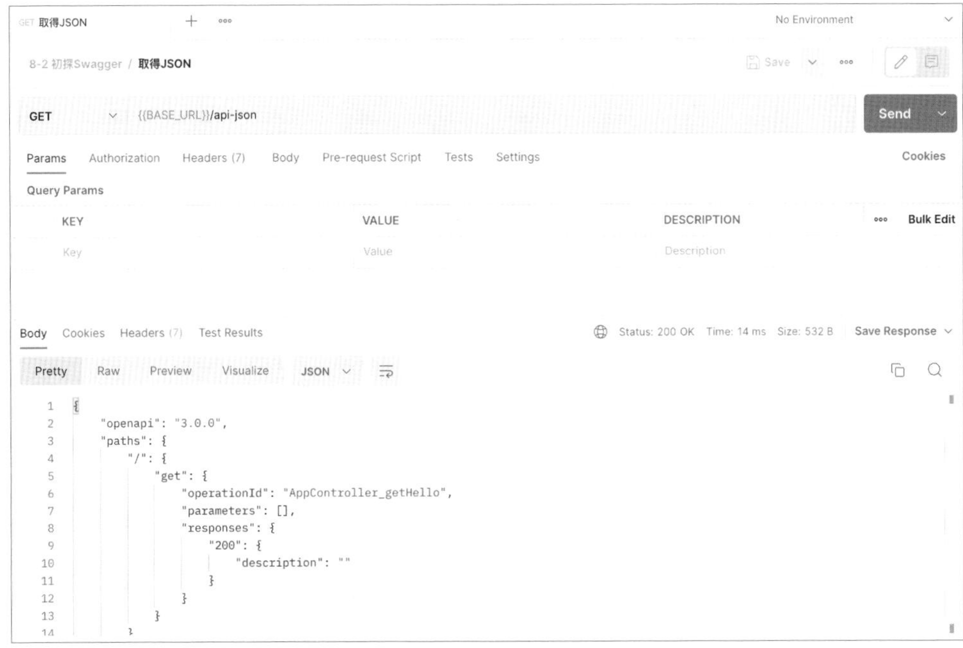

↑ 圖 8-3　Swagger JSON 檔

8.2.1 Swagger UI 配置選項

可以透過 UI 配置選項來調整 Swagger UI 的樣式或功能，這裡將部分較重要的參數整理出來供大家參考：

- explorer：是否開啓搜尋列，預設爲「false」。
- swaggerOptions：Swagger 其他配置項目，可以參考官方文件[*2]。
- customCss：自定義 Swagger UI 的 CSS。
- customCssUrl：給予自定義 Swagger UI 的 CSS 資源位址。
- customJs：透過自訂 JavaScript 來操作 Swagger UI。
- customfavIcon：自訂 Swagger UI 圖示。
- swaggerUrl：給予 Swagger JSON 資源位址。
- customSiteTitle：自定義 Swagger UI 的標題。
- validatorUrl：給予 Swagger 的 Validator 資源位址。

以下方爲例，將 explorer 設爲「true」來開啓搜尋列：

```
...
function setupSwagger(app: INestApplication) {
  ...
  const options: SwaggerCustomOptions = {
    explorer: true, // 開啟搜尋列
  };
  SwaggerModule.setup('api', app, document, options);
}

bootstrap();
```

*2 Swagger 其他配置項目的官方文件：URL https://github.com/swagger-api/swagger-ui/blob/master/docs/usage/configuration.md。

透過瀏覽器查看 URL http://localhost:3000/api，會看到頁面上多了搜尋列，如圖 8-4 所示。

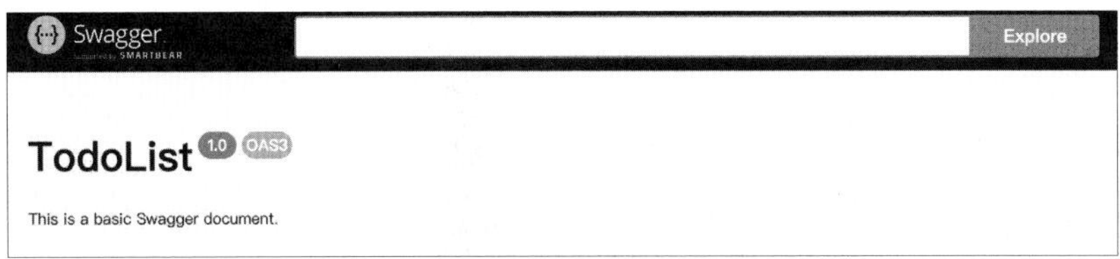

↑ 圖 8-4 開啟搜尋列的 Swagger 頁面

範例程式碼

https://github.com/hao0731/nestjs-book-examples/blob/swagger/initial/src/main.ts

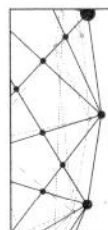

8.3 API 參數設計

SwaggerModule 在建置文件的過程中，會去搜尋所有 Controller 底下的路由，並將帶有 @Query、@Param 以及 @Body 的參數解析出來，進而顯示在 Swagger UI 上，透過這樣的方式，不僅能把該 API 所需的參數列出來，還能顯示該參數的型別。

假設現在有一個 TodoController，並且有一個取得單筆 Todo 的 getTodo 方法，在這個方法會使用 @Param 裝飾器取得路由參數「id」：

```
...
@Controller('todos')
export class TodoController {
  constructor(private readonly todoService: TodoService) {}

  @Get(':id')
  getTodo(@Param('id') id: string) {
    return this.todoService.getTodo(id);
```

```
    }
}
```

透過瀏覽器查看URL http://localhost:3000/api，會看到頁面上多了 [GET] /todos/{id} 的 API 區塊，如圖 8-5 所示，該區塊有地方可以讓我們帶入「id」。

↑ 圖 8-5　**自動解析路由與參數**

範例程式碼

https://github.com/hao0731/nestjs-book-examples/blob/swagger/parameter-basic/src/features/todo/todo.controller.ts

8.3.1 解析 DTO

雖然說 SwaggerModule 可以自動解析出參數型別，但在面對較複雜的參數型別就要特別處理，才能被解析出來，其中的 DTO 就需要特別處理。DTO 是一種物件格式的資料型別，要能被順利解析出每個屬性的話，就要在每個屬性上使用 @ApiProperty 裝飾器。以下方 CreateTodoDto 為例：

```
import { ApiProperty } from '@nestjs/swagger';

export class CreateTodoDto {
  @ApiProperty()
```

```
  public readonly title: string;
  @ApiProperty()
  public readonly description?: string;
  @ApiProperty()
  public readonly completed: boolean;
}
```

在 TodoController 新增一個 createTodo 方法，並透過 @Body 裝飾器取出型別為 CreateTodoDto 的主體資料：

```
...
@Controller('todos')
export class TodoController {
  ...
  @Post()
  createTodo(@Body() dto: CreateTodoDto) {
    return this.todoService.createTodo(dto);
  }
}
```

透過瀏覽器查看 URL http://localhost:3000/api，會看到頁面上多了 [POST] /todos 的 API 區塊，如圖 8-6 所示，這裡會顯示 CreateTodoDto 的欄位。

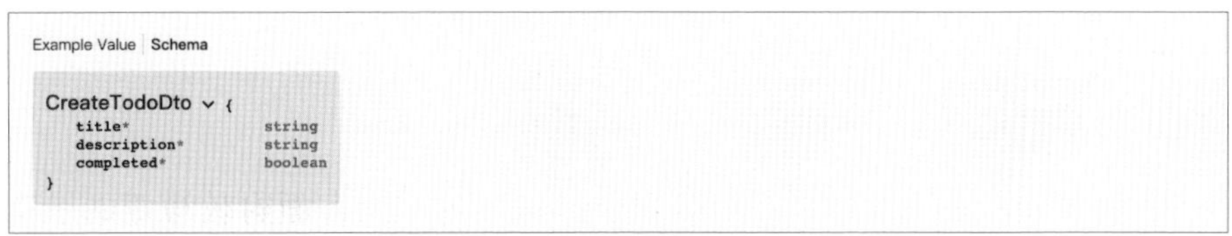

↑圖 8-6 解析 DTO 參數

如果 DTO 本身有設計驗證規則，例如：描述、最大長度等，可以在 @ApiProperty 中添加這些資訊，這樣就會在 Swagger UI 上看到這些限制條件。

> **提示** @ApiProperty 的參數與 Swagger Schema 物件的屬性項目是一致的，詳細內容可以看 Swagger 官方文件：URL https://swagger.io/specification/#schemaObject。

以 CreateTodoDto 爲例：

```
...
export class CreateTodoDto {
  @ApiProperty({
    minLength: 3,
    maxLength: 20,
    description: 'Todo title',
  })
  @IsString()
  @MinLength(3)
  @MaxLength(20)
  public readonly title: string;

  @ApiProperty({
    minLength: 1,
    maxLength: 200,
    required: false,
    description: 'Todo description',
  })
  @IsOptional()
  @IsString()
  @MinLength(1)
  @MaxLength(200)
  public readonly description?: string;

  @ApiProperty()
  @IsBoolean()
  public readonly completed: boolean;
}
```

透過瀏覽器查看 URL http://localhost:3000/api，在 [POST] /todos 區塊會看到 CreateTodoDto 多了限制條件與該屬性的描述，如圖 8-7 所示。

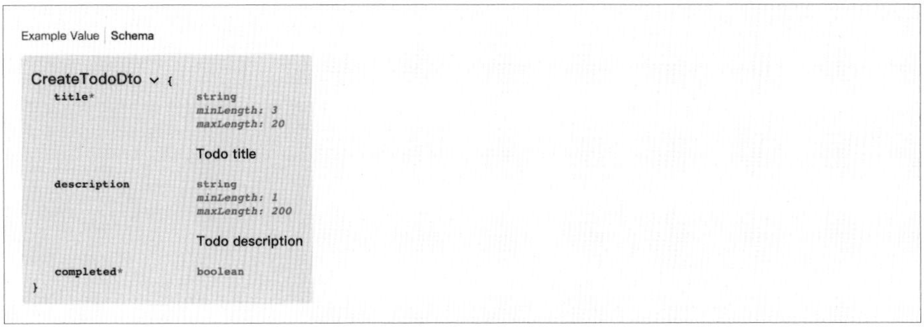

Example Value | Schema

```
CreateTodoDto ∨ {
   title*            string
                     minLength: 3
                     maxLength: 20

                     Todo title

   description       string
                     minLength: 1
                     maxLength: 200

                     Todo description

   completed*        boolean
}
```

↑ 圖 8-7　添加限制條件與描述

如果使用映射型別的方式產生 DTO，需要特別注意，要把本來使用 @nestjs/mapped-types 的那些函式通通改成用 @nestjs/swagger 封裝的版本，這樣才能順利解析出來。

以 UpdateTodoDto 爲例：

```
import { PartialType } from '@nestjs/swagger';
import { CreateTodoDto } from './create-todo.dto';

export class UpdateTodoDto extends PartialType(CreateTodoDto) {}
```

在 TodoController 新增一個 updateTodo 方法：

```
...
@Controller('todos')
export class TodoController {
  ...
  @Patch(':id')
  updateTodo(
    @Param('id') id: string,
    @Body() dto: UpdateTodoDto
  ) {
    return this.todoService.updateTodo(id, dto);
  }
}
```

透過瀏覽器查看 URL http://localhost:3000/api，在 [PATCH] /todos/{id} 區塊會看到 UpdateTodoDto 繼承了 CreateTodoDto 的欄位與敘述，但所有欄位都是非必填的，如圖 8-8 所示。

Example Value | Schema

UpdateTodoDto ∨ {
title string
minLength: 3
maxLength: 20
Todo title
description string
minLength: 1
maxLength: 200
Todo description
completed boolean
}

↑ 圖 8-8　解析映射型別

 **範例程式碼**

https://github.com/hao0731/nestjs-book-examples/tree/swagger/parameter-dto/src/features/todo

8.3.2 解析陣列

陣列也是無法被自動解析出的型別，在 DTO 裡面也會遇到含有陣列型別的資料，透過給定 type 參數到 @ApiProperty 裝飾器中，即可讓 SwaggerModule 知道這個屬性是陣列型別。以 CreateTodoDto 爲例，在這裡添加一個 tags 屬性，並給定 type 爲一個陣列，裡面帶入了「String」，表示 tags 爲字串陣列：

```
...
export class CreateTodoDto {
  ...
  @ApiProperty({
    type: [String],
    required: false,
    description: 'Todo tags',
  })
```

```
  public readonly tags?: string[];
}
```

透過瀏覽器查看 URL http://localhost:3000/api，在 [POST] /todos 區塊中會看到 CreateTodoDto 裡面的 tags 成功定義爲字串陣列，如圖 8-9 所示。

Example Value | Schema

```
{
  "title": "string",
  "description": "string",
  "completed": true,
  "tags": [
    "string"
  ]
}
```

↑ 圖 8-9　解析 DTO 中的陣列型別

還有一種情況比較特殊，如果傳送進來的主體資料是陣列型別的話，就不適合使用 @ApiProperty 來解析，而是要在 Handler 上套用 @ApiBody 裝飾器，並指定其 type。以下方程式碼爲例，在 TodoController 新增 createTodos 方法，讓我們可以批次新增 Todo，它的主體資料會是 CreateTodoDto 陣列，所以要在 @ApiBody 裝飾器指定 type 爲 [CreateTodoDto]：

```
...
@Controller('todos')
export class TodoController {
  ...
  @ApiBody({ type: [CreateTodoDto] })
  @Post('bulk')
  createTodos(@Body() dtos: CreateTodoDto[]) {
    return dtos.map((dto) => {
      return this.todoService.createTodo(dto);
    });
  }
}
```

透過瀏覽器查看 URL http://localhost:3000/api，在 [POST] /todos/bulk 區塊會看到主體資料的地方是帶入 CreateTodoDto 陣列，如圖 8-10 所示。

Example Value | Schema

```
[
  {
    "title": "string",
    "description": "string",
    "completed": true,
    "tags": [
      "string"
    ]
  }
]
```

↑ 圖 8-10　解析陣列型別的主體資料

範例程式碼

https://github.com/hao0731/nestjs-book-examples/tree/swagger/parameter-array/src/features/todo

8.3.3 解析 Enum

Enum 也是需要特別做指定的型別，以 DTO 來說，它需要在 @ApiProperty 裝飾器中指定 enum 為特定的 Enum。以 CreateTodoDto 為例，添加一個 priority 屬性，並帶上 @ApiProperty 裝飾器，然後指定 enum 為 TodoPriority：

```
export enum TodoPriority {
  HIGH = 'high',
  MEDIUM = 'medium',
  LOW = 'low',
}

export class CreateTodoDto {
  ...
  @ApiProperty({
    enum: TodoPriority,
    description: 'Todo priority',
  })
  public readonly priority: TodoPriority;
}
```

透過瀏覽器查看 URL http://localhost:3000/api，在 [POST] /todos 區塊中會看到 CreateTodoDto 裡面的 priority 有 Enum，並且會列出 Enum 的內容，如圖 8-11 所示。

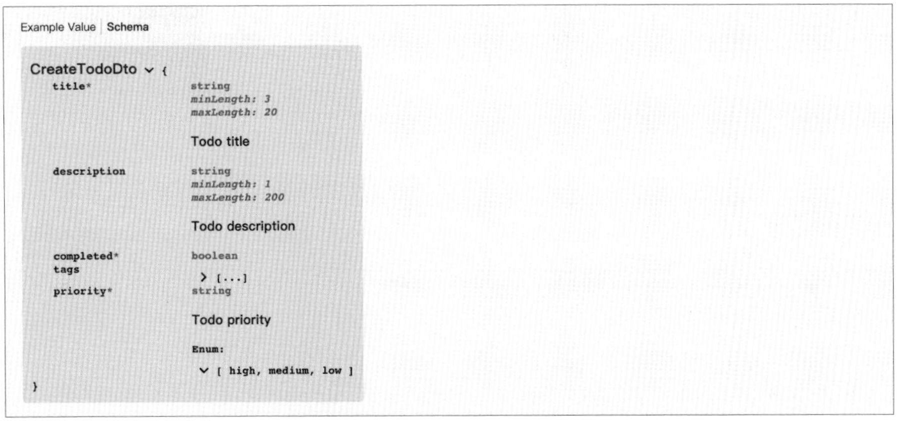

↑ 圖 8-11 解析 DTO 中的 Enum

從上面的結果可以看出 Enum 被解析出來了，但如果希望它也能夠成為 Schema 的話，需要在 @ApiProperty 裝飾器中多添加 enumName，範例如下：

```
...
export class CreateTodoDto {
  ...
  @ApiProperty({
    enum: TodoPriority,
    enumName: 'TodoPriority',
    description: 'Todo priority',
  })
  public readonly priority: TodoPriority;
}
```

透過瀏覽器查看 URL http://localhost:3000/api，點選 Schemas 區塊會看到該 Enum 被歸類在這邊，並且名稱為 enumName 指定的名稱，如圖 8-12 所示。

↑ 圖 8-12 將 Enum 歸納在 Schema

範例程式碼

https://github.com/hao0731/nestjs-book-examples/tree/swagger/parameter-enum/src/features/todo

解析複雜巢狀結構

有些結構非常複雜，例如：二維陣列，這種時候該如何配置呢？以 DTO 來說，透過指定 @ApiProperty 裝飾器的 type 爲「array」，並用型別爲物件的 items 來指定該陣列內的型別，因爲是二維陣列，故 items 內需要再使用 type 指定爲「array」，而這裡的 items 則配置 type 爲該二維陣列使用的資料型別。

上述有點抽象，這裡用實際範例來說明，我們在 CreateTodoDto 內新增一個 something 屬性，它的型別爲「string[][]」，並套用 @ApiProperty 裝飾器，接著設置 type 以及 items，讓 SwaggerModule 可以順利將其型別解析出來：

```
...
export class CreateTodoDto {
  ...
  @ApiProperty({
    type: 'array',
    items: {
      type: 'array',
      items: {
        type: 'string',
      },
    },
    required: false,
  })
  public readonly something?: string[][];
}
```

透過瀏覽器查看 URL http://localhost:3000/api，並點選 Schemas 區塊裡面的 CreateTodoDto，會看到 something 的型別是二維陣列，如圖 8-13 所示。

```
CreateTodoDto ∨ {
    title*              string
                        minLength: 3
                        maxLength: 20

                        Todo title

    description         string
                        minLength: 1
                        maxLength: 200

                        Todo description

    completed*          boolean
    tags
                         > [...]
    priority*           TodoPriority  string
                        Enum:

                         > Array [ 3 ]
    something
                         ∨ [ ∨ [string]]
}
```

↑ 圖 8-13 **解析複雜結構型別**

範例程式碼

https://github.com/hao0731/nestjs-book-examples/blob/swagger/parameter-advance/src/features/todo/dto/create-todo.dto.ts

8.4 API 操作設計

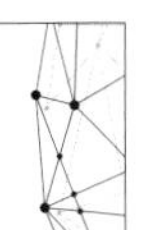

在 Swagger UI 中，我們可以針對 API 來進行分類，例如：將 Todo 相關的功能放在同一個區塊裡，甚至還可以把請求需要的標頭資訊與回應相關資訊設計到 Swagger UI 上。

8.4.1 設計 Tags

要將 API 進行分類，需要在 Controller 上添加 @ApiTags 裝飾器，如此一來，該 Controller 底下的所有 API 都會被歸納於相同的 Tag，在 Swagger UI 上就可以更容易找到對應的 API。以 TodoController 爲例，添加 @ApiTags 裝飾器並帶入「Todo」作爲 Tag 的名稱：

```
...
@ApiTags('Todo')
@Controller('todos')
export class TodoController {
  ...
}
```

透過瀏覽器查看 URL http://localhost:3000/api，會發現多了一個「Todo」的區塊，裡面含有 TodoController 所設計的 API，如圖 8-14 所示。

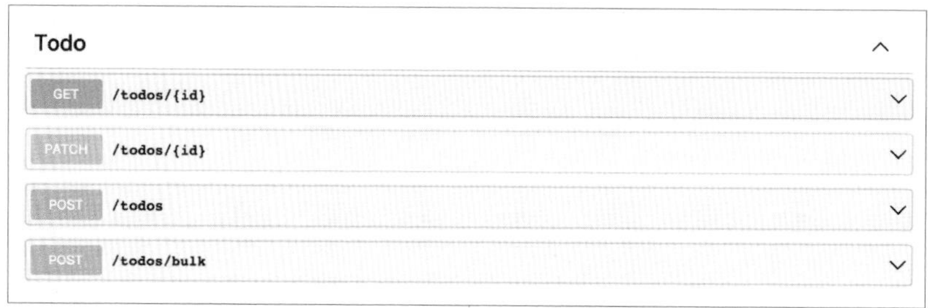

↑圖 8-14 用 Tag 進行 API 分類

範例程式碼

https://github.com/hao0731/nestjs-book-examples/blob/swagger/tags/src/features/todo/todo.controller.ts

8.4.2 設計 Headers

可透過 @ApiHeader 裝飾器讓 Swagger UI 顯示標頭的欄位，使我們知道該 API 需要帶什麼標頭資訊。以 TodoController 爲例，在 getTodo 套用 @ApiHeader 裝飾器，並指定參數 name 爲「X-Custom」：

```
...
@ApiTags('Todo')
@Controller('todos')
export class TodoController {
  ...
  @ApiHeader({ name: 'X-Custom' })
```

```
  @Get(':id')
  getTodo(@Param('id') id: string) {
    return this.todoService.getTodo(id);
  }
  ...
}
```

透過瀏覽器查看 URL http://localhost:3000/api，在 [GET] /todos/{id} 區塊會看到多了標頭「X-Custom」的欄位，如圖 8-15 所示。

Parameters
Try it out
Name Description
id * required
string
(path)
id
X-Custom
string
(header)
X-Custom

↑ 圖 8-15　設計標頭欄位

範例程式碼

https://github.com/hao0731/nestjs-book-examples/blob/swagger/headers/src/features/todo/todo.controller.ts

8.4.3 設計回應資訊

我們可以針對 API 回應的 HTTP Code 添加描述，這樣就可以清楚知道收到什麼 HTTP Code 會是什麼意思，只需要在 Handler 套用 @ApiResponse 裝飾器，並設定 status 與 description 參數即可。以 TodoController 為例，在 createTodo 套用 @ApiResponse，指定 status 為 HttpStatus.CREATED，並在 description 填寫描述：

```
...
@ApiTags('Todo')
@Controller('todos')
export class TodoController {
```

```
  ...
  @ApiResponse({
    status: HttpStatus.CREATED,
    description: 'The todo has been successfully created.',
  })
  @Post()
  createTodo(@Body() dto: CreateTodoDto) {
    return this.todoService.createTodo(dto);
  }
}
```

透過瀏覽器查看 URL http://localhost:3000/api，在 [POST] /todos 區塊會看到「Responses」區塊有針對「201」的情況撰寫描述，如圖 8-16 所示。

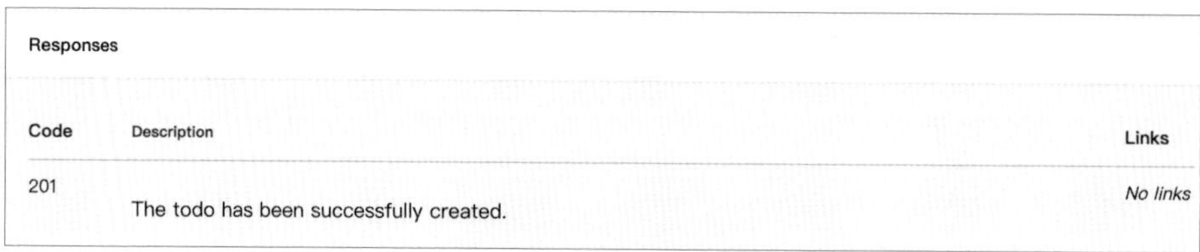

Responses
Code
Description
Links
201
The todo has been successfully created.
No links

↑ 圖 8-16　**設計回應資訊**

除了 @ApiResponse 裝飾器外，NestJS 還有將各種 HTTP Code 進行包裝，如此一來，就不用自己填寫 status 參數。這裡將部分常用的內容整理成下表供參考：

裝飾器名稱	描述
@ApiOkResponse	撰寫 HTTP Code 為 200 時的回應資訊。
@ApiCreatedResponse	撰寫 HTTP Code 為 201 時的回應資訊。
@ApiNoContentResponse	撰寫 HTTP Code 為 204 時的回應資訊。
@ApiBadRequestResponse	撰寫 HTTP Code 為 400 時的回應資訊。
@ApiUnauthorizedResponse	撰寫 HTTP Code 為 401 時的回應資訊。
@ApiForbiddenResponse	撰寫 HTTP Code 為 403 時的回應資訊。
@ApiNotFoundResponse	撰寫 HTTP Code 為 404 時的回應資訊。

 提示 詳細的 NestJS Swagger 回應資訊官方文件，可參考：URL https://docs.nestjs.com/openapi/operations#responses。

範例程式碼

https://github.com/hao0731/nestjs-book-examples/blob/swagger/responses/src/features/todo/todo.controller.ts

8.5 API 授權設計

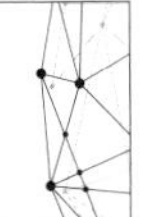

如果 API 需要經過身分驗證才能使用，就表示需要在請求中帶入相關資訊到後端進行驗證，如：JWT。那在 Swagger 要如何添加相關機制，讓我們可以把資訊放入請求中呢？NestJS 封裝了這類型的功能，使我們可以用特定的裝飾器與設定來完成這件事，封裝的認證方式有 Basic、Bearer 以及 OAuth2。

8.5.1 Basic 認證

Basic 是最基礎的認證方式，會在客戶端發送請求的同時，帶上 Authorization 標頭，值爲「Basic <CREDENTIAL>」，值的前綴表示使用的認證方式爲 Basic，而 <CREDENTIAL> 則是使用者帳號與密碼進行 Base64 編碼產生的值。

說明 Basic 認證方式不屬於安全的認證方式，非常不推薦使用，如果真的要用這種方式的話，至少要在 HTTPS 的情況下使用。

在 NestJS 中，要讓 Swagger UI 支援這種認證方式，可以在建置基本文件格式的時候使用 addBasicAuth，如此一來，Swagger UI 就會出現一個全域配置帳號密碼的區塊：

```
...
const builder = new DocumentBuilder();
const config = builder
  .setTitle('TodoList')
  .setDescription('This is a basic Swagger document.')
  .setVersion('1.0')
  .addBasicAuth()
  .build();
...
```

透過瀏覽器查看 URL http://localhost:3000/api，在右上角會看見「Authorize」的按鈕，點選按鈕即會跳出一個視窗讓我們輸入帳號密碼，如圖 8-17 所示。

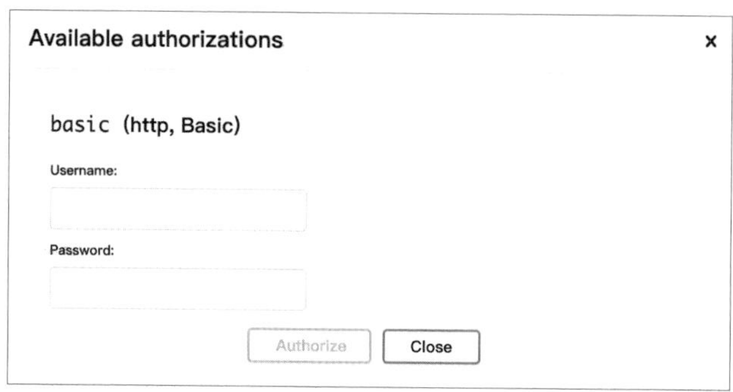

↑ 圖 8-17　Basic 認證的帳號密碼輸入視窗

設置好全域的帳號密碼區塊後，在要經過身分驗證的 Handler 或 Controller 上添加 @ApiBasicAuth 裝飾器，讓 Swagger 知道哪些 API 是採用 Basic 認證方式，這樣才會把相關資訊放入標頭裡。以下方為例，在 getHello 上添加 @ApiBasicAuth 裝飾器：

```
...
@Controller()
export class AppController {
  ...
  @ApiBasicAuth()
  @Get()
  getHello(): string {
    return this.appService.getHello();
  }
}
```

透過瀏覽器查看 URL http://localhost:3000/api，在 [GET] / 的區塊會看到有一個鎖頭的標誌，表示它需要經過身分驗證才能使用，這時透過全域的帳號密碼區塊帶入資訊，並透過 Swagger UI 發起請求，就會看到 Authorization 標頭帶了含有 Basic 前綴的資訊，如圖 8-18 所示。

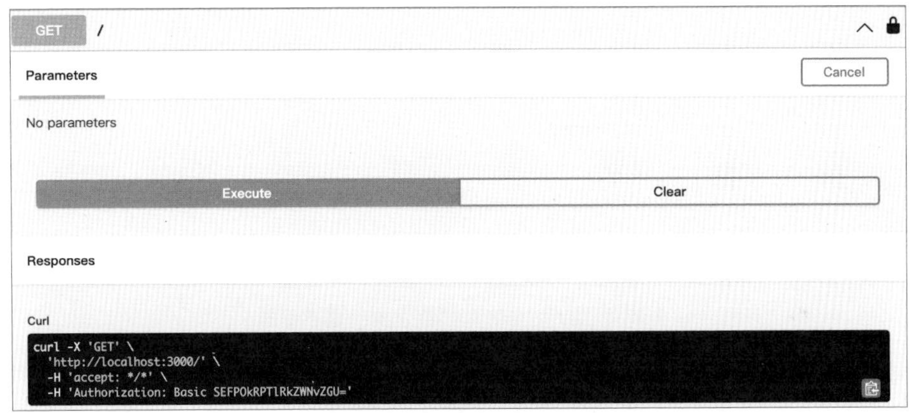

↑ 圖 8-18 Basic 前綴資訊

範例程式碼

https://github.com/hao0731/nestjs-book-examples/tree/swagger/basic-auth/src

8.5.2 Bearer 認證

Bearer 是很常見的認證方式，會在客戶端發送請求的同時，帶上 Authorization 標頭，值爲「Bearer <TOKEN>」，<TOKEN> 即由後端產生的 Token，如：JWT。

NestJS 也有支援在 Swagger UI 上使用這種認證方式，在建置基本文件格式的時候使用 addBearerAuth，就會出現一個全域配置 Token 的區塊：

```
const builder = new DocumentBuilder();
const config = builder
  .setTitle('TodoList')
  .setDescription('This is a basic Swagger document.')
  .setVersion('1.0')
```

```
  .addBearerAuth()
  .build();
```

透過瀏覽器查看 URL http://localhost:3000/api，在右上角會看見「Authorize」的按鈕，點選按鈕即會跳出一個視窗，讓我們輸入「Token」，如圖 8-19 所示。

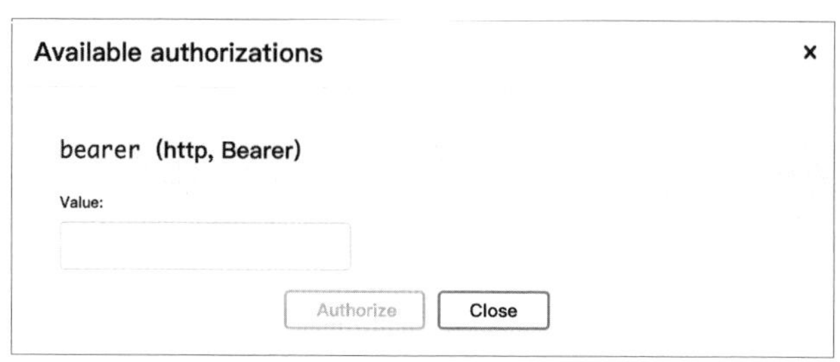

↑圖 8-19 Bearer 認證的 Token 輸入視窗

與 Basic 的使用方式相似，在要經過身分驗證的 Handler 或 Controller 上添加 @ApiBearerAuth 裝飾器，使 Swagger 知道哪些 API 是採用 Bearer 認證方式。以下方為例，在 getHello 上添加 @ApiBearerAuth 裝飾器：

```
...
@Controller()
export class AppController {
  ...
  @ApiBearerAuth()
  @Get()
  getHello(): string {
    return this.appService.getHello();
  }
}
```

透過瀏覽器查看 URL http://localhost:3000/api，透過全域的 Token 區塊帶入 Token，並透過 Swagger UI 發起請求，就會看到 Authorization 標頭帶了含有 Bearer 前綴的資訊，如圖 8-20 所示。

↑ 圖 8-20 Bearer 前綴資訊

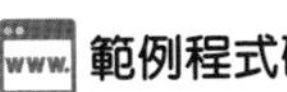 **範例程式碼**

https://github.com/hao0731/nestjs-book-examples/tree/swagger/bearer-auth/src

8.5.3 OAuth2 認證

OAuth2 也是一種相當常見的認證方式，可以在有限度的情況下授權應用程式使用部分帳戶資訊，像是透過 Facebook 註冊某某平台會員。

NestJS 也有支援在 Swagger UI 上使用這種認證方式，在建置基本文件格式的時候使用 addOAuth2，並根據需求帶入一些參數，就會出現一個全域配置 OAuth2 資訊的區塊。以下方程式碼爲例，在 addOAuth2 帶入一個含有 type 爲「oauth2」與 flows 屬性的物件，flows 爲含有 implicit 屬性的物件，implicit 裡面帶入 authorizationUrl、tokenUrl 以及 scopes：

```
const builder = new DocumentBuilder();
const config = builder
  .setTitle('TodoList')
  .setDescription('This is a basic Swagger document.')
  .setVersion('1.0')
  .addOAuth2({
```

```
    type: 'oauth2',
    flows: {
      implicit: {
        authorizationUrl: '<AUTHORIZATION_URL>',
        tokenUrl: '<TOKEN_URL>',
        scopes: {
          read: 'read',
          write: 'write',
          update: 'update',
          delete: 'delete',
        },
      },
    },
  })
  .build();
```

透過瀏覽器查看 http://localhost:3000/api，在右上角會看見「Authorize」的按鈕，點選按鈕即會跳出一個視窗，讓我們輸入「OAuth2」相關資訊，如圖 8-21 所示。

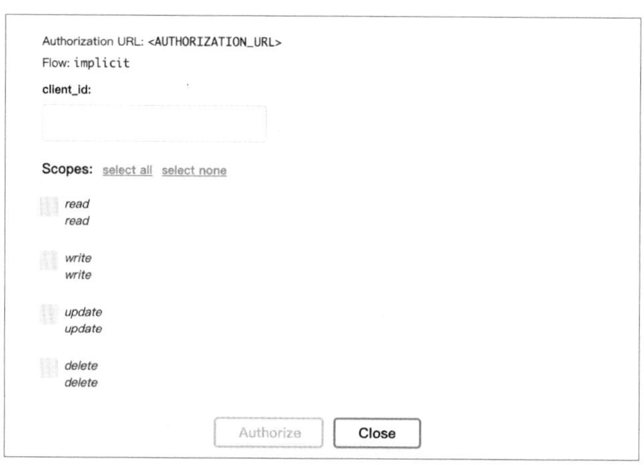

↑ 圖 8-21　OAuth2 **認證的資訊輸入視窗**

與前面兩種認證使用方式相似，在要經過身分驗證的 Handler 或 Controller 上添加 @ApiOAuth2 裝飾器，並帶入需要的權限，使 Swagger 知道哪些 API 是採用 OAuth2 認證方式以及需要哪些權限。以下方為例，在 getHello 上添加 @ApiOAuth2 裝飾器：

```
...
@Controller()
export class AppController {
  ...
  @ApiOAuth2(['write', 'read', 'update'])
  @Get()
  getHello(): string {
    return this.appService.getHello();
  }
}
```

範例程式碼

https://github.com/hao0731/nestjs-book-examples/tree/swagger/oauth2/src

MEMO

CHAPTER 09

測試（Testing）

9.1 NestJS 與測試

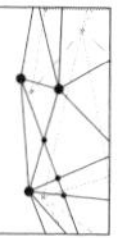

「測試」（Testing）在軟體開發中是非常重要的部分，透過測試可以找出撰寫程式時沒發現的問題，不過如果只使用手動的方式來測試，則會花費許多的時間，甚至無法確認是否有沒測到的問題，所以在軟體開發中通常會有自動化測試的環節，透過撰寫自動化測試，可以有效增加程式的品質與正確性，確保最終交付的產品是符合預期的。

「自動化測試」就是透過撰寫程式來測試我們寫的程式，最常聽到的分別是以下三種：

- **單元測試（Unit Testing）**：針對軟體最小單元進行測試，目的是測試最小單元的正確性，更可以確保程式碼品質，通常會針對函式進行測試。
- **整合測試（Integration Testing）**：當單元測試通過後，並不表示系統絕對沒問題，因爲問題可能會出在單元與單元之間的互動，整合測試就是在測單元之間的互動。
- **端對端測試（E2E Testing）**：當單元測試與整合測試皆通過時，也未必能達到驗收條件，所以會「直接」針對系統進行手動測試，或是撰寫程式來模擬使用者行爲，以達到自動化的效果，進而增加測試效率。

通常在撰寫測試時，會透過一些測試用的框架來輔助，NestJS 有一個量身打造的測試套件，並採用熱門的 Jest [*1] 與 Supertest [*2] 作爲預設測試框架，該套件需透過 npm 進行安裝，指令如下：

```
$ npm install @nestjs/testing -D
```

說明　後面的小節會使用該套件來進行單元測試及端對端測試。

---

*1　Jest 官方網站：URL https://jestjs.io/。

*2　SuperTest GitHub：URL https://github.com/visionmedia/supertest。

9.2 單元測試（Unit Testing）

NestJS 預設使用 Jest 來進行單元測試，它提供了測試的執行環境以及非常多測試用的函式。一個測試用的檔案會使用「<NAME>.spec.ts」或「<NAME>.test.ts」作爲檔案名稱，這樣可以較容易辨別該檔案是測試用的。

9.2.1 Jest 基礎知識

一個使用 Jest 的單元測試檔案內容大概會像下方程式碼這樣：

```
...
describe('AppController', () => {
  let appController: AppController;
  let appService: AppService;

  beforeEach(() => {
    appService = new AppService();
    appController = new AppController(appService);
  });

  describe('root', () => {
    it('should return "Hello World!"', () => {
      expect(appController.getHello()).toBe('Hello World!');
    });
  });
});
```

可發現是由 describe 與 it 組成的巢狀結構，它們的用途分別是：

- it：是用來實現**測試案例**（Test Case）的函式，第一個參數是該案例的描述，第二個參數是該測試案例會執行的函式，也就是實際測試的內容。

- describe：是由一個或多個測試案例形成的集合，用來分類測試案例，第一個參數是該集合的描述，第二個參數是該集合會執行的函式，也就是實際會執行的測試案例群體。

而在上頁的程式碼中，還可以看到 beforeEach 這個函式，它是用來做事前準備的函式，會在執行每一個測試案例之前，先執行這裡面的程式碼。以上頁的程式碼來說，會在執行前先建構 AppService 與 AppController，並將它們指派到變數中，以便在測試案例中使用。

在測試案例中，會看到使用了 expect 函式，它的用途就是將預期測試的值帶入，並根據要測試的結果使用不同的方法來驗證。以上頁的程式碼來說，透過 toBe 方法來期望 AppController 的 getHello 方法會回傳「Hello World!」字串。

如果要執行測試的話，預設情況下，直接在專案目錄下透過終端機輸入指令，即可針對整個專案進行單元測試，因爲 NestCLI 在產生專案時，就幫我們把相關指令寫到 package.json 的 scripts 裡面了：

```
$ npm test
```

而如果只想針對單一檔案進行測試的話，可以在指令後方加上檔案名稱：

```
$ npm test <NAME>.spec.ts
```

9.2.2 NestJS 測試工具

前面的範例使用最純粹的 Jest 來測試 NestJS 的程式，完全隔離了 NestJS 的特性，所以又稱爲**隔離測試**（Isolated Testing）。NestJS 製作的測試套件提供了許多的功能，讓我們在撰寫測試時，能善加運用 NestJS 的特性，使得測試過程更加穩健。

使用該測試套件的測試大致上會長這樣：

```
import { Test, TestingModule } from '@nestjs/testing';
...

```

```
describe('AppController', () => {
  let appController: AppController;

  beforeEach(async () => {
    const app: TestingModule = await Test
    .createTestingModule({
      controllers: [AppController],
      providers: [AppService],
    }).compile();

    appController = app.get<AppController>(AppController);
  });

  describe('root', () => {
    it('should return "Hello World!"', () => {
      expect(appController.getHello()).toBe('Hello World!');
    });
  });
});
```

可發現最大的差異在於 beforeEach 的地方，在這裡透過 Test 的 createTestingModule 方法，模擬出 NestJS 的執行環境，並將測試會使用到的 Controller、Provider 等帶入該方法中，帶入的方式與 @Module 裝飾器相同，讓我們可以用 NestJS 的特性來管理實例等，十分方便。當參數都帶入之後，需要執行 compile 方法，該方法類似 NestFactory 的 create 方法，以非同步的方式產生測試用的 TestingModule。

TestingModule 是一個繼承 ModuleRef 的類別，所以能夠透過它取出管理的實例，上面的程式碼就透過其 get 方法取出 AppController 的實例。

9.3 端對端測試（E2E Testing）

端對端測試的環境會更接近使用者所使用的環境，與單元測試不同，端對端測試並不會針對單一類別或函式進行測試，而是以驗收條件爲主。NestJS 預設使用 Jest

進行端對端測試，不過會結合 Supertest 來模擬 HTTP 請求，進而貼近使用者的使用情境。端對端測試的檔案會使用「<NAME>.e2e-spec.ts」作爲檔案名稱，這樣可以較容易辨別該檔案是端對端測試用的。

下方是端對端測試的範例：

```
import { Test, TestingModule } from '@nestjs/testing';
import { INestApplication } from '@nestjs/common';
import * as request from 'supertest';
import { AppModule } from './../src/app.module';

describe('AppController (e2e)', () => {
  let app: INestApplication;

  beforeEach(async () => {
    const moduleFixture: TestingModule = await Test
    .createTestingModule({
      imports: [AppModule],
    }).compile();

    app = moduleFixture.createNestApplication();
    await app.init();
  });

  it('/ (GET)', () => {
    return request(app.getHttpServer())
      .get('/')
      .expect(200)
      .expect('Hello World!');
  });
});
```

beforeEach 前面做的事情與單元測試相同，會透過 Test 將 TestingModule 產生出來，不同的是透過 TestingModule 的 createNestApplication 方法來產生 NestApplication 實例，並透過其 init 方法來初始化。

在測試案例中，使用 Supertest 提供的 request 函式來測試 NestJS 應用程式中實作的 API。request 函式會幫我們把 HTTP Server 進行包裝，並透過包裝後的實例來模擬 HTTP 請求，所以要將 HTTP Server 的實例帶入 request 函式中，並透過對應的方法來存取 API，以上方程式碼來說，透過 get 方法來模擬以 GET 方法存取 / 的請求，再使用 expect 方法來驗收回傳結果。

MEMO

博碩文化

博碩文化